益川敏英監修／
植松恒夫，青山秀明編集

基幹講座　物理学
解析力学

畑浩之 著

東京図書

[R]〈日本複製権センター委託出版物〉
本書を無断で複写複製（コピー）することは，著作権法上の例外を除き，禁じられています．本書をコピーされる場合は，事前に日本複製権センター（電話 03-6809-1281）の許諾を受けてください．

シリーズ刊行にあたって

　現代社会の科学・技術の基盤であり，文明発達の原動力になっているのは物理学である．

　本講座は，根源的，かつ科学の全ての分野にとって重要な基礎理論を軸としながらも，最新の応用トピックとしてどのような方面に研究が進んでいるか，という話題も扱っている．基礎と応用の両面をバランスよく理解できるように，という配慮をすることで未来を拓く新しい物理学を浮き彫りにする．

　現代社会の中で物理学が果たす本質的な役割や，表層的ではない真の物理学の姿を知って欲しいという観点から，「ただ使えればいい」「ただ易しければいい」という他書の姿勢とは一線を画し，難しい話題であっても全てのステップを一つひとつじっくり解説し，「各ステップを読み解くことで完全な理解が得られる」という基本姿勢を貫いている．

　しっかりとした読解の先に，物理学の極みが待っている．

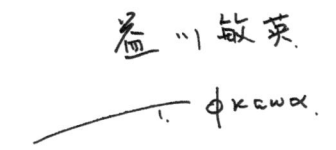

2013年4月

益川敏英

T. Ôkawa

監修者，編集者によるまえがき

植松恒夫（以下，植松）　益川さんは学生時代 "解析力学" をどのように学ばれていたのでしょうか．また，解析力学は物理学の各分野の中でどのような意味で重要でしょうか．

益川敏英（以下，益川）　僕が学部学生時代を過ごしたのは1960年代です．当時の私は，"解析力学" をとても重視して学んでいたように記憶しています．というのは，ニュートン力学を整備して解析力学を作り上げる段階は，天体力学における発展と密接に関係していますし，解析力学は，量子力学の誕生につながったからです．実際，正準形式でポアッソン括弧を交換関係におき換えることで，古典力学から量子力学へ移行できますから．

植松　確かに，"解析力学" というステップを経ないと，量子力学は生まれてこないですからね．一方，解析力学を学ぶ上で，数学的手法の的確な理解や修得が必要と思いますが，その点はいかがでしょうか．

益川　確かに学ぶべき数学の分野としては，ベクトル解析，常微分方程式，偏微分方程式，微分幾何学，変分原理など多岐にわたりますね．

青山秀明（以下，青山）　益川さんは学生時代，物理とともに数学も得意だったということはよく聞きます．数学と物理はどのような本で勉強されましたか？

益川　そのころをふり返ると，多くの出版社が戦前から続く物理や数学の講座（シリーズ）をたくさん出版していました．前にもどこかで言いましたけれど，このような講座は，時代背景の影響でしょうが数学の科学技術への導入に触れられていたのです．解析力学について，かなり昔の外国の名著としては，E.T. ホイテッカーの "Analytical Dynamics"（『解析力学』多田政忠，薮下信訳．– 上，下．– 講談社，1977.；正式のタイトルは A treatise on the analytical dynamics of particles and rigid bodies :with an introduction to the problem of three bodies, Edmund Taylor Whittaker.–4th ed. Cambridge University Press, 1959) があり，よく読まれていたようです．タイトルに示されているように天体力学での三体問題に言及しています．

植松 我々の学生時代はランダウ＝リフシッツの『力学』や，H. ゴールドシュタインの "Classical Mechanics" をよく読んだと思います．和書としては山内恭彦の『一般力学』がありました．

青山 先ほど数学の科学技術への導入についての言及がありましたが，ここで取り上げる解析力学はどうでしょうか？

益川 "解析力学" は比較的古い学問であると言えると思います．しかし僕の学部学生時代には，実験・観測などを通じて物理学が扱うことのできる対象が拡がりました．たとえば，生物物理学，新しい宇宙の知見によって宇宙物理学（天体力学）に関しても変化が起こり，"解析力学" の枠を越えた発展が大きく進みましたね．でも，その基盤には解析力学があることは間違いありません．

植松 天体力学で適用される摂動論などを例にとってみても，摂動論の公式などが明確な形で与えられている量子力学とはかなり様子が違うようです．Hamilton-Jacobi 方程式などで用いられる摂動論はその典型ですね．

青山 Hamilton-Jacobi 方程式は解析力学の講義の最後のほうで出てきますが，学生からの質問で，「理論はわかるけれど，何のためにやっているのか，全くわからない」というものがよくあります．Hamiltonian や Lagrangian は量子力学につながるのでよく勉強するべきであることは間違いないですね．

益川 たとえば，経路積分 (path integral) は Hamilton-Jacobi 方程式を拡張したものと捉えることができますよ．ですから，それは古典力学から量子力学への展開という点から考えればとても重要で，正準理論，Lagrangian などに密接な関連があります．また，実用という点では，数理ファイナンス（金融工学）などにもつながります．これらの基本的考えは拡散方程式を解くという点で共

通ですから,興味深いです.

植松　なるほど,いろいろな意味で解析力学は現代的な価値をもっているものですね.

『解析力学』のまえがき

　本書は，大学で「力学」を学んだ学生が次の段階として学ぶべき「解析力学」を解説した教科書である．力学では質点や剛体の運動を Newton の運動方程式を出発点として記述したが，解析力学は「最小作用の原理」を基本原理としたより一般的な形式であり，Newton 力学はその応用の一例に過ぎない．解析力学の特徴をまとめると以下の通りである（用語については本文を参照のこと）：

- 既に「力学」で扱った問題に対しても，その系の Lagrangian を与えるだけで，解くべき運動方程式が Newton の運動方程式を直接考えるよりもはるかに簡単に得られる．
- 「力学」に比べてより広い視野で物事を捉えることができるようなさまざまな一般的概念や定理をもつ美しい体系である．たとえば，エネルギー，運動量，角運動量の保存は系の Lagrangian を見るだけで理解される．さらに，解析力学に現れる概念は，運動方程式を解くための，「力学」にはない新たな手法も与える（Hamilton-Jacobi 理論など）．
- 解析力学の適用対象は質点系や剛体系，あるいは，Newton 力学に限られない．電磁気学や一般相対性理論も解析力学の形式を用いることで定式化される．素粒子の世界を記述する理論も解析力学の枠組みの中で与えられている．
- 原子・分子以下の微小の世界は「力学」や「解析力学」ではなく，実は「量子力学」と呼ばれる 20 世紀初頭に構築された枠組みで記述される．この「量子力学」を学ぶためにも解析力学，特に，本書の後半で解説する Hamilton 形式の理解は必須である．

　本書は大きく分けて三つの部分から構成されている．まず最初は Lagrangian と最小作用の原理を出発点とする Lagrange 形式と呼ばれるものを解説したものであり，第 1 章から第 5 章までがそれにあたる．次は，第 6 章から第 8 章で与える Hamilton 形式と呼ばれるものである．そこには解析力学のさらに豊富で美しいさまざまな概念・定理が現れる．最後の第 9 章から第 11

『解析力学』のまえがき

章ではより高度な内容を解説している．また，本書で用いる数学の諸事項については付録Aにまとめている．なお，本書は京都大学理学部における2回生対象の講義「解析力学1，2」の講義ノートを基にし，それに講義では時間的制約のため触れることができないさまざまな内容を付加したものである．この講義ノート作成においては，著者が学生時代に解析力学を学んだ教科書である

- 『力学』（増訂第3版），L. Landau, E. Lifshitz 著（広重徹・水戸巌 訳），東京図書
- 『古典力学（上・下）』（原著第3版），H. Goldstein, C. Poole, J. Safko 著（矢野忠・江沢康生・渕崎員弘 訳），吉岡書店

などを参考にしたが，これらは現在においても不朽の名著である．

謝辞

本書の執筆を勧めていただいた植松恒夫，青山秀明，益川敏英の各氏に感謝したい．また，本シリーズの『力学』の原稿を早々と仕上げ，著者を激励してもらった篠本滋氏にはお世話になった．最後に，著者に厳しい鞭を打ち続けて本書の完成に導いていただいた東京図書の松永智仁氏にも感謝する．

2014年1月

畑浩之

『解析力学』の目次

『解析力学』のまえがき

- 第1章 Lagrangianと最小作用の原理 　1
  - 1.1 復習：Newtonの運動方程式 　1
  - 1.2 最小作用の原理 　2
  - 1.3 Euler-Lagrange方程式 　5
  - 1.4 Euler-Lagrange方程式の具体例 　7
  - 1.5 Lagrangianの不定性 　12
  - 1.6 作用の極小・極大性：1次元調和振動子 　13
  - 1.7 変分法の応用 　16
- 第2章 対称性に基づいたLagrangianの決定 　21
  - 2.1 対称性とLagrangian 　21
  - 2.2 時間並進の対称性 　22
  - 2.3 空間並進の対称性 　23
  - 2.4 空間回転の対称性 　26
  - 2.5 Galilei不変性 　29
  - 2.6 ゲージ不変性 　34
- 第3章 対称性と保存則 　39
  - 3.1 Noetherの定理 　39
  - 3.2 時間並進の対称性とエネルギー保存則 　41
  - 3.3 空間並進の対称性と運動量保存則 　44
  - 3.4 空間回転の対称性と角運動量保存則 　48
- 第4章 拘束のある系の扱い 　53
  - 4.1 拘束のある系 　53
  - 4.2 Lagrangeの未定乗数法 　55
  - 4.3 Lagrangeの未定乗数法の応用例 　59

第5章 連成振動 ... 67
- 5.1 連成振動子の系 ... 67
- 5.2 連成振動子の運動方程式の一般解法 ... 70
- 5.3 例：図5.1の系 ... 73
- 5.4 例：二重振り子の微小振動 ... 75
- 5.5 例：N 個のバネと質点からなる連成振動子 ... 76

第6章 Hamilton 形式 ... 83
- 6.1 Hamiltonian ... 83
- 6.2 Hamilton の運動方程式 ... 85
- 6.3 Hamiltonian の時間微分 ... 87
- 6.4 微分を用いた Hamilton の運動方程式の再導出 ... 88
- 6.5 Legendre 変換 ... 89
- 6.6 最小作用の原理からの Hamilton の運動方程式の導出 ... 91
- 6.7 位相空間における運動の軌跡 ... 92
- 6.8 Poisson bracket ... 97

第7章 正準変換 ... 107
- 7.1 正準変換とは ... 107
- 7.2 正準変換の一般形 ... 109
- 7.3 正準変換を用いて運動方程式を解く ... 113
- 7.4 他の3種類の母関数 ... 114
- 7.5 正準変換と Poisson bracket ... 120
- 7.6 Lagrange bracket と (7.79) の証明 ... 125
- 7.7 正準変換の必要十分条件としての (7.79) ... 129
- 7.8 微小正準変換 ... 129
- 7.9 保存量を母関数とする微小正準変換 ... 131
- 7.10 正準変換の合成と群構造 ... 133
- 7.11 Liouville の定理 ... 137

第8章 Hamilton-Jacobi 理論 ... 143
- 8.1 Hamilton-Jacobi 理論とは ... 143
- 8.2 Hamilton-Jacobi 方程式 ... 144

『解析力学』の目次

8.3	例1：調和振動子	148
8.4	例2：平面上の中心力ポテンシャル下の質点	149
8.5	Hamiltonの特性関数再考	151
8.6	作用変数と角変数	152
8.7	作用変数・角変数の例	157

第9章 微分形式を用いた記述 ───── 165

9.1	微分形式	165
9.2	Hamilton形式への応用	177
9.3	正準変換	180

第10章 場の理論：連続無限個の力学変数の系 ───── 185

10.1	場の理論	185
10.2	電磁場の作用	187

第11章 古典力学から量子力学へ ───── 193

11.1	古典力学の限界	193
11.2	量子力学へ	195
11.3	調和振動子の量子力学	198
11.4	固体の比熱の量子力学的扱い	202
11.5	零点エネルギー	203

付録A 数学補足 ───── 211

A.1	Taylor展開	211
A.2	ベクトルと行列	211
A.3	Euler角	213
A.4	3次元極座標系	213
A.5	ベクトル解析	213
A.6	ベクトル場の微分と積分	215

付録B 章末問題略解 ───── 217

索引 ───── 235

◆装幀：戸田ツトム

第1章 Lagrangianと最小作用の原理

解析力学の出発点は「最小作用の原理」である．質点系や剛体系などの考える系ごとに，それに対応したLagrangianと呼ばれる量を与えると，その系の運動方程式は最小作用の原理により決定される．力学で学んだNewtonの運動方程式も最小作用の原理の帰結である．また，最小作用の原理は，電磁気学や一般相対性理論，さらには物質の微視的な究極の姿である素粒子の世界においても適用される普遍的な原理である．この章では，最小作用の原理の導入を行う．

§1.1 復習：Newtonの運動方程式

解析力学を始める前に，まず，Newton力学，特に，Newtonの運動方程式を簡単に復習しておこう．物質の運動を説明する基本法則として，Newtonは三つの法則（慣性の法則，運動の法則，作用・反作用の法則）を提唱した．特に，運動の法則（第二法則）は

運動の法則： 物体の運動量の時間変化は，その物体にはたらく力に比例し，その方向は力のはたらく向きに等しい．

であり，この法則が成り立つ座標系を**慣性系**と呼ぶ．

質量が m で位置ベクトルが $\boldsymbol{x}(t) = (x(t), y(t), z(t))$ の質点に力 $\boldsymbol{F}(t)$ がはたらく場合を考えると，Newtonの運動方程式は次式で与えられる [1]：

$$m\ddot{\boldsymbol{x}}(t) = \boldsymbol{F}(t) \tag{1.1}$$

特に，$\boldsymbol{F}$ が保存力，すなわちある関数 $U(\boldsymbol{x})$ を用いて

$$\boldsymbol{F} = -\boldsymbol{\nabla} U(\boldsymbol{x}) \tag{1.2}$$

---

[1] 時間の任意関数 $f(t)$ に対して，ドット ($\cdot$) は時間微分を表す：

$$\dot{f}(t) = \frac{df(t)}{dt}, \quad \ddot{f}(t) = \frac{d^2 f(t)}{dt^2}$$

と表される場合，この質点系のエネルギー E

$$E = T + U = \frac{1}{2}m(\dot{\boldsymbol{x}}(t))^2 + U(\boldsymbol{x}(t)) \tag{1.3}$$

は保存する（時間に依らず一定）．ここで，$T = \frac{1}{2}m\dot{\boldsymbol{x}}^2$ を**運動エネルギー**，U を**ポテンシャル・エネルギー**（あるいは単に**ポテンシャル**）と呼ぶ．

質点にはたらくポテンシャル $U(\boldsymbol{x})$ の例を二つ挙げておく：

- 一様な重力ポテンシャル（z 軸が鉛直上向き）：

$$U(z) = mgz \tag{1.4}$$

- 電荷 Q が原点に固定して置かれた場合のクーロンポテンシャル（質点の電荷を q，真空の誘電率を ε_0 とする）：

$$U(r) = \frac{1}{4\pi\varepsilon_0}\frac{qQ}{r} \tag{1.5}$$

ここに，r は原点から質点までの距離

$$r = |\boldsymbol{x}| = \sqrt{x^2 + y^2 + z^2} \tag{1.6}$$

§1.2 最小作用の原理

ここから，解析力学の基本原理である**最小作用の原理**について説明を始める．後で見るように，Newton の運動方程式は最小作用の原理からある意味で導かれるものである．したがって，最小作用の原理を偏見なく素直に受け入れるためには，前節でせっかく復習した Newton の運動方程式を一旦忘れるのが良いかもしれない．

N 個の独立な**力学変数** $q_i(t)$ $(i = 1, 2, \ldots, N)$ で記述される N 自由度系を考えよう．ここに，力学変数とは質点系の位置ベクトルのように各時刻 t での系の状態を一意的に指定する量である．必ずしも座標とは限らないので，**一般化座標**とも呼ばれる．いくつかの具体例を挙げておこう：

- 3 次元空間における 1 質点系の自由度は $N = 3$ である．質点のデカルト座標を $\boldsymbol{x} = (x, y, z)$ とすると，$q_1(t) = x(t)$，$q_2(t) = y(t)$，$q_3(t) = z(t)$．また，$q_i(t)$ としてデカルト座標以外のものをとることもできる．たとえば，

§1.2 最小作用の原理

3次元極座標系 (数学補足の A.4 節参照) を考え, $(q_1, q_2, q_3) = (r, \theta, \varphi)$ ととってもよい.

- 3次元空間における二つの質点からなる系は $N = 6$ である. q_i として二つの質点のデカルト座標をとると, それぞれの位置ベクトルは $\boldsymbol{x} = (q_1, q_2, q_3)$ および $\boldsymbol{x}' = (q_4, q_5, q_6)$ である.

- 3次元空間における剛体は6自由度系 ($N = 6$) である. q_i としては, たとえば, (q_1, q_2, q_3) を重心座標, (q_4, q_5, q_6) をオイラー角にとることができる.

さて, 最小作用の原理を二つのステップに分けて与えよう. まずは, Lagrangian (ラグランジアン) の導入である:

系の運動 (時間発展) は, その系固有の **Lagrangian** L

$$L = L\bigl(q(t), \dot{q}(t), t\bigr) \tag{1.7}$$

を用いて後で述べる**最小作用の原理**により決まる. すなわち, Lagrangian を与えることで物理法則が定まる. ここに, $q(t)$ と $\dot{q}(t)$ は力学変数とその時間微分の全体を表す:

$$q(t) = (q_1(t), q_2(t), \ldots, q_N(t)) \tag{1.8}$$
$$\dot{q}(t) = (\dot{q}_1(t), \dot{q}_2(t), \ldots, \dot{q}_N(t)) \tag{1.9}$$

いくつかの補足説明をしよう:

- Lagrangian を決定する一般論や具体例については後で詳しく説明するが, とりあえず, 保存力下の質点系に対しては

$$L = (運動エネルギー) - (ポテンシャル・エネルギー) = T - U \tag{1.10}$$

と与えられる. すなわち, エネルギー $E = T + U$ に比べてポテンシャル U にマイナス符号が付いている. 特に, 保存力下の1質点系の場合は

$$L\bigl(\boldsymbol{x}(t), \dot{\boldsymbol{x}}(t)\bigr) = \frac{1}{2} m \dot{\boldsymbol{x}}(t)^2 - U\bigl(\boldsymbol{x}(t)\bigr) \tag{1.11}$$

第1章 Lagrangian と最小作用の原理

- 一般に，Lagrangian L は (1.7) にあるように，各時刻 t において力学変数 $q(t)$ とその時間についての1階微分 $\dot{q}(t)$ の関数であり，$q(t)$ の2階以上の時間微分 $(\ddot{q}, \dddot{q}, \ldots)$ は含まないとする．

- また，L は時間の関数である $q(t)$ および $\dot{q}(t)$ を通じた以外の時間依存性（**陽な時間依存性**と呼ぶ）をもつ場合もあり，その t 依存性を (1.7) の $L(q(t), \dot{q}(t), t)$ の第3変数 t で表している．陽な時間依存性をもった Lagrangian は手で与えた時間の関数を含んでおり，1自由度系の簡単な例（特に物理的意味はない）は

$$L(q, \dot{q}, t) = \frac{1}{2} f(t) \dot{q}^2 - \frac{1}{2} h(t) q^2 \tag{1.12}$$

ここに，$f(t)$ と $h(t)$ は与えられた t の関数であり，たとえば，$f(t) = a/(1+bt^2)$, $h(t) = c e^{-dt^2}$ (a, b, c, d は定数)．

さて，Lagrangian を用いて最小作用の原理は次のように与えられる：

最小作用の原理 (Principle of least action)

二つの時刻 $t = t_1$ と $t = t_2$ ($t_1 < t_2$) における q の値，

$$q(t_1) = q^{(1)}, \quad q(t_2) = q^{(2)} \tag{1.13}$$

を指定したとき，$t_1 < t < t_2$ における系の運動，すなわち時間の関数 $q(t)$ は

$$\text{作用 (action)}：S[q] = \int_{t_1}^{t_2} dt \, L(q(t), \dot{q}(t), t) \tag{1.14}$$

を最小に（正確には，停留）するように決まる．

[補足]

- 最小作用の原理は「基本原理」であって，何かから導かれるものではない．また，この原理は質点系や剛体系などの自由度の数 N が有限な系だけではなく，電磁気学や一般相対性理論のような無限自由度の理論にも適用される普遍的な原理である（第10章参照）．

- 作用 $S[q]$ は時間の関数 $q(t)$ を与えると数を返す量，すなわち "関数の関数" であり，**汎関数** (functional) と呼ばれる．

- この原理は通常「最小作用の原理」と呼ばれるが[2]，実際に要求されるのは作用 $S[q]$ が停留することである（「停留」の意味は次節で説明する）．後で1.6節において調和振動子の例で見るように，Euler-Lagrange 方程式の解は一般に作用 $S[q]$ の鞍点となっている．

§1.3 Euler-Lagrange 方程式

　系の時間発展は最小作用の原理で決まるが，具体的に時間発展を解こうとすると，この原理を力学変数 $q(t)$ に対する微分方程式，すなわち，運動方程式の形で表現する必要がある．この運動方程式が Euler-Lagrange（オイラー‐ラグランジュ）方程式である．

　今，$q(t)$ が最小作用の原理を満たす時間 t の関数，すなわち境界条件 (1.13) を満足し作用 (1.14) を停留するものとする．$q(t)$ から任意微小関数 $\delta q(t)$ だけずれた関数

$$q(t) + \delta q(t) \tag{1.15}$$

を考えよう．ただし，$q(t) + \delta q(t)$ も境界条件 (1.13) を満たす必要があるので，$\delta q(t)$ として

$$\delta q(t_1) = \delta q(t_2) = 0 \tag{1.16}$$

に従うもののみを考える．関数 $q(t)$ が作用 $S[q]$ を停留させるとは，$q(t) + \delta q(t)$ の作用

$$S[q + \delta q] = \int_{t_1}^{t_2} dt\, L\bigl(q(t) + \delta q(t), \dot{q}(t) + \delta \dot{q}(t), t\bigr) \tag{1.17}$$

を微小関数 $\delta q(t)$ について巾展開した際，δq の1次の項が存在しない，ということである．象徴的に表すと

$$S[q + \delta q] = S[q] + 0 \times \delta q + C(\delta q)^2 + \cdots \tag{1.18}$$

となる．ここで $C(\delta q)^2$ と象徴的に表した2次の項の係数 C が常に正であれば $q(t)$ は作用を最小（正確には極小）にするが，一般には C の符号は関数 $\delta q(t)$ に依存し，正にも負にもなる．別の言い方をすると，$\delta q(t)$ は普通の変数ではなく時間の関数であるため，普通の変数の意味では実は無限個の自由度をもっ

---

[2]「Hamilton の原理」，あるいは「Hamilton の最小作用の原理」とも呼ばれる．

ており，係数 C はその無限個の変数の空間での行列である．具体的に $C(\delta q)^2$ の項がどのようなものであるかは，1.6 節を参照されたい．

さて，作用の巾展開 (1.18) を正確に表すために，まず各時刻 t における Lagrangian の巾展開

$$L(q+\delta q, \dot{q}+\delta \dot{q}, t) = L(q, \dot{q}, t) + \frac{\partial L(q, \dot{q}, t)}{\partial q_i} \delta q_i + \frac{\partial L(q, \dot{q}, t)}{\partial \dot{q}_i} \delta \dot{q}_i + \cdots \quad (1.19)$$

を考える．これは多変数関数 $f(x_1, \ldots, x_n)$ の Taylor 展開公式 (A.2) において，$x_i \Rightarrow (q_i(t), \dot{q}_i(t))$ および $\varepsilon_i \Rightarrow (\delta q_i(t), \delta \dot{q}_i(t))$ としたものであるが，次の点に注意してほしい：

- (1.19)式の右辺第 2, 3 項において和記号 $\sum_{i=1}^{N}$ を省略した．これは

> **Einstein の縮約ルール**
> ある数式において同じ index（たとえば i）が 2 回現れたら，その index について和をとるものとする．

に従ったものである．本書では基本的に Einstein の縮約ルールを採用して和記号を省略するが，和演算を強調したい場合あるいは誤解を防ぎたい場合はその限りではない．

- $\dot{q}_i(t)$ の微小変化分 $\delta \dot{q}_i(t)$ は $\delta q_i(t)$ の時間微分

$$\delta \dot{q}_i(t) = \frac{d}{dt} \delta q_i(t) \quad (1.20)$$

である．

巾展開 (1.19) を用い (1.20) に注意し，また，δq の 2 次以上の項を無視して

$$\delta S[q] \equiv S[q+\delta q] - S[q] = \int_{t_1}^{t_2} dt \left(L(q+\delta q, \dot{q}+\delta \dot{q}, t) - L(q, \dot{q}, t) \right)$$

$$= \int_{t_1}^{t_2} dt \left(\frac{\partial L}{\partial q_i} \delta q_i + \frac{\partial L}{\partial \dot{q}_i} \frac{d}{dt} \delta q_i \right)$$

$$= \int_{t_1}^{t_2} dt \left(\frac{\partial L}{\partial q_i} - \frac{d}{dt} \frac{\partial L}{\partial \dot{q}_i} \right) \delta q_i + \left[\frac{\partial L}{\partial \dot{q}_i} \delta q_i \right]_{t=t_1}^{t=t_2} \quad (1.21)$$

を得る．最後の表式を得る際に部分積分を行ったが，その表面項（(1.21)式の最後の項）は $\delta q(t_1), \delta q(t_2)$ に対する条件 (1.16) のためにゼロである．

最小作用の原理，すなわち (1.21) が任意の $\delta q_i(t)$ についてゼロであるべきことから，次の Euler-Lagrange 方程式を得る：

> **Euler-Lagrange 方程式**
>
> $$\frac{\partial L}{\partial q_i} - \frac{d}{dt}\frac{\partial L}{\partial \dot{q}_i} = 0 \quad (i = 1, 2, \ldots, N) \tag{1.22}$$

これが系の時間発展，すなわち関数 $q(t)$ を決定する運動方程式である．なお，(1.21) 式で与えられる $\delta S[q] = S[q + \delta q] - S[q]$ を作用 $S[q]$ の**変分**と呼ぶ．また，上で説明した，$q(t)$ の微小変形 (1.15) を考え，$S[q]$ の変分がゼロであることから Euler-Lagrange 方程式を導く手法を**変分法**と呼ぶ．

§1.4 Euler-Lagrange 方程式の具体例

前に，保存力下の質点系に対しては Lagrangian は (1.10) で与えられると述べた．ここでは，いくつかの具体的な質点系に対して Lagrangian とそれに対応した Euler-Lagrange 方程式 (1.22) を考え，それらが Newton 力学の運動方程式と一致することを確認しよう．

1.4.1 保存力下の 1 質点系

位置ベクトル $\boldsymbol{x}(t) = (x_1(t), x_2(t), x_3(t))$ の質点にポテンシャル $U(\boldsymbol{x})$ がはたらいている系の Lagrangian は (1.11) 式で与えられる．Einstein の縮約ルールを用いれば，この Lagrangian は

$$L(\boldsymbol{x}(t), \dot{\boldsymbol{x}}(t)) = \frac{1}{2} m \dot{x}_i(t)^2 - U(\boldsymbol{x}(t)) \tag{1.23}$$

とも表される．ここに，$\sum_{i=1}^{3}$ が省略されている．この 1 質点系の Lagrangian は

$$\frac{d}{dt}\frac{\partial L}{\partial \dot{\boldsymbol{x}}} = \frac{\partial L}{\partial \boldsymbol{x}} \quad \left[\frac{d}{dt}\frac{\partial L}{\partial \dot{x}_i} = \frac{\partial L}{\partial x_i}\right] \tag{1.24}$$

である．この式の左はベクトルを用いた表式であり，右のかぎ括弧内はその第 i 成分 ($i = 1, 2, 3$) である．また，$\partial/\partial \boldsymbol{x}$ は質点の座標についての gradient 演算であり，$\partial/\partial \dot{\boldsymbol{x}}$ も同様である：

$$\frac{\partial}{\partial \boldsymbol{x}} = \boldsymbol{\nabla} = \left(\frac{\partial}{\partial x_1}, \frac{\partial}{\partial x_2}, \frac{\partial}{\partial x_3}\right), \quad \frac{\partial}{\partial \dot{\boldsymbol{x}}} = \left(\frac{\partial}{\partial \dot{x}_1}, \frac{\partial}{\partial \dot{x}_2}, \frac{\partial}{\partial \dot{x}_3}\right) \quad (1.25)$$

Euler-Lagrange 方程式 (1.24)では $\boldsymbol{x}$ と $\dot{\boldsymbol{x}}$ を互いに独立な変数として偏微分を行うことに注意すると，その両辺はそれぞれ

$$右辺: \frac{\partial L}{\partial \boldsymbol{x}} = -\frac{\partial U(\boldsymbol{x})}{\partial \boldsymbol{x}} = -\boldsymbol{\nabla} U(\boldsymbol{x}) \quad \left[\frac{\partial L}{\partial x_i} = -\frac{\partial U(\boldsymbol{x})}{\partial x_i}\right] \quad (1.26)$$

$$左辺: \frac{\partial L}{\partial \dot{\boldsymbol{x}}} = m\dot{\boldsymbol{x}} \quad \left[\frac{\partial L}{\partial \dot{x}_i} = m\dot{x}_i\right] \Rightarrow \frac{d}{dt}\frac{\partial L}{\partial \dot{\boldsymbol{x}}} = m\ddot{\boldsymbol{x}} \quad \left[\frac{d}{dt}\frac{\partial L}{\partial \dot{x}_i} = m\ddot{x}_i\right] \quad (1.27)$$

である．ここでも，それぞれのベクトル表式の後の括弧内にその第 i 成分を与えた．これより，Euler-Lagrange 方程式 (1.24)は

$$m\ddot{\boldsymbol{x}} = -\boldsymbol{\nabla} U(\boldsymbol{x}) \quad \left[m\ddot{x}_i = -\frac{\partial U(\boldsymbol{x})}{\partial x_i}\right] \quad (1.28)$$

となり，Newton の運動方程式，(1.1)および (1.2)，と一致する．

以上は 1 質点系の場合であったが，質量 m_a で位置ベクトル $\boldsymbol{x}_a(t)$ の n 個の質点 $(a = 1, 2, \ldots, n)$ にポテンシャル $U(\boldsymbol{x}_1, \boldsymbol{x}_2, \ldots, \boldsymbol{x}_n)$ による力がはたらいている系の場合も，Lagrangian として (1.10)式，すなわち，

$$L = \sum_{a=1}^{n} \frac{1}{2} m_a \dot{\boldsymbol{x}}_a^2 - U(\boldsymbol{x}_1, \ldots, \boldsymbol{x}_n)$$

をとれば，その Euler-Lagrange 方程式 は Newton の運動方程式を再現することが全く同様にわかる．

1.4.2 単振り子

次の例として，図 1.1 のように鉛直 (x, y) 面内（y 軸が鉛直上向き）を振動する単振り子（長さ ℓ，おもりの質量 m）を考える．長さ ℓ の振り子の棒は質量を持たず，y 軸上の点 $(0, \ell)$ を支点として自由に回転するとする．この系の自由度は $N = 1$ であり，独立な力学変数として図 1.1 の角度 $\theta(t)$ を採用しよう．Lagrangian はおもりの位置ベクトル $\boldsymbol{x}(t)$ を用いて (1.11)で与えられるが，今の場合

$$\boldsymbol{x}(t) = (x(t), y(t)) = \ell(\sin\theta(t), 1 - \cos\theta(t)) \quad (1.29)$$

$$\dot{\boldsymbol{x}}(t) = (\dot{x}(t), \dot{y}(t)) = \ell(\dot{\theta}(t)\cos\theta(t), \dot{\theta}(t)\sin\theta(t)) \quad (1.30)$$

§1.4　Euler-Lagrange 方程式の具体例

であり，

$$\dot{\boldsymbol{x}}(t)^2 = \dot{x}(t)^2 + \dot{y}(t)^2 = \ell^2 \dot{\theta}(t)^2 \tag{1.31}$$

$$U(\boldsymbol{x}(t)) = mgy(t) = mg\ell(1 - \cos\theta(t)) \tag{1.32}$$

に注意すると，Lagrangian は

$$L(\theta, \dot{\theta}) = \frac{1}{2} m\ell^2 \dot{\theta}^2 - mg\ell(1 - \cos\theta) \tag{1.33}$$

となる．θ を力学変数として Euler-Lagrange 方程式 は

$$\frac{d}{dt} \frac{\partial L(\theta, \dot{\theta})}{\partial \dot{\theta}} = \frac{\partial L(\theta, \dot{\theta})}{\partial \theta} \tag{1.34}$$

であり，その各項が

$$\frac{d}{dt} \frac{\partial L}{\partial \dot{\theta}} = \frac{d}{dt} m\ell^2 \dot{\theta} = m\ell^2 \ddot{\theta}, \quad \frac{\partial L}{\partial \theta} = -mg\ell \sin\theta \tag{1.35}$$

と与えられることから次の運動方程式を得る：

$$\ddot{\theta} = -\frac{g}{\ell} \sin\theta \tag{1.36}$$

(1.36)式は「力学」で学んだものともちろん同じであるが，そこでは通常 Newton の運動方程式 (1.1) をおもりの運動方向およびそれに垂直な方向に成分分解することで (1.36) を得た．ここで見たように，Euler-Lagrange 方程式 を用いれば一般に

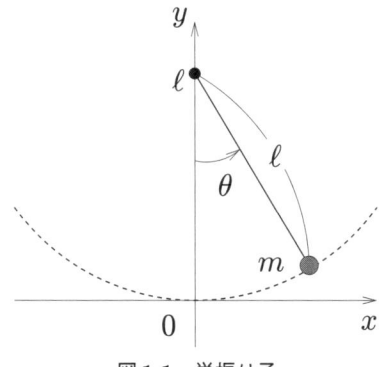

図 1.1　単振り子

第 1 章　Lagrangian と最小作用の原理

1. 系の独立な力学変数 $q_i(t)$ を決める．
2. Lagrangian $L(q,\dot{q}) = T - U$ を求める．
3. この L を Euler-Lagrange 方程式 (1.22)に代入．

という操作で極めて機械的に $q_i(t)$ に対する運動方程式が得られる．なお，独立な力学変数のとり方には任意性があり，上の単振り子では，たとえば，おもりの x 座標をとることもできる．（ただし，$|\theta|$ が $\pi/2$ を超える大きな振れの場合は，x 座標でおもりの位置が一意的には定まらない，という問題はある．）異なる力学変数をとった Euler-Lagrange 方程式 が互いに等価であることは，Euler-Lagrange 方程式 が「最小作用の原理」という力学変数のとり方に依存しない要請から導かれたものであることから自明であるが，具体的な証明は章末問題の問題2を参照のこと．

1.4.3　二重振り子

最後の例として，おもり1（質量 m_1）とおもり2（質量 m_2）が図1.2のように長さがそれぞれ ℓ_1 と ℓ_2 の二つの棒でつながった二重振り子を考えよう．二つの棒は，質量をもたず，原点 O とおもり1を支点としてたるむことなく鉛直

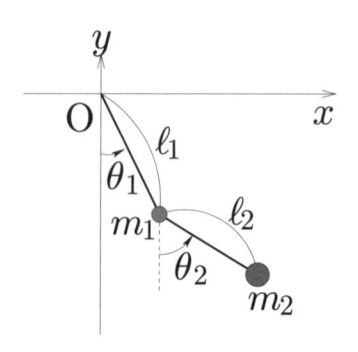

図 1.2　二重振り子

§1.4 Euler-Lagrange 方程式の具体例

(x,y) 面内を回転することができるとする.

力学変数として二つの角度 $(\theta_1(t), \theta_2(t))$ を用いて考えよう. おもり 1 と 2 のデカルト座標をそれぞれ (x_1, y_1) と (x_2, y_2) とすると, (θ_1, θ_2) を用いて

$$(x_1, y_1) = (\ell_1 \sin\theta_1, -\ell_1 \cos\theta_1)$$
$$(x_2, y_2) = (\ell_1 \sin\theta_1 + \ell_2 \sin\theta_2, -\ell_1 \cos\theta_1 - \ell_2 \cos\theta_2) \tag{1.37}$$

と表される. これを時間微分すると

$$(\dot{x}_1, \dot{y}_1) = (\ell_1 \dot{\theta}_1 \cos\theta_1, \ell_1 \dot{\theta}_1 \sin\theta_1)$$
$$(\dot{x}_2, \dot{y}_2) = (\ell_1 \dot{\theta}_1 \cos\theta_1 + \ell_2 \dot{\theta}_2 \cos\theta_2, \ell_1 \dot{\theta}_1 \sin\theta_1 + \ell_2 \dot{\theta}_2 \sin\theta_2) \tag{1.38}$$

おもり $a(=1,2)$ の運動エネルギーとポテンシャル・エネルギーをそれぞれ T_a と U_a として, この二重振り子の Lagrangian は

$$L = T_1 + T_2 - U_1 - U_2 \tag{1.39}$$

で与えられるが, (θ_1, θ_2) を用いると

$$\begin{aligned} L(\theta_1, \theta_2, \dot{\theta}_1, \dot{\theta}_2) &= \frac{1}{2} m_1 (\dot{x}_1^2 + \dot{y}_1^2) + \frac{1}{2} m_2 (\dot{x}_2^2 + \dot{y}_2^2) - m_1 g y_1 - m_2 g y_2 \\ &= \frac{1}{2} m_1 \ell_1^2 \dot{\theta}_1^2 + \frac{1}{2} m_2 \left[\ell_1^2 \dot{\theta}_1^2 + \ell_2^2 \dot{\theta}_2^2 + 2\ell_1 \ell_2 \cos(\theta_1 - \theta_2) \dot{\theta}_1 \dot{\theta}_2 \right] \\ &\quad + m_1 g \ell_1 \cos\theta_1 + m_2 g (\ell_1 \cos\theta_1 + \ell_2 \cos\theta_2) \end{aligned} \tag{1.40}$$

となる. Euler-Lagrange 方程式は次の 2 本である:

$$\frac{d}{dt}\frac{\partial L}{\partial \dot{\theta}_1} = \frac{\partial L}{\partial \theta_1} \Rightarrow \frac{d}{dt}\left[(m_1 + m_2)\ell_1^2 \dot{\theta}_1 + m_2 \ell_1 \ell_2 \cos(\theta_1 - \theta_2)\dot{\theta}_2\right]$$
$$= -m_2 \ell_1 \ell_2 \sin(\theta_1 - \theta_2)\dot{\theta}_1 \dot{\theta}_2 - (m_1 + m_2) g \ell_1 \sin\theta_1 \tag{1.41}$$

$$\frac{d}{dt}\frac{\partial L}{\partial \dot{\theta}_2} = \frac{\partial L}{\partial \theta_2} \Rightarrow \frac{d}{dt}\left[m_2 \ell_2^2 \dot{\theta}_2 + m_2 \ell_1 \ell_2 \cos(\theta_1 - \theta_2)\dot{\theta}_1\right]$$
$$= m_2 \ell_1 \ell_2 \sin(\theta_1 - \theta_2)\dot{\theta}_1 \dot{\theta}_2 - m_2 g \ell_2 \sin\theta_2 \tag{1.42}$$

この Euler-Lagrange 方程式の一般解を求めるのは難しいが, 振れ角 (θ_1, θ_2) が微小の場合は連成振動子で近似され, 解析的に解を求めることができる (第 5 章, 特に 5.4 節参照).

§1.5 Lagrangianの不定性

力学変数 $q(t)$ で記述される系の Lagrangian $L(q, \dot{q}, t)$ は一意的ではなく，実は以下で述べるような不定性（任意性）がある．この不定性は後にさまざまな場所で利用される．

> Lagrangian $L(q(t), \dot{q}(t), t)$ に対して，任意関数 $G(q(t), t)$ の時間 t についての全微分項を加えた新しい Lagrangian $\widetilde{L}(q(t), \dot{q}(t), t)$
> $$\widetilde{L}(q(t), \dot{q}(t), t) = L(q(t), \dot{q}(t), t) + \frac{d}{dt} G(q(t), t) \tag{1.43}$$
> を考えると，$\widetilde{L}$ の Euler-Lagrange 方程式は L のそれと同じである．すなわち，二つの Lagrangian L と $\widetilde{L}$ は等価である．

この事実を証明する前に，補足説明をしておく：

- (1.43)式の最後の項の時間についての全微分 d/dt は $G(q(t), t)$ の $q(t)$ を通じた t 依存性と陽な t 依存性の両方を微分する演算である：
$$\frac{d}{dt} G(q(t), t) = \frac{\partial G(q, t)}{\partial q_i} \dot{q}_i + \frac{\partial G(q, t)}{\partial t} \tag{1.44}$$
たとえば，$G(q, t) = f(t) q_i^2$ の場合は，
$$\frac{\partial G(q, t)}{\partial q_i} = 2 f(t) q_i, \qquad \frac{\partial G(q, t)}{\partial t} = \dot{f}(t) q_i^2 \tag{1.45}$$
であり
$$\frac{d}{dt} G(q(t), t) = 2 f(t) q_i \dot{q}_i + \dot{f}(t) q_i^2 \tag{1.46}$$

- 関数 G は (q, t) には依存するが q の時間微分 $\dot{q}$ や，より高階の時間微分には依らないとした．これは，$\widetilde{L}$ が $(q, \dot{q}, t)$ のみの関数であり，q の2階以上の時間微分には依らないという要請に基づく．

さて，二つの Lagrangian $\widetilde{L}$ と L の Euler-Lagrange 方程式が同じであることは，$\widetilde{L}$ の作用 $\widetilde{S}[q]$ と L の作用 $S[q]$ に次の関係があることから導かれる：

$$\widetilde{S}[q] = \int_{t_1}^{t_2} dt\, \widetilde{L}(q, \dot{q}, t) = S[q] + G(q^{(2)}, t_2) - G(q^{(1)}, t_1) \tag{1.47}$$

ここで，境界条件 (1.13) を用いた．$\widetilde{S}[q]$ と $S[q]$ の差は端の時刻 $t = t_1, t_2$ での固定された q の値 $q^{(1)}$ と $q^{(2)}$ で決まっており，途中の時刻 $t_1 < t < t_2$ での $q(t)$ には依存しない．したがって，(1.21)式の Euler-Lagrange 方程式の導出を $\widetilde{S}$ と S で考えた場合に二つの作用の変分は同一，すなわち $\delta \widetilde{S}[q] = \delta S[q]$，であり，Euler-Lagrange 方程式も同じである．

もちろん，(1.43)の関係式を Euler-Lagrange 方程式 (1.22) に代入することで，二つの Euler-Lagrange 方程式が等価であることを直接示すこともできる（章末問題の問題 3 参照）．

§1.6 作用の極小・極大性：1次元調和振動子

1.2 節において最小作用の原理を導入した際，実際に要求されるのは作用 $S[q]$ の停留性のみであると説明した．実際，Euler-Lagrange 方程式が保証しているのは，その解のまわりで作用を展開した際に解からのずれ δq の 1 次項が消えることのみであって，δq の 2 次項については何もいっていない．ここでは，簡単な系である 1 次元調和振動子，すなわち，1 次元的に振動するバネの系において，その Euler-Lagrange 方程式の解における作用の極小・極大性を調べよう．

1 次元調和振動子の Lagrangian は，バネの静止状態からの伸びを $q(t)$ とし，バネ定数を $k = m\omega^2$ と表して

$$L(q, \dot{q}) = \frac{1}{2}m\dot{q}^2 - \frac{1}{2}m\omega^2 q^2 \tag{1.48}$$

で与えられる．Euler-Lagrange 方程式は

$$m\ddot{q} = -m\omega^2 q \tag{1.49}$$

であり，力学で学んだように一般解は A と α を任意実数として

$$q(t) = A\sin(\omega t + \alpha) \tag{1.50}$$

で与えられる．なお，1.4.2 項の単振子の系も，振れ角 θ が微小の場合，$\cos\theta \simeq 1 - (1/2)\theta^2$ ($|\theta| \ll 1$) を用いて Lagrangian (1.33) は

$$L(\theta, \dot{\theta}) \simeq \frac{1}{2}m\ell^2\dot{\theta}^2 - \frac{1}{2}mg\ell\theta^2 \tag{1.51}$$

と近似され，調和振動子に帰着する．

さて，調和振動子の作用は Euler-Lagrange 方程式の解 (1.50) において，はたして極小/極大のどちらであろうか．今，$q(t)$ を時間の任意関数，$\delta q(t)$ を境界条件 (1.16) を満たす任意関数とすると，調和振動子に対しては，その Lagrangian (1.48) が $(q, \dot{q})$ について 2 次の項のみから成っているために

$$S[q + \delta q] = S[q] + \int_{t_1}^{t_2} dt \left(\frac{\partial L}{\partial q_i} - \frac{d}{dt} \frac{\partial L}{\partial \dot{q}_i} \right) \delta q_i + S[\delta q] \tag{1.52}$$

が近似なしに成り立つ．$q(t)$ として Euler-Lagrange 方程式の解をとると右辺第 2 項は消え，右辺の第 3 項 $S[\delta q]$ が δq について 2 次の項を与える．今の場合，$S[q+\delta q]$ に δq の 3 次以上の項は存在しない．今，簡単のために $(t_1, t_2) = (0, T)$ とおくと，境界条件 (1.16)，すなわち $\delta q(0) = \delta q(T) = 0$ を満たす任意の関数 $\delta q(t)$ は一般に

$$\delta q(t) = \sum_{n=1}^{\infty} a_n \sin\left(\frac{n\pi}{T} t\right) \tag{1.53}$$

と Fourier 展開される．つまり，無限個の実係数 a_n ($n = 1, 2, \ldots$) により関数 $\delta q(t)$ が指定され，逆に，$\delta q(t)$ が与えられたとき，対応する係数 a_n は積分

$$a_n = \frac{2}{T} \int_0^T dt\, \delta q(t) \sin\left(\frac{n\pi}{T} t\right) \tag{1.54}$$

で指定される．ここで有用な積分公式を二つ与えておく：

$$\int_0^T dt\, \sin\left(\frac{n\pi}{T} t\right) \sin\left(\frac{m\pi}{T} t\right) = \frac{T}{2} \delta_{n,m} \tag{1.55}$$

$$\int_0^T dt\, \cos\left(\frac{n\pi}{T} t\right) \cos\left(\frac{m\pi}{T} t\right) = \frac{T}{2} \delta_{n,m} \tag{1.56}$$

特に (1.54) 式は (1.55) から理解される．そこで，(1.52) 式の最後の項 $S[\delta q]$ を $\delta q(t)$ の表式 (1.53) と上の積分公式を用いて計算し，a_n で表現すると，

$$\begin{aligned}
S[\delta q] &= \frac{m}{2} \int_0^T dt \left((\delta \dot{q})^2 - \omega^2 (\delta q)^2 \right) \\
&= \frac{m}{2} \sum_{n,m=1}^{\infty} \int_0^T dt \left[\frac{n\pi}{T} \frac{m\pi}{T} \cos\left(\frac{n\pi}{T} t\right) \cos\left(\frac{m\pi}{T} t\right) \right. \\
&\qquad \left. - \omega^2 \sin\left(\frac{n\pi}{T} t\right) \sin\left(\frac{m\pi}{T} t\right) \right] a_n a_m \\
&= \frac{mT}{4} \sum_{n=1}^{\infty} \left[\left(\frac{n\pi}{T}\right)^2 - \omega^2 \right] a_n^2
\end{aligned} \tag{1.57}$$

§1.6 作用の極小・極大性：1次元調和振動子

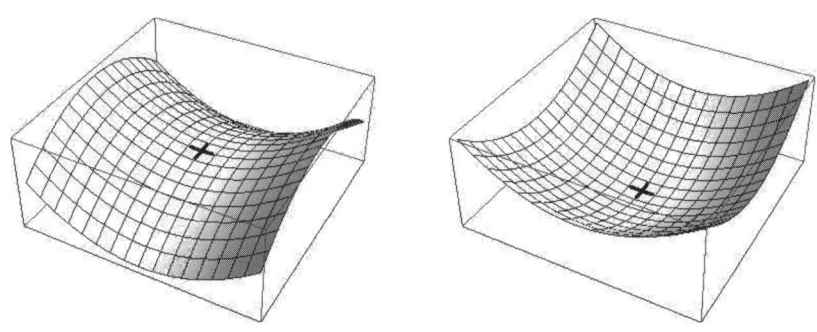

図 1.3 a_n（横軸）の関数としての $S[q+\delta q]$（縦軸）．$\delta q = 0$（×印）は，$\omega T > \pi$ の場合は鞍点であるが（左図），$\omega T < \pi$ の場合はあらゆる方向に極小点である（右図）．

を得る．

我々は作用 $S[q+\delta q]$ が関数 $\delta q(t)$ の汎関数として $\delta q(t) = 0$ において極小か極大かを議論しているのであるが，関数 $\delta q(t)$ の空間は無限次元であり，具体的には (1.53) の無限個の実係数 $(a_1, a_2, \ldots)$ により指定されることに注意してほしい．すなわち，作用 $S[q+\delta q]$ は無限個の変数 $(a_1, a_2, \ldots)$ の関数なのである．そこで，(1.57)式の意味するところは以下のとおりである．まず，$\omega T > \pi$ の場合，

$$S[q+\delta q] \text{ は } \delta q = 0 \text{ において変数 } a_n \text{ の方向に} \begin{cases} \text{極小} & \left(n > \dfrac{\omega T}{\pi}\right) \\ \text{極大} & \left(n < \dfrac{\omega T}{\pi}\right) \end{cases} \quad (1.58)$$

である．したがって，一般に $\delta q = 0$ は鞍点（ある方向には極小点であるが，別の方向には極大点）である（図 1.3 の左図）．しかし，$\omega T < \pi$ の場合は，極大となる方向 $n \geq 1$ が存在しないため，$\delta q = 0$ はあらゆる方向に極小点となる（図 1.3 の右図）．

以上の調和振動子の例のように，Euler-Lagrange 方程式の解は一般には作用 $S[q]$ の鞍点である．解が常に作用の極小点であるような例外的な系として，一様な重力場中の質点の系がある（章末問題 4 参照）．

§1.7 変分法の応用

最小作用の原理から Euler-Lagrange 方程式を導く手法（変分法）は解析力学以外にも応用することができる．すなわち，

N 個の x の関数 $f(x) = (f_1(x), \ldots, f_N(x))$ の汎関数 $I[f]$ が

$$I[f] = \int_{x_1}^{x_2} dx\, W(f(x), f'(x), x) \tag{1.59}$$

という積分の形で与えられているとする ($f' = (d/dx)f$)．端点 $x = x_1, x_2$ での f の値 $f(x_1)$ と $f(x_2)$ がそれぞれある値に固定されているという条件のもとで $I[f]$ を最小（あるいは最大）にする関数 $f(x)$ を求めよ．

という問題は，Euler-Lagrange 方程式 (1.22) において単に記号をおき換えた

$$\frac{\partial W(f, f', x)}{\partial f_i} - \frac{d}{dx}\frac{\partial W(f, f', x)}{\partial f'_i} = 0 \quad (i = 1, \ldots, N) \tag{1.60}$$

で与えられる $f(x)$ に対する微分方程式を解く問題に帰着する．(1.60)は Euler の方程式とも呼ばれる．

1.7.1 2点を結ぶ最短の曲線

最初の例として，(x, y) 平面上の 2 点 (a, b) と (c, d) を結ぶ最短の曲線を求めるという簡単な問題を考えよう．この曲線がパラメータ s ($0 \leq s \leq 1$) を用いて $\boldsymbol{x}(s) = (x(s), y(s))$ で与えられるとする．ただし，$\boldsymbol{x}(0) = (a, b)$，$\boldsymbol{x}(1) = (c, d)$ である．この曲線の長さは

$$I[x, y] = \int_0^1 ds\, \sqrt{\dot{x}(s)^2 + \dot{y}(s)^2} \tag{1.61}$$

で与えられる．ここに $\dot{x}(s) = dx(s)/ds$ などである．長さ (1.61) を最小にする $\boldsymbol{x}(s)$ は (1.60) で変数 x を s としたものより得られる微分方程式

$$\frac{d}{ds}\frac{\dot{x}}{\sqrt{\dot{x}^2 + \dot{y}^2}} = 0, \qquad \frac{d}{ds}\frac{\dot{y}}{\sqrt{\dot{x}^2 + \dot{y}^2}} = 0 \tag{1.62}$$

の解として求まる．この微分方程式より直ちに比 $\dot{y}(s)/\dot{x}(s)$ は s に依らない定数（A とする）であり，したがって $y(s) = Ax(s) + B$ (B は定数)，すなわち $\boldsymbol{x}(s)$ は直線であることがわかる（定数 A と B は a, b, c, d で与えられる）．なお，$f(s)$ を s の任意関数として，$(x(s), y(s))$ が微分方程式 (1.62) の解ならば，

§1.7 変分法の応用

s を $f(s)$ に置き換えた $(x(f(s)), y(f(s)))$ も解であることがわかる．したがって，s の関数としての $(x(s), y(s))$ は一意的には定まらない．

同じ問題をパラメータ s として特に x 座標をとって考えてみよう．曲線は関数 $y = y(x)$ で表され，その長さは

$$I[y] = \int_a^b dx \sqrt{1 + (y'(x))^2} \tag{1.63}$$

で与えられる．問題は $y(a) = c$ および $y(b) = d$ の条件のもとで $I[y]$ を最小にする関数 $y(x)$ を求めることであるが，その解は微分方程式

$$\frac{d}{dx} \frac{y'(x)}{\sqrt{1 + (y'(x))^2}} = 0 \tag{1.64}$$

を満たすものであり，$y'(x) = $ 定数，すなわち直線である．

なお，Euler の方程式 (1.64) はその解である直線が長さ (1.63) を最小にすることまでは保証していない．それを確認するには $I[y + \delta y]$ の δy についての展開の 2 次の項を調べる必要がある．

1.7.2 最小面積の回転曲面

図 1.4 のように，x 軸からの距離 $\rho = \sqrt{y^2 + z^2}$ が x の関数として $\rho = f(x)$ $(a \leq x \leq b)$ で指定された曲面（回転曲面）の面積を，端点 $x = a$ と b における曲面の半径 $f(a)$ と $f(b)$ をそれぞれある値に固定した条件下で最小にする関数 $f(x)$ を求める問題を考えよう．

この回転曲面の面積は

$$I[f] = 2\pi \int_a^b dx\, f(x) \sqrt{1 + (f'(x))^2} \tag{1.65}$$

で与えられる．(x, ρ) 面内において $[x, x + dx]$ の微小区間の曲線 $\rho = f(x)$ の長さは $\sqrt{1 + (f'(x))^2}\, dx$ であることに注意しよう．面積 (1.65) を最小にする

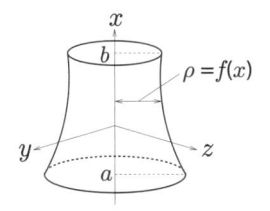

図 1.4 回転曲面

関数 $f(x)$ は $W(f, f') = f(x)\sqrt{1 + (f'(x))^2}$ として Euler の方程式 (1.60),

$$\frac{d}{dx}\frac{\partial W(f, f')}{\partial f'} = \frac{\partial W(f, f')}{\partial f} \tag{1.66}$$

具体的には

$$\frac{d}{dx}\frac{f(x)f'(x)}{\sqrt{1 + (f'(x))^2}} = \sqrt{1 + (f'(x))^2} \tag{1.67}$$

の解として求まる．

しかし今の場合，$f(x)$ に対する 2 階微分方程式 (1.67)を直接解くのではなく，それと等価な 1 階微分方程式を考えるのが楽である．すなわち，$W(f(x), f'(x))$ が $f(x)$ と $f'(x)$ を介してのみ x に依存していることから

$$\frac{d}{dx}W(f(x), f'(x)) = \frac{\partial W(f, f')}{\partial f}f' + \frac{\partial W(f, f')}{\partial f'}f'' \tag{1.68}$$

が成り立つが，これと (1.66)より

$$\frac{\partial W(f, f')}{\partial f'}f' - W(f, f') = 一定 \tag{1.69}$$

であることがわかる ((1.69)の左辺の x 微分がゼロとなることを確認せよ)．今の W に対して (1.69)は

$$\frac{f(x)}{\sqrt{1 + (f'(x))^2}} = 一定 > 0 \tag{1.70}$$

であり，この一般解は $C(> 0)$ と x_0 を定数として

$$f(x) = C\cosh\left(\frac{x - x_0}{C}\right) \tag{1.71}$$

で与えられ，この曲線は懸垂線 (catenary) と呼ばれる．定数 C と x_0 は端点条件で与えられた $f(a)$ と $f(b)$ から決まる．

なお，3.2節で見るように，(1.69)式は x を時間とした場合のエネルギー保存則に対応するものである．この例に限らず，一般に W が x に陽に依存しない場合に，(1.66)の積分形である (1.69)から出発することは実用的に非常に有用である．

────────── §1 の章末問題 ──────────

問題1 次式の Lagrangian で記述される，力学変数 q をもった1自由度系の Euler-Lagrange 方程式を求めよ：

$$L(q,\dot{q}) = \frac{1}{2}f(q)\dot{q}^2 - U(q)$$

ここに，$f(q)$ と $U(q)$ は与えられた q の関数である．

問題2 Lagrangian $L(q,\dot{q},t)$ で記述される N 自由度系において，力学変数 q の代わりに N 個の $N+1$ 変数関数 f_i を用いて

$$q_i(t) = f_i(Q_1(t), Q_2(t), \ldots, Q_N(t), t) \quad (i = 1, 2, \ldots, N)$$

で関係した新力学変数 Q をとる．q の Lagrangian $L(q,\dot{q},t)$ を新力学変数 Q で表した

$$L_Q(Q,\dot{Q},t) = L\big(f(Q,t), (d/dt)f(Q,t), t\big)$$

に対応した Euler-Lagrange 方程式

$$\frac{\partial L_Q(Q,\dot{Q},t)}{\partial Q_i} - \frac{d}{dt}\frac{\partial L_Q(Q,\dot{Q},t)}{\partial \dot{Q}_i} = 0$$

が元の q の Euler-Lagrange 方程式 (1.22) と等価であることを示せ．
[ヒント]
次の関係式を示せ：

$$\frac{\partial L_Q}{\partial Q_i} - \frac{d}{dt}\frac{\partial L_Q}{\partial \dot{Q}_i} = \left(\frac{\partial L}{\partial q_j} - \frac{d}{dt}\frac{\partial L}{\partial \dot{q}_j}\right)\frac{\partial f_j(Q,t)}{\partial Q_i}$$

問題3 (1.43)式で関係した二つの Lagrangian L と $\widetilde{L}$ の Euler-Lagrange 方程式が全く同じものであることの直接的な証明として，$\widetilde{L}$ と L の差 $\Delta L(q,\dot{q},t) = (d/dt)G(q(t),t)$ が Euler-Lagrange 方程式 (1.22) を恒等的に満たすこと，すなわち，

$$\frac{\partial \Delta L}{\partial q_i} - \frac{d}{dt}\frac{\partial \Delta L}{\partial \dot{q}_i} = 0$$

が任意の $G(q(t),t)$ に対して成り立つことを示せ．

第1章 Lagrangianと最小作用の原理

問題4 Lagrangianが $L = (1/2)m\dot{x}^2 - mgz$ で与えられる一様な重力場中の質点の系において，Euler-Lagrange方程式の解が作用の極小点であることを示せ．

問題5 x軸を水平方向，y軸の正の方向を鉛直上向きとし，(x,y)平面内を曲線 $y = -f(x)$ に沿って摩擦なく運動する質点を考える．この曲線は原点 $(0,0)$ と点 (a,b) $(b<0)$ を通ることとし，原点から速さゼロで滑り始めた質点が点 (a,b) に至るまでの時間が最小になるように曲線 $y = -f(x)$（最速降下曲線）を求めたい．重力加速度を g とする．

(1) 質点のエネルギー E が一定 $(=0)$ であるという関係式

$$E = \frac{1}{2}m\left(\dot{x}^2 + \dot{y}^2\right) + mgy = 0$$

より，質点が原点から (a,b) に至るまでに要する時間 $T[f]$ が

$$T[f] = \int_0^a dx \sqrt{\frac{1 + (f'(x))^2}{2g\,f(x)}}$$

で与えられることを示せ．

(2) 1.7節の方法で $T[f]$ を最小にする関数 $f(x)$ を求めよう．1.7.2項の例と同様に，ここでも Euler の方程式 (1.60) を直接解くのではなく，それと等価な1階微分方程式 (1.69) を考えるのがよい．今の場合，(1.69) から

$$\frac{df(x)}{dx} = \sqrt{\frac{2C}{f(x)} - 1}$$

が得られることを示せ．ここに C は正の定数である．

(3) この微分方程式の解が，x を別の変数 θ により

$$x = C(\theta - \sin\theta)$$

と表すと

$$f = C(1 - \cos\theta)$$

で与えられることを示せ．定数 C は曲線が点 (a,b) を通るべきことから決まる．この曲線はサイクロイド (cycloid) と呼ばれ，円が直線上を滑ることなく転がる際に円周上の定点が描く軌跡でもある．

第2章 対称性に基づいた Lagrangian の決定

質点系の Lagrangian は $L = T - U$ で与えられることを 1.2 節で述べた．実際，この L から得られる Euler-Lagrange 方程式は Newton の運動方程式を再現した．この章では，Newton の運動方程式の再現性には頼らずに，時間や空間に関する対称性，さらには，ゲージ変換に対する対称性を Lagrangian に課すことで，その形を制限し決定できることを見る．対称性を Lagrangian の決定の基本原理とする考え方は，素粒子論をはじめとする物理学の最前線の研究においても基本的かつ有用なものである．

§2.1 対称性と Lagrangian

第1章では質点系の Lagrangian として (1.10) 式，すなわち $L = T - U$ をとることで，その Euler-Lagrange 方程式が Newton の運動方程式を再現することを見た．しかし，解析力学が Newton の運動方程式の再現性に頼らずに，それ自体で Lagrangian の形を自然に決定することはできないのであろうか．この章では，時間や空間に関するいくつかの対称性を Lagrangian に課すことで，その形に制限を加え決定していくことを行う．このような，対称性を原理にして Lagrangian の形を決めようという考え方は，宇宙を記述する究極理論を探求する「素粒子論」においても，未知の世界を探るための基本的な手法である．

具体的には，質点系の Lagrangian に対して次の4種類の変換に対する不変性（対称性）をそれぞれ，あるいは複数を同時に課すことを考える：

- 時間並進
- 空間並進
- 空間回転
- Galilei 変換

これらの変換の意味は以下の各節で詳しく説明するが，有限の質量をもった質点の間にポテンシャル力がはたらく系に対しては，これらの変換のもとでの不変性は自然な仮定である．特に，Galilei 変換を含む最後の三つの変換に対する不変性から Lagrangian の運動エネルギー項の形が $(m/2)\dot{x}^2$ と自動的に決まる

ことを見る．またさらに，電磁場と相互作用する質点の Lagrangian を構成する際の指導原理として

- ゲージ変換

のもとでの不変性が重要であることも見る．

§2.2 時間並進の対称性

力学変数 $q_i(t)$ をもった一般の N 自由度系を考えよう．時間並進とは，時間 t を定数だけずらす操作

$$t \to t + a_0 \quad (a_0: \text{定数}) \tag{2.1}$$

である．系が時間並進の対称性をもっているとは，この時間並進のもとで物理が変わらない，すなわち，

時間並進の対称性
$q_i(t)$ が Euler-Lagrange 方程式の解であるならば，任意の定数 a_0 に対して $q_i(t + a_0)$ もまた解である．

が成り立つことである．

一般に Lagrangian は (1.7)式の右辺 $L(q(t), \dot{q}(t), t)$ の第 3 変数 t のように，$q(t)$ と $\dot{q}(t)$ を通じた以外の陽な時間依存性をもつこともある．具体例は (1.12) である．質量やばね定数に相当する量が時間の関数である $f(t)$ と $h(t)$ で与えられ，どの時刻で考えるかに依って系の運動の様子が変わってくるので時間並進の対称性はない．

逆に，時間並進の対称性があるのは，Lagrangian が陽な時間依存性をもたない場合，すなわち，

$$L = L(q(t), \dot{q}(t)) \tag{2.2}$$

の場合である．[1] このことを示すために，今，$q(t)$ が一般の L に対する Euler-Lagrange 方程式

---

[1] Lagrangian には常に時間についての全微分項の不定性 (1.43) があるので，正確には (2.2)の右辺には任意の $G(q(t), t)$ を用いた $(d/dt)G(q(t), t)$ が加わってもよい．

$$\frac{d}{dt}\frac{\partial L\big(q(t),\dot{q}(t),t\big)}{\partial \dot{q}_i(t)} = \frac{\partial L\big(q(t),\dot{q}(t),t\big)}{\partial q_i(t)} \tag{2.3}$$

の解であるとしよう．これに対して $t \to t+a_0$ のおき換えを行い，$d/d(t+a_0) = d/dt$ であることを用いることで

$$\frac{d}{dt}\frac{\partial L\big(q(t+a_0),\dot{q}(t+a_0),t+a_0\big)}{\partial \dot{q}_i(t+a_0)} = \frac{\partial L\big(q(t+a_0),\dot{q}(t+a_0),t+a_0\big)}{\partial q_i(t+a_0)} \tag{2.4}$$

を得る．陽な時間依存性をもたない Lagrangian (2.2)の場合，(2.4)は $q(t+a_0)$ も元の Euler-Lagrange 方程式 (2.3)の解であることを意味する．

Lagrangian が陽な時間依存性をもたない例として，(1.48)式で与えられる1次元調和振動子（バネの系）を考えよう．Euler-Lagrange 方程式は (1.49) であり，この一般解は A と α を実定数として (1.50) で与えられた．この場合，$q(t+a_0) = A\sin(\omega t + \alpha + \omega a_0)$ も明らかに Euler-Lagrange 方程式の解である（時間並進の効果は定数 α の再定義に帰着する）．

§2.3 空間並進の対称性

時間並進は，力学変数 $q_i(t)$ をもった一般の系に対して存在する概念であるが，空間並進・空間回転・Galilei 変換の三つは空間に関係した概念であり，これからは3次元空間における N 質点系を考えることにする．以下では，N 個の質点の位置ベクトルを $\bm{x}_n(t)$ $(n = 1, \ldots, N)$ で表す．

空間並進とは空間座標を一様にずらすことである．したがって，今考えている質点系においては，空間並進のもとで各質点の位置ベクトル $\bm{x}_n(t)$ $(n = 1, 2, \ldots, N)$ は共通の定数ベクトル $\bm{a}$ だけ一斉にずれる．また，$\bm{a}$ は定数ベクトルなので速度ベクトル $\dot{\bm{x}}_a(t)$ は変わらない：

$$\begin{aligned}\bm{x}_n(t) &\to \bm{x}_n(t) + \bm{a} \\ \dot{\bm{x}}_n(t) &\to \frac{d}{dt}\left(\bm{x}_n(t) + \bm{a}\right) = \dot{\bm{x}}_n(t)\end{aligned} \tag{2.5}$$

系が空間並進の対称性をもつとは，この空間並進のもとで物理が変わらないことであり，これは空間のどの点も特別な意味をもたず，空間が一様であることを意味する．系の物理は Lagrangian で決まるので，空間並進の対称性は Lagrangian が変換 (2.5)のもとで不変であることで保証される．しかし，

第 2 章 対称性に基づいた Lagrangian の決定

Lagrangian には常に時間の全微分項だけの不定性 (1.43) があるので，空間並進の対称性は Lagrangian の性質として正確には次のように表現される：

> **空間並進の対称性**
>
> 質点系が空間並進の対称性をもつとは，任意の並進ベクトル $\boldsymbol{a}$ に対して Lagrangian $L(\boldsymbol{x}_n(t), \dot{\boldsymbol{x}}_n(t), t)$ が次の性質をもつことである：
>
> $$L(\boldsymbol{x}_n(t) + \boldsymbol{a}, \dot{\boldsymbol{x}}_n(t), t) = L(\boldsymbol{x}_n(t), \dot{\boldsymbol{x}}_n(t), t) + \frac{d}{dt} G(\boldsymbol{x}_n(t), t; \boldsymbol{a}) \quad (2.6)$$
>
> ここに $G(\boldsymbol{x}_n(t), t; \boldsymbol{a})$ は並進ベクトル $\boldsymbol{a}$ に依存した関数であるが，多くの場合不要である．

時間並進の場合と同様に，次のことが示される（章末問題 1）：

> Lagrangian が空間並進で不変，すなわち (2.6) の性質をもつならば，Euler-Lagrange 方程式の任意の解 $\boldsymbol{x}_n(t)$ に対して $\boldsymbol{x}_n(t) + \boldsymbol{a}$ もまた解である．

空間並進の対称性 (2.6) をもつ Lagrangian はどのようなものであろうか．まず，1 質点系 ($N=1$) の場合は，Lagrangian がその質点の位置ベクトル $\boldsymbol{x}$ には依らない

$$L = L(\dot{\boldsymbol{x}}, t) \quad (2.7)$$

の形であれば (2.6) で $G=0$ としたものが満たされる．具体例としては，与えられた時間の関数 $m_{ij}(t)$ を用いた次の Lagrangian がある：

$$L = \frac{1}{2} \sum_{i,j=1}^{3} m_{ij}(t)\, \dot{x}_i \dot{x}_j \quad (2.8)$$

次に，多質点系 ($N \geq 2$) の場合は，Lagrangian は質点の位置ベクトルに依ってもよいが，その依存性が異なる質点の位置ベクトルの差を通じてのみ，すなわち

$$L = L(\boldsymbol{x}_n - \boldsymbol{x}_m, \dot{\boldsymbol{x}}_n, t) \quad (2.9)$$

の形であれば，$G=0$ とした (2.6) を満たす．特に，2 質点系の場合は

$$L = L(\boldsymbol{x}_1 - \boldsymbol{x}_2, \dot{\boldsymbol{x}}_1, \dot{\boldsymbol{x}}_2, t) \quad (2.10)$$

である．

§2.3　空間並進の対称性

2.3.1　L が $x(t)$ に依存するが，空間並進対称性をもつ例

空間並進対称性の条件式 (2.6) において右辺の G が非自明な例を一つ挙げておこう．それは，一様な重力場中の1質点系であり，第3軸方向を鉛直上向きにとって Lagrangian は

$$L(\boldsymbol{x},\dot{\boldsymbol{x}}) = \frac{1}{2}m\dot{\boldsymbol{x}}^2 - mgx_3 \tag{2.11}$$

で与えられる．この L は x_3 に陽に依るため，特に第3軸方向の空間並進に対しては不変ではない．しかし，任意の $\boldsymbol{a} = (a_1, a_2, a_3)$ の空間並進に対して L (2.11) の変化分は定数 $-mga_3$ であり，したがって，(2.6) の条件式は

$$G(\boldsymbol{x},t;\boldsymbol{a}) = -mga_3 t \tag{2.12}$$

として成り立っている．直観的にも，質点にはたらく重力はどこにおいても鉛直下向きに mg であって，空間の一様性は成り立っているはずである．

2.3.2　部分的な空間並進対称性をもった系

(2.6) 式が任意のベクトル $\boldsymbol{a}$ に対して成り立つなら，系には完全な空間並進の対称性がある．しかし，もしもある限られた方向の $\boldsymbol{a}$，たとえば第1軸方向を向いた $\boldsymbol{a} = (a_1, 0, 0)$ (a_1 は任意) に対してのみ (2.6) が成り立つなら，系には第1軸方向の並進対称性だけがある．このような部分的な空間並進対称性をもった Lagrangian の例として

$$L(\boldsymbol{x},\dot{\boldsymbol{x}}) = \frac{1}{2}m\dot{\boldsymbol{x}}^2 - \frac{1}{2}(k_1 x_1^2 + k_2 x_2^2 + k_3 x_3^2) \tag{2.13}$$

を考えよう（3次元調和振動子）．(2.13) は，全ての $k_i \neq 0$ ($i = 1, 2, 3$) の場合は空間並進対称性を全くもたないが，ある k_i がゼロなら i 方向の空間並進対称性をもつ．たとえば，

1. $k_1 = 0$ ($k_2, k_3 \neq 0$) の場合，第1軸方向のみの空間並進対称性をもつ．
2. $k_1 = k_2 = 0$ ($k_3 \neq 0$) の場合，$\boldsymbol{a} = (a_1, a_2, 0)$ の形の並進ベクトルに対して (2.6) を満たし ($G = 0$)，第3軸方向を除く空間並進対称性をもっている．

である．

§2.4　空間回転の対称性

空間回転は，ある点を中心として位置ベクトルを回転させることであるが，以下では原点 $\boldsymbol{x} = 0$ を中心とした空間回転を考えよう．一般に原点を中心とした空間回転のもとでの位置ベクトル $\boldsymbol{x}$ の変換は，その回転に対応した3行3列の直交行列（回転行列）R を用いて

$$\boldsymbol{x} \to R\boldsymbol{x} \tag{2.14}$$

と表される．ここでは，位置ベクトル $\boldsymbol{x}$ を縦ベクトル

$$\boldsymbol{x} = \begin{pmatrix} x_1 \\ x_2 \\ x_3 \end{pmatrix} \tag{2.15}$$

とした．また，R が直交行列であるとは，R^{T} を R の転置行列として

$$R^{\mathrm{T}} R = R R^{\mathrm{T}} = \mathbf{1} \tag{2.16}$$

の条件を満たすことである．たとえば第3軸まわりの角度 ϕ の回転を表す R は

$$R_3(\phi) = \begin{pmatrix} \cos\phi & -\sin\phi & 0 \\ \sin\phi & \cos\phi & 0 \\ 0 & 0 & 1 \end{pmatrix} \tag{2.17}$$

である．一般の空間回転は $R = R(\phi, \theta, \psi)$ と，三つの角度（Euler 角）を用いて表される（付録A 数学補足 A.3 節参照）．空間回転 (2.14) の成分表示

$$x_i \to R_{ij} x_j \tag{2.18}$$

も以下では度々用いる．ここに，index j については Einstein の縮約ルールに従って和（$\sum_{j=1}^{3}$）をとっている．また，直交行列の条件式 (2.16) の成分表示は

$$R_{ik} R_{jk} = R_{ki} R_{kj} = \delta_{ij} \tag{2.19}$$

である（k について和をとっている）．

N 質点系においては，空間回転で各質点の位置ベクトル $\boldsymbol{x}_n(t)$ がそれぞれ (2.14) の変換を受ける．今，R は時間に依らないとしているので，速度ベクトル $\dot{\boldsymbol{x}}_n(t)$ の変換性も同じである：

$$\boldsymbol{x}_n(t) \to R\boldsymbol{x}_n(t)$$

§2.4 空間回転の対称性

$$\dot{\boldsymbol{x}}_n(t) \to \frac{d}{dt}R\boldsymbol{x}_n(t) = R\dot{\boldsymbol{x}}_n(t) \tag{2.20}$$

さて，系が空間回転の対称性をもつとは，空間回転のもとで物理が変わらないことであり，これは空間のどの方向も特別な意味をもたず，空間が等方的であることを意味する．質点系における空間回転の対称性は，変換 (2.20) のもとでの Lagrangian の次の性質として表現される：

空間回転の対称性

質点系が空間回転の対称性をもつとは，任意の空間回転行列 R に対して Lagrangian $L(\boldsymbol{x}_n(t), \dot{\boldsymbol{x}}_n(t), t)$ が次の条件を満たすことである：

$$L(R\boldsymbol{x}_n(t), R\dot{\boldsymbol{x}}_n(t), t) = L(\boldsymbol{x}_n(t), \dot{\boldsymbol{x}}_n(t), t) + \frac{d}{dt}G(\boldsymbol{x}_n(t), t; R) \tag{2.21}$$

ここに $G(\boldsymbol{x}_n(t), t; R)$ は回転行列 R に依存した関数であるが，多くの場合不要である．

時間並進・空間並進と同様に次のことが示される：

Lagrangian が空間回転で不変，すなわち (2.21) の性質をもつならば，Euler-Lagrange 方程式の任意の解 $\boldsymbol{x}_n(t)$ に対して $R\boldsymbol{x}_n(t)$ もまた解である．

空間回転の対称性の条件 (2.21) を満足する Lagrangian はどのようなものであろうか．これを考えるために，まず，位置ベクトルと速度ベクトルの内積

$$\boldsymbol{x}_n(t) \cdot \boldsymbol{x}_m(t), \qquad \dot{\boldsymbol{x}}_n(t) \cdot \dot{\boldsymbol{x}}_m(t), \qquad \boldsymbol{x}_n(t) \cdot \dot{\boldsymbol{x}}_m(t) \tag{2.22}$$

は空間回転 (2.20) のもとで不変な量であることに注意しよう．ここに，一般に二つのベクトル $\boldsymbol{A}$ と $\boldsymbol{B}$ の内積は

$$\boldsymbol{A} \cdot \boldsymbol{B} = A_i B_i \tag{2.23}$$

である．実際，$\boldsymbol{A}$ と $\boldsymbol{B}$ が (2.14) の $\boldsymbol{x}$ と同じ変換を受けるとすると，内積 $\boldsymbol{A} \cdot \boldsymbol{B}$ は不変である：

$$\boldsymbol{A} \cdot \boldsymbol{B} = A_i B_i \to R_{ij}A_j R_{ik}B_k = \delta_{jk}A_j B_k = \boldsymbol{A} \cdot \boldsymbol{B} \tag{2.24}$$

ここに直交行列 R の性質 (2.19)，すなわち $R_{ij}R_{ik} = \delta_{jk}$ を用いた．このことから，回転不変量 (2.22) のみを用いた Lagrangian

$$L = L(\boldsymbol{x}_n \cdot \boldsymbol{x}_m, \dot{\boldsymbol{x}}_n \cdot \dot{\boldsymbol{x}}_m, \boldsymbol{x}_n \cdot \dot{\boldsymbol{x}}_m, t) \tag{2.25}$$

は空間回転に対して完全に不変，すなわち $G = 0$ とした (2.21) の条件を満たす．

1 質点系において，(2.25) の形の Lagrangian の簡単な例は，中心力ポテンシャル $U(r)$ を用いた

$$L(\boldsymbol{x}, \dot{\boldsymbol{x}}) = \frac{1}{2}m\dot{\boldsymbol{x}}^2 - U(r) \tag{2.26}$$

である．ここに，r は原点からの距離

$$r = |\boldsymbol{x}| = \sqrt{\boldsymbol{x}^2} \tag{2.27}$$

であり，回転不変量である．

以上では，原点を中心とした空間回転を考えたが，一般にある点 $\boldsymbol{x}_0$ を中心とした空間回転は $\boldsymbol{x} - \boldsymbol{x}_0$ が (2.14) の変換を受ける，すなわち，

$$\boldsymbol{x} - \boldsymbol{x}_0 \to R(\boldsymbol{x} - \boldsymbol{x}_0) \tag{2.28}$$

と表される．これは，

$$\boldsymbol{x} \to R\boldsymbol{x} + (1 - R)\boldsymbol{x}_0 \tag{2.29}$$

すなわち，$\boldsymbol{x}$ に対する原点を中心とした空間回転と並進ベクトル $(1-R)\boldsymbol{x}_0$ だけの空間並進を同時に行ったものである．したがって，空間並進の対称性 (2.6) がある場合は，原点を中心とした空間回転の対称性 (2.21) は任意の点 $\boldsymbol{x}_0$ を中心とした空間回転の対称性も保証する．

2.4.1 部分的な空間回転対称性をもった系

空間並進の対称性の場合と同様に，空間回転の場合も部分的な対称性を考えることができる．たとえば，(2.13) の 3 次元調和振動子系を考えると，以下のとおりである：

1. 全ての k_i が等しい ($k_1 = k_2 = k_3$) 場合，完全な空間回転対称性をもつ．

§2.5 Galilei 不変性

2. $k_{i=1,2,3}$ のうちの二つのみが互いに等しい場合は，ほかと異なる k_i の第 i 軸まわりの回転対称性のみをもつ．たとえば，$k_1 = k_2 \neq k_3$ の場合は，第 3 軸まわりの空間回転対称性のみがある．

3. $k_{i=1,2,3}$ が互いに全て異なる場合は，空間回転対称性を全くもたない．

一般に，ある二つの軸まわりの空間回転対称性があると，必ず，完全な空間回転対称性をもつ．これは，たとえば，第 1 軸まわりと第 2 軸まわりの空間回転から（第 3 軸まわりの回転を含む）任意の回転が表されるからである．

2.4.2 非自明な $G(x_n, t; R)$ をもつ例

以上で考えた例は，全て (2.21) 式を $G = 0$ として満たすものであったが，非自明な G が必要となる例を一つ挙げておこう．それは，次の Lagrangian で記述される 3 次元空間内の 1 質点系である：

$$L(\boldsymbol{x}, \dot{\boldsymbol{x}}) = \frac{1}{2} m \dot{\boldsymbol{x}}^2 - K \arctan \frac{x_2}{x_1} \tag{2.30}$$

ここに，K は定数であり，また，3 次元極座標系 (r, θ, φ) (A.12) をとると $\arctan(x_2/x_1) = \varphi$ であることに注意しよう[2]．この Lagrangian は回転行列 $R_3(\phi)$ (2.17) で表される第 3 軸まわりの空間回転に対してのみ (2.21) 式の条件を満たす．実際，$R_3(\phi)$ による回転が極座標系の角度 φ に対して変換 $\varphi \to \varphi + \phi$ を引き起こすことから

$$L(R_3(\phi)\boldsymbol{x}, R_3(\phi)\dot{\boldsymbol{x}}) = L(\boldsymbol{x}, \dot{\boldsymbol{x}}) - K\phi \tag{2.31}$$

であり，したがって，(2.21) が

$$G(\boldsymbol{x}, t; R_3(\phi)) = -K\phi t \tag{2.32}$$

として成り立っていることがわかる．

§2.5 Galilei 不変性

位置ベクトル $\boldsymbol{x}$ と時間 t を合わせて座標系 $K: (\boldsymbol{x}, t)$ と呼ぼう．**Galilei 変換** (Galilei transformation) とは，ある座標系 $K: (\boldsymbol{x}, t)$ から，それに対して一定

---

[2] arctan は tan の逆関数であり，$\tan^{-1}$ とも表す．$y = \arctan x$ のとき，$x = \tan y$ である．

の速度 $\boldsymbol{V}$ で動く座標系 $K': (\boldsymbol{x}', t')$ に移る変換

$$\boldsymbol{x} \to \boldsymbol{x}' = \boldsymbol{x} - \boldsymbol{V}t$$
$$t \to t' = t \quad (\text{時間は共通}) \tag{2.33}$$

である（図 2.1）．

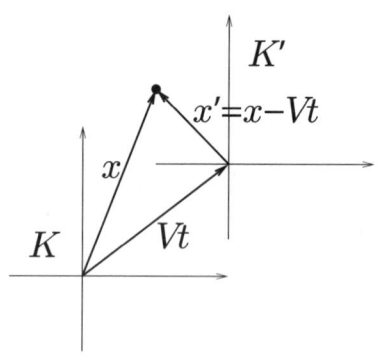

図 2.1　Galilei 変換

Galilei 変換の対称性（**Galilei 不変性**）とは，Galilei 変換でつながった二つの座標系の間で物理法則が変わらないことである．質点系においては，Galilei 変換のもとで各質点の $\boldsymbol{x}_n(t)$ と $\dot{\boldsymbol{x}}_n(t)$ は

$$\boldsymbol{x}_n(t) \to \boldsymbol{x}_n(t) - \boldsymbol{V}t \tag{2.34}$$

$$\dot{\boldsymbol{x}}_n(t) \to \frac{d}{dt}\left(\boldsymbol{x}_n(t) - \boldsymbol{V}t\right) = \dot{\boldsymbol{x}}_n(t) - \boldsymbol{V} \tag{2.35}$$

と変換する．したがって，Galilei 不変性は任意の $\boldsymbol{V}$ に対して Lagrangian が次の条件を満たすことである[3]：

Galilei 不変性

$$L(\boldsymbol{x}_n(t) - \boldsymbol{V}t, \dot{\boldsymbol{x}}_n(t) - \boldsymbol{V}, t) = L(\boldsymbol{x}_n(t), \dot{\boldsymbol{x}}_n(t), t) + \frac{d}{dt}G(\boldsymbol{x}_n(t), t; \boldsymbol{V}) \tag{2.36}$$

---

[3] 座標系 K' での Lagrangian を $L(\boldsymbol{x}'_n, \dot{\boldsymbol{x}}'_n, t)$ としたとき，(2.36)式の左辺は座標系 K での Lagrangian を与えている．(2.36)式はこれが K' 系で見るのと同じ物理法則を与えるべしという条件である．

§2.5 Galilei 不変性

運動方程式の解に対しては次のことが成り立つ:

> Lagrangian が Galilei 不変性の条件 (2.36) を満たすなら，Euler-Lagrange 方程式の任意の解 $\boldsymbol{x}_n(t)$ に対して Galilei 変換を行った $\boldsymbol{x}_n(t) - \boldsymbol{V}t$ もまた解である．

Galilei 不変性の条件 (2.36) を満たす Lagrangian はどのようなものであろうか．これをまず 1 質点系の場合に考えよう．ただし，Galilei 不変性のみを要求するのではなく，これまで考えたほかの対称性も含めて考察する．

2.5.1 時間並進・空間並進・空間回転の対称性をもつ 1 質点系 Lagrangian

まず，1 質点系の Lagrangian に (2.2), (2.6), (2.21) の 3 条件を課そう．これらの条件は L が $\dot{\boldsymbol{x}}(t)^2$ のみの関数

$$L = L(\dot{\boldsymbol{x}}^2) \tag{2.37}$$

であれば満たされる．これは (2.6) と (2.21) の 2 条件についてはそれぞれ $G = 0$ としたものを満たす ((2.7) と (2.25) を参照)．

2.5.2 4 つの対称性を全てもつ 1 質点系 Lagrangian

次に，時間並進・空間並進・空間回転の対称性をもつ L (2.37) に対して，さらに Galilei 不変性 (2.36) を課す．この条件は，(2.37) の L の場合，任意の $\boldsymbol{V}$ に対して

$$L((\dot{\boldsymbol{x}} - \boldsymbol{V})^2) = L(\dot{\boldsymbol{x}}^2) + \frac{d}{dt}G(\boldsymbol{x}, t; \boldsymbol{V}) \tag{2.38}$$

を満たす $G(\boldsymbol{x}, t; \boldsymbol{V})$ が存在すべし，ということである．まず，$\boldsymbol{V}$ が微小な場合[4]を考えよう．このとき，(2.38) の左辺は

$$L((\dot{\boldsymbol{x}} - \boldsymbol{V})^2) = L(\dot{\boldsymbol{x}}^2 - 2\boldsymbol{V} \cdot \dot{\boldsymbol{x}} + \boldsymbol{V}^2) = L(\dot{\boldsymbol{x}}^2) - 2\boldsymbol{V} \cdot \dot{\boldsymbol{x}} \frac{dL(\dot{\boldsymbol{x}}^2)}{d\dot{\boldsymbol{x}}^2} + O(\boldsymbol{V}^2) \tag{2.39}$$

のように $\boldsymbol{V}$ について Taylor 展開される[5]．したがって，(2.38) は

$$\frac{d}{dt}G(\boldsymbol{x}, t; \boldsymbol{V}) = -2\boldsymbol{V} \cdot \dot{\boldsymbol{x}} \frac{dL(\dot{\boldsymbol{x}}^2)}{d\dot{\boldsymbol{x}}^2} + O(\boldsymbol{V}^2) \tag{2.40}$$

---
[4] 正確には，$|\dot{\boldsymbol{x}}|$ に比べて $|\boldsymbol{V}|$ が微小な場合．
[5] (2.39) 式の右辺の $dL(\dot{\boldsymbol{x}}^2)/d\dot{\boldsymbol{x}}^2$ は，変数 $\dot{\boldsymbol{x}}^2$ についての微分である．

第2章　対称性に基づいた Lagrangian の決定

となる．そこで，

$$\frac{d}{dt}G(\boldsymbol{x},t;\boldsymbol{V}) = \dot{x}_i \frac{\partial G(\boldsymbol{x},t;\boldsymbol{V})}{\partial x_i} + \frac{\partial G(\boldsymbol{x},t;\boldsymbol{V})}{\partial t} \tag{2.41}$$

すなわち，$(d/dt)G(\boldsymbol{x},t;\boldsymbol{V})$ が $\dot{\boldsymbol{x}}$ について高々1次であることから，(2.40)が成り立つためには $dL(\dot{\boldsymbol{x}}^2)/d\dot{\boldsymbol{x}}^2$ が定数でなければならないことがわかる．この定数を $m/2$ と表し

$$\frac{dL(\dot{\boldsymbol{x}}^2)}{d\dot{\boldsymbol{x}}^2} = 定数 = \frac{m}{2} \tag{2.42}$$

より

$$L(\dot{\boldsymbol{x}}^2) = \frac{1}{2}m\dot{\boldsymbol{x}}^2 \tag{2.43}$$

$$G(\boldsymbol{x},t;\boldsymbol{V}) = -m\boldsymbol{V}\cdot\boldsymbol{x} + O(V^2) \tag{2.44}$$

として (2.40) が成り立つ．

　ここまでは $\boldsymbol{V}$ が微小な場合の議論であったが，得られた $L(\dot{\boldsymbol{x}}^2)$ (2.43) は一般の $\boldsymbol{V}$ に対しても (2.38) を満足することがわかる．実際，(2.43) の L に対して

$$L((\dot{\boldsymbol{x}}-\boldsymbol{V})^2) - L(\dot{\boldsymbol{x}}^2) = \frac{m}{2}\left(-2\boldsymbol{V}\cdot\dot{\boldsymbol{x}} + \boldsymbol{V}^2\right) = \frac{d}{dt}\left[m\left(-\boldsymbol{V}\cdot\boldsymbol{x} + \frac{1}{2}\boldsymbol{V}^2 t\right)\right] \tag{2.45}$$

と，時間についての全微分項になる．結局，1質点系に対して時間並進・空間並進・空間回転・Galilei 変換の4つの対称性を課すことで，外力のはたらかない自由質点の Lagrangian (2.43) が得られたことになる．

　座標系 K での自由な1質点系の Lagrangian (2.43) から得られる Euler-Lagrange 方程式は $m\ddot{\boldsymbol{x}} = 0$ であり，その解は等速直線運動を表す．この運動を Galilei 変換 (2.33) で関係した別の座標系 K' で見ても等速直線運動であり，したがって，二つの座標系 K と K' での物理は変わらない．これらの Galilei 変換でつながった座標系が Newton の「慣性の法則」における慣性系である．

[補足]
- Galilei 不変性をもった Lagrangian に許される形は，Galilei 不変性以外に課す対称性を減らせば当然増える．たとえば，一様重力場中の1質点系の Lagrangian (2.11) は時間並進と空間並進の対称性をもっているが (2.3.1 項参照)，空間回転の対称性は第3軸まわりのものしかない．この

§2.5 Galilei 不変性

Lagrangian は Galilei 不変性の条件 (2.36) を $G(\boldsymbol{x}(t), t; \boldsymbol{V})$ として

$$G(\boldsymbol{x}(t), t; \boldsymbol{V}) = m\left(-\boldsymbol{V}\cdot\boldsymbol{x} + \frac{1}{2}\boldsymbol{V}^2 t\right) + \frac{1}{2}mgV_3 t^2 \tag{2.46}$$

をとることにより満たしている．

- 自然界には Galilei 不変性ではなく，正確には Lorentz 変換に対する対称性（Lorentz 不変性）が成り立っている（特殊相対性理論）．Lorentz 変換に対して不変な 1 質点系の Lagrangian は

$$L = -mc^2\sqrt{1 - \frac{\dot{\boldsymbol{x}}(t)^2}{c^2}} \qquad (c：光速) \tag{2.47}$$

で与えられる（章末問題 3 参照）．質点の速さが光速に比べて十分小さい（$\dot{\boldsymbol{x}}^2/c^2 \ll 1$）という非相対論的極限では，Lorentz 変換は Galilei 変換に帰着し，(2.47) の Lagrangian は Taylor 展開公式

$$\sqrt{1+x} = 1 + \frac{1}{2}x + O(x^2) \tag{2.48}$$

を用いて

$$L \simeq -mc^2 + \frac{1}{2}m\dot{\boldsymbol{x}}^2 \qquad \left(\frac{\dot{\boldsymbol{x}}^2}{c^2} \ll 1\right) \tag{2.49}$$

と近似され，静止質量項 $-mc^2$ を除き Galilei 不変な Lagrangian (2.43) に帰着する．

2.5.3 4 つの対称性をもつ 2 質点系

次に，位置ベクトルが $\boldsymbol{x}_1(t)$ と $\boldsymbol{x}_2(t)$ の 2 質点系に対して，時間並進・空間並進・空間回転・Galilei 変換の各対称性，すなわち (2.2), (2.6), (2.21), (2.36) を全て課そう．この条件を満足する Lagrangian の例は

$$L(\boldsymbol{x}_1, \boldsymbol{x}_2, \dot{\boldsymbol{x}}_1, \dot{\boldsymbol{x}}_2) = \frac{1}{2}m_1\dot{\boldsymbol{x}}_1^2 + \frac{1}{2}m_2\dot{\boldsymbol{x}}_2^2 - U(|\boldsymbol{x}_1 - \boldsymbol{x}_2|) \tag{2.50}$$

である．ここにポテンシャル U としては，たとえば二つの質点が電荷 Q_1 と Q_2 をもつ場合のクーロン・ポテンシャル

$$U(|\boldsymbol{x}_1 - \boldsymbol{x}_2|) = \frac{1}{4\pi\varepsilon_0}\frac{Q_1 Q_2}{|\boldsymbol{x}_1 - \boldsymbol{x}_2|} \tag{2.51}$$

がある．特に，$|\boldsymbol{x}_1(t) - \boldsymbol{x}_2(t)|$ が空間並進 (2.5), 空間回転 (2.20), Galilei 変換 (2.35) の全てに対して不変であることに注意しよう．

ここで，いくつかの補足説明をしておこう：

- (2.50)に $\dot{\boldsymbol{x}}_1 \cdot \dot{\boldsymbol{x}}_2$ 項を加えた Lagrangian, $L = (2.50) + M\dot{\boldsymbol{x}}_1(t) \cdot \dot{\boldsymbol{x}}_2(t)$ も 4 つの対称性をもつ（特に，Galilei 不変性を破らないことに注意）．しかし，一般に二つの質点を十分に引き離すと相互の影響がなくなり，二つの独立な系になる，すなわち，

$$L(\boldsymbol{x}_1, \boldsymbol{x}_2, \dot{\boldsymbol{x}}_1, \dot{\boldsymbol{x}}_2) \to L_1(\boldsymbol{x}_1, \dot{\boldsymbol{x}}_1) + L_2(\boldsymbol{x}_2, \dot{\boldsymbol{x}}_2) \quad (|\boldsymbol{x}_1 - \boldsymbol{x}_2| \to \infty) \quad (2.52)$$

という直観的に自然な要求をすることで，この $\dot{\boldsymbol{x}}_1 \cdot \dot{\boldsymbol{x}}_2$ 項は禁止される．

- 2 質点系の Lagrangian (2.50)において $m_2 \to \infty$ の極限を考えると，作用が無限大にならないためには $\dot{\boldsymbol{x}}_2(t) = 0$ が要求される．すなわち，質点 2 は静止していないといけないが，この位置を $\boldsymbol{x}_2(t) = 0$ にとると，残った質点 1 の Lagrangian は（index 1 を省略して）

$$L(\boldsymbol{x}, \dot{\boldsymbol{x}}) = \frac{1}{2}m\dot{\boldsymbol{x}}^2 - U(|\boldsymbol{x}|) \tag{2.53}$$

となる．このように，ポテンシャル項をもった 1 質点系の Lagrangian は，より高い対称性をもった 2 質点系において片方の質量を無限大にした極限と考えることもできる．なお，(2.53)はもはや一般には Galilei 不変性をもたない．

§2.6　ゲージ不変性

与えられた電場 $\boldsymbol{E}(\boldsymbol{x},t)$ と磁場 $\boldsymbol{B}(\boldsymbol{x},t)$ の中で運動する質点（質量 m，電荷 q）の Lagrangian を考えよう．$\boldsymbol{E}$ と $\boldsymbol{B}$ は Maxwell 方程式のうちの特に次の二つ

$$\boldsymbol{\nabla} \times \boldsymbol{E} + \frac{\partial \boldsymbol{B}}{\partial t} = 0, \quad \boldsymbol{\nabla} \cdot \boldsymbol{B} = 0 \tag{2.54}$$

を満たすべきことから，スカラー・ポテンシャル $\phi(\boldsymbol{x},t)$ とベクトル・ポテンシャル $\boldsymbol{A}(\boldsymbol{x},t)$ を用いて

$$\boldsymbol{E}(\boldsymbol{x},t) = -\boldsymbol{\nabla}\phi(\boldsymbol{x},t) - \frac{\partial}{\partial t}\boldsymbol{A}(\boldsymbol{x},t), \quad \boldsymbol{B}(\boldsymbol{x},t) = \boldsymbol{\nabla} \times \boldsymbol{A}(\boldsymbol{x},t) \tag{2.55}$$

と表される．これらの第 i 成分は

$$E_i(\boldsymbol{x},t) = -\frac{\partial \phi(\boldsymbol{x},t)}{\partial x_i} - \frac{\partial A_i(\boldsymbol{x},t)}{\partial t}, \quad B_i(\boldsymbol{x},t) = \epsilon_{ijk}\frac{\partial A_k(\boldsymbol{x},t)}{\partial x_j} \tag{2.56}$$

§2.6 ゲージ不変性

である．(2.55)を(2.54)の2式に代入すると，それぞれ恒等的に成り立つことに注意しよう．与えられた $\boldsymbol{E}$ と $\boldsymbol{B}$ に対して，それらを表現する(2.55)の $(\phi, \boldsymbol{A})$ は一意的ではない．実際，$\Lambda(\boldsymbol{x}, t)$ を空間座標 $\boldsymbol{x}$ と時間 t の任意関数として，(2.55)の $(\phi, \boldsymbol{A})$ に

$$\phi(\boldsymbol{x},t) \to \phi(\boldsymbol{x},t) - \frac{\partial}{\partial t}\Lambda(\boldsymbol{x},t), \quad \boldsymbol{A}(\boldsymbol{x},t) \to \boldsymbol{A}(\boldsymbol{x},t) + \boldsymbol{\nabla}\Lambda(\boldsymbol{x},t) \quad (2.57)$$

のおき換えを行っても $\boldsymbol{E}$ と $\boldsymbol{B}$ は変わらない．(2.57)式を，関数 $\Lambda(\boldsymbol{x},t)$ による $(\phi, \boldsymbol{A})$ の**ゲージ変換** (gauge transformation) と呼ぶ．また，(2.55)がこのゲージ変換で変わらないことを，**ゲージ不変** (gauge invariant) であるという．

さて，この電場・磁場との相互作用を表す質点のLagrangianを求めたいのであるが，クーロン力やローレンツ力を再現するLagrangianは実は $(\boldsymbol{E}, \boldsymbol{B})$ を直接用いるのでなく，ポテンシャル $(\phi, \boldsymbol{A})$ を用いて表現される．そうならば，与えられた $(\boldsymbol{E}, \boldsymbol{B})$ に対応した $(\phi, \boldsymbol{A})$ の不定性が質点の物理に影響しないようになっていなければならない．すなわち，Lagrangianはゲージ変換(2.57)のもとで（時間についての全微分項を除き）不変である必要がある．この要求を満足する最も簡単なLagrangianは次式で与えられる：

$$L(\boldsymbol{x}, \dot{\boldsymbol{x}}) = \frac{1}{2}m\dot{\boldsymbol{x}}(t)^2 + q\boldsymbol{A}(\boldsymbol{x}(t),t) \cdot \dot{\boldsymbol{x}}(t) - q\phi(\boldsymbol{x}(t),t) \quad (2.58)$$

なお，この系の力学変数は質点の位置ベクトル $\boldsymbol{x}(t)$ であるが，(2.58)の中の $\boldsymbol{A}$ と ϕ の変数である $\boldsymbol{x}(t)$ も質点の位置ベクトルであることに注意しよう．このLagrangian (2.58)にゲージ変換(2.57)を行うと，

$$L \to L + q\dot{\boldsymbol{x}} \cdot \boldsymbol{\nabla}\Lambda(\boldsymbol{x},t) + q\frac{\partial}{\partial t}\Lambda(\boldsymbol{x},t) = L + q\frac{d}{dt}\Lambda(\boldsymbol{x}(t),t) \quad (2.59)$$

となり，確かに L の変化分は $\Lambda(\boldsymbol{x}(t),t)$ の時間についての全微分となっている．

最後に，この L (2.58) からEuler-Lagrange方程式を求めよう．丁寧に計算すると，まず，

$$\frac{\partial L}{\partial x_i} = q\frac{\partial A_j(\boldsymbol{x},t)}{\partial x_i}\dot{x}_j - q\frac{\partial \phi(\boldsymbol{x},t)}{\partial x_i} \quad (2.60)$$

$$\frac{\partial L}{\partial \dot{x}_i} = m\dot{x}_i + qA_i(\boldsymbol{x},t) \quad (2.61)$$

(2.61)をさらに時間について全微分すると

$$\frac{d}{dt}\frac{\partial L}{\partial \dot{x}_i} = m\ddot{x}_i + q\left(\frac{\partial A_i(\boldsymbol{x},t)}{\partial x_j}\dot{x}_j + \frac{\partial A_i(\boldsymbol{x},t)}{\partial t}\right) \quad (2.62)$$

を得る．これらより，Euler-Lagrange 方程式は

$$m\ddot{x}_i = q\left(\frac{\partial A_j(\boldsymbol{x},t)}{\partial x_i} - \frac{\partial A_i(\boldsymbol{x},t)}{\partial x_j}\right)\dot{x}_j - q\left(\frac{\partial \phi(\boldsymbol{x},t)}{\partial x_i} + \frac{\partial A_i(\boldsymbol{x},t)}{\partial t}\right)$$
$$= q\left(\epsilon_{ijk}\dot{x}_j B_k + E_i\right) \tag{2.63}$$

となる．ここに，(2.56) の E_i の表式，および，その B_i の表式から得られる

$$\frac{\partial A_j(\boldsymbol{x},t)}{\partial x_i} - \frac{\partial A_i(\boldsymbol{x},t)}{\partial x_j} = \epsilon_{ijk}B_k(\boldsymbol{x},t) \tag{2.64}$$

を用いた．(2.63) をベクトル記号で表すと

$$m\ddot{\boldsymbol{x}} = q\left(\dot{\boldsymbol{x}} \times \boldsymbol{B} + \boldsymbol{E}\right) \tag{2.65}$$

という既知の運動方程式を与える．

　ここでは，電場 $\boldsymbol{E}$ と磁場 $\boldsymbol{B}$ は与えられたものとしたが，本来，これらは電磁場の運動方程式である Maxwell 方程式から決まるものである．実は，Maxwell 方程式も電磁場の Lagrangian から Euler-Lagrange 方程式として導かれる．この電磁場の Lagrangian を決定する際もゲージ不変性が重要であるが，これについては第 10 章で述べる．

───────── §2 の章末問題 ─────────

問題 1 質点系の Lagrangian $L(\boldsymbol{x}_n, \dot{\boldsymbol{x}}_n, t)$ とその Euler-Lagrange 方程式の解 $\boldsymbol{x}_n(t)$ に対して,
(1) L が空間並進対称性の条件 (2.6) を満たす場合は $\boldsymbol{x}_n(t) + \boldsymbol{a}$ が,
(2) L が空間回転対称性の条件 (2.21) を満たす場合は $R\boldsymbol{x}_n(t)$ が,
(3) L が Galilei 不変性の条件 (2.36) を満たす場合は $\boldsymbol{x}_n(t) - \boldsymbol{V}t$ が,
それぞれまた Euler-Lagrange 方程式の解であることを示せ.

問題 2 (2.30) の Lagrangian で記述される 1 質点系を考える.
(1) $\boldsymbol{x}(t)$ の Euler-Lagrange 方程式を導け. なお, 公式 $(d/dz)\arctan z = 1/(1+z^2)$ を用いよ.
(2) x_1 と x_2 の Euler-Lagrange 方程式を複素変数 $z(t) = x_1(t) + ix_2(t)$ を用いて表せ.
(3) 回転行列 $R_3(\phi)$ (2.17) が表す第 3 軸まわりの角度 ϕ の空間回転により, 複素変数 $z(t)$ はどのような変換を受けるか. また, このことから, Euler-Lagrange 方程式の解を第 3 軸まわりに空間回転したものもまた解であることを示せ.

問題 3 座標系 $K\colon (\boldsymbol{x}, t)$ に対して速度 $\boldsymbol{V} = (V, 0, 0)$ で等速直線運動をする座標系 $K'\colon (\boldsymbol{x}', t')$ を考える. この二つの座標系の間の Lorentz 変換は次式で与えられる:

$$x_1' = \gamma(x_1 - Vt), \quad x_2' = x_2, \quad x_3' = x_3, \quad t' = \gamma\left(t - \frac{V}{c^2}x_1\right)$$

ここに, c は光速であり, γ は

$$\gamma = \frac{1}{\sqrt{1 - (V^2/c^2)}}$$

である. Lorentz 変換では二つの座標系の間で時間も異なることに注意せよ. また, 光速 c に比べて V が無視できる極限で, Lorentz 変換は Galilei 変換に帰着する.
 Lorentz 変換で関係した二つの座標系での質点の位置ベクトル $\boldsymbol{x}(t)$ と $\boldsymbol{x}'(t')$ に対して, (2.47) 式の Lagrangian に対応した作用が同じであること, すなわち,

$$\int_{t_1}^{t_2} dt\,\sqrt{1 - \frac{1}{c^2}\left(\frac{d\boldsymbol{x}(t)}{dt}\right)^2} = \int_{t_1'}^{t_2'} dt'\,\sqrt{1 - \frac{1}{c^2}\left(\frac{d\boldsymbol{x}'(t')}{dt'}\right)^2}$$

を示せ. ここに, $t_a' = \gamma(t_a - (V/c^2)x_1(t_a))$ $(a = 1, 2)$ は座標系 K での時刻 t_a に対応した座標系 K' での時刻である. なお, 座標系 K での両端の $(\boldsymbol{x}(t_a), t_a)$ を固定する

第2章 対称性に基づいた Lagrangian の決定

と K' での $(\boldsymbol{x}'(t'_a), t'_a)$ も固定されており，K での作用の停留条件は K' でのそれと等価である．

問題4 Lagrangian $L(\dot{\boldsymbol{x}}^2)$ (2.43) で記述される自由1質点系を，元の座標系 $(\boldsymbol{x}, t)$ に対して一定加速度 $\boldsymbol{a}$ で直線運動する別の座標系 $(\boldsymbol{y}, t)$ から見る．両座標系における時刻 t での質点の位置ベクトルが $\boldsymbol{y}(t) = \boldsymbol{x}(t) - (1/2)\boldsymbol{a}t^2$ で関係しているとして，座標系 $(\boldsymbol{y}, t)$ においてこの系を記述する Lagrangian は (2.43)において $\dot{\boldsymbol{x}}(t)$ を $\dot{\boldsymbol{y}}(t) + \boldsymbol{a}t$ とした $L((\dot{\boldsymbol{y}}(t) + \boldsymbol{a}t)^2)$ で与えられる．この Lagrangian が，一様な力 $-m\boldsymbol{a}$ がはたらく質点を表す

$$L_y(\boldsymbol{y}, \dot{\boldsymbol{y}}) = \frac{1}{2}m\dot{\boldsymbol{y}}(t)^2 - m\boldsymbol{a} \cdot \boldsymbol{y}(t)$$

と等価であることを示せ．

第3章　対称性と保存則

力学では，エネルギー，運動量，角運動量等の保存（時間に依らず一定であること）を個々の系において見た．この章では，これらの保存量が実は Lagrangian が対応する対称性をもつことにより保証されたものであることを理解する．この対称性と保存量の対応を与えるのが Noether の定理である．

§3.1　Noether の定理

力学では，Newton の運動方程式の帰結として，個々の系におけるエネルギー・運動量・角運動量の保存，すなわち，それらの量が時間に依らず一定であることを見た．ここでは，これらの量の保存を「Lagrangian のもつ対称性（不変性）の帰結」として理解する．

なお，一般に保存量の存在は運動方程式を解く際にも非常に有用である．すなわち，Euler-Lagrange 方程式が力学変数の時間についての2階微分 $\ddot{q}$ を含む2階常微分方程式であるのに対し，ある保存量 Q の存在はこれを

$$\frac{d}{dt}Q(q,\dot{q}) = 0 \tag{3.1}$$

の形に書き換えることができることを意味している．(3.1)式は直ちに積分できて $Q(q,\dot{q}) =$ 定数 となるが，これにより元の Euler-Lagrange 方程式がより簡単な1階常微分方程式に帰着できたことになる．

まず，Noether（ネーター）により示された次の定理を導こう：

Noether の定理

Lagrangian $L(q,\dot{q},t)$ が対称性をもっている，すなわち L が力学変数 q_i のある微小変換に対して（時間について全微分項を除き）不変であるならば，それに対応した保存量（時間に依らず一定である量）が存在する．

この定理の説明を兼ねて証明を与えよう．今，$L(q,\dot{q},t)$ が次の微小変換で（時間について全微分項を除き）不変であるとする：

第3章　対称性と保存則

$$q_i(t) \to q_i(t) + F_i^A(q(t), \dot{q}(t))\varepsilon_A$$
$$\dot{q}_i(t) \to \dot{q}_i(t) + \frac{d}{dt}F_i^A(q(t), \dot{q}(t))\varepsilon_A \tag{3.2}$$

ここに，

- $F_i^A(q, \dot{q})$ は q と $\dot{q}$ で表され，今の微小変換を定義する量．
- index A は変換の種類を表し，ε_A は A 番目の変換の大きさを与える微小定数（微小変換パラメータとも呼ぶ）．(3.2)においては $\sum_A$ を省略している．すなわち，(3.2)では一般に複数の微小変換を同時に扱っている．

(3.2)の微小変換のもとでの L の変化分 δL は微小量 ε_A の1次までをとって

$$\delta L = \frac{\partial L(q, \dot{q}, t)}{\partial q_i}F_i^A \varepsilon_A + \frac{\partial L(q, \dot{q}, t)}{\partial \dot{q}_i}\frac{dF_i^A}{dt}\varepsilon_A = \frac{d}{dt}\left(\frac{\partial L(q, \dot{q}, t)}{\partial \dot{q}_i}F_i^A\right)\varepsilon_A \tag{3.3}$$

となる．ここで，最後の表式を得る際に Euler-Lagrange 方程式 (1.22)を用い $\partial L/\partial q_i$ を $(d/dt)(\partial L/\partial \dot{q}_i)$ でおき換えた．さて，定理の仮定はこれがある量の時間についての全微分で与えられるとしている．(3.3)は ε_A について1次なので，この全微分項も同様であり，ある量 $Y^A(q, \dot{q}, t)$ を用いて

$$\delta L = \frac{d}{dt}Y^A(q, \dot{q}, t)\varepsilon_A \tag{3.4}$$

と与えられるとしよう．(3.3)と(3.4)を等置し，微小定数 ε_A は任意であることから

$$\frac{d}{dt}\left(\frac{\partial L}{\partial \dot{q}_i}F_i^A - Y^A\right) = 0 \tag{3.5}$$

が各 A に対して成り立つことがわかる．したがって，次のことが示された：

Noether の定理（詳細）

(3.2)の微小変換のもとでの Lagrangian $L(q, \dot{q}, t)$ の変化分 δL が時間についての全微分項 (3.4) となるならば，

$$Q^A = \frac{\partial L(q, \dot{q}, t)}{\partial \dot{q}_i}F_i^A(q, \dot{q}) - Y^A(q, \dot{q}, t) \tag{3.6}$$

で与えられる Q^A は保存量である：

$$\frac{d}{dt}Q^A = 0 \tag{3.7}$$

なお，後で見るように，多くの場合 $Y^A = 0$，すなわち微小変換のもとで L は厳密に不変である．

上で見たように，Noether の定理は，Lagrangian の微小変換が (3.3) と (3.4) の 2 通りの時間についての全微分項で表されることから得られたが，この二つには次の違いがあることに注意：

- (3.3) は Euler-Lagrange 方程式を用いて得られたものである．(3.3) 式の意味することは，Euler-Lagrange 方程式を用いると，任意の Lagrangian の任意の微小変換による変化分は必ず時間についての全微分となるということである．（これは，Euler-Lagrange 方程式が作用の停留条件から得られたことによる．）
- (3.4) は Noether の定理の仮定であるが，δL が Euler-Lagrange 方程式を用いずに全微分項となるという，今考えている Lagrangian に特有の性質である．

以下の節では，主に第 2 章で考えたさまざまな対称性に対して Noether の定理を適用して，対応する保存量を考えよう．

§3.2 時間並進の対称性とエネルギー保存則

系が時間並進に対して不変，すなわち (2.2) 式のように Lagrangian が陽な時間依存性をもたない場合を考えよう．微小時間 ε_0 だけの時間並進に対して q_i と $\dot{q}_i$ は（ε_0 の 2 次以上を無視して）

$$q_i(t) \to q_i(t+\varepsilon_0) = q_i(t) + \dot{q}_i(t)\varepsilon_0$$
$$\dot{q}_i(t) \to \dot{q}_i(t+\varepsilon_0) = \dot{q}_i(t) + \ddot{q}_i(t)\varepsilon_0 \tag{3.8}$$

と変換するが，この変換のもとでの L の変化分は（Euler-Lagrange 方程式を用いることなく）時間についての全微分項となる：

$$\delta L = \frac{\partial L(q,\dot{q})}{\partial q_i}\dot{q}_i\varepsilon_0 + \frac{\partial L(q,\dot{q})}{\partial \dot{q}_i}\ddot{q}_i\varepsilon_0 = \frac{d}{dt}L(q(t),\dot{q}(t))\varepsilon_0 \tag{3.9}$$

なお，L に陽な時間依存性がある場合，その時間についての全微分は

$$\frac{d}{dt}L(q(t),\dot{q}(t),t) = \frac{\partial L(q,\dot{q},t)}{\partial q_i}\dot{q}_i + \frac{\partial L(q,\dot{q},t)}{\partial \dot{q}_i}\ddot{q}_i + \frac{\partial L(q,\dot{q},t)}{\partial t} \quad (3.10)$$

であり，陽な時間依存性に対する微分である右辺第3項が加わる．

これに対し 3.1 節の Noether の定理の一般論を適用すると，(3.2)と(3.4)が今の場合それぞれ (3.8)と(3.9) であることから，次の対応となっている：

$$F_i^A \Rightarrow \dot{q}_i, \quad \varepsilon_A \Rightarrow \varepsilon_0, \quad Y^A \Rightarrow L(q,\dot{q}) \quad (3.11)$$

なお，今の場合，変換は1種類のみなので，変換の種類を表す index A は不要である．この対応を (3.6)に適用することで，時間並進不変性に対応した次の保存量 E を得る：

$$E = \frac{\partial L(q,\dot{q})}{\partial \dot{q}_i}\dot{q}_i - L(q,\dot{q}) \quad (3.12)$$

以下の例で見るように，E は系のエネルギーである．Noether の定理は，時間に陽に依らない L の場合，Euler-Lagrange 方程式を用いることでエネルギー E (3.12)が保存すること

$$\frac{dE}{dt} = 0 \quad (3.13)$$

を保証している．

3.2.1 Noether の定理に依らないエネルギー保存の導出

もちろん，エネルギー保存は Noether の定理の一般論に頼らずに導くこともできる．時間に陽に依らない Lagrangian $L(q(t),\dot{q}(t))$ の時間についての全微分を考えると，

$$\begin{aligned}\frac{d}{dt}L(q,\dot{q}) &= \frac{\partial L(q,\dot{q})}{\partial q_i}\dot{q}_i + \frac{\partial L(q,\dot{q})}{\partial \dot{q}_i}\ddot{q}_i = \left(\frac{d}{dt}\frac{\partial L(q,\dot{q})}{\partial \dot{q}_i}\right)\dot{q}_i + \frac{\partial L(q,\dot{q})}{\partial \dot{q}_i}\ddot{q}_i \\ &= \frac{d}{dt}\left(\frac{\partial L(q,\dot{q})}{\partial \dot{q}_i}\dot{q}_i\right)\end{aligned} \quad (3.14)$$

ここに，第二の等号で Euler-Lagrange 方程式を用いた．これより直ちに (3.12) の保存 (3.13)を得る．しかし，この導出は結局 Noether の定理の証明と全く同じである．

§3.2 時間並進の対称性とエネルギー保存則

3.2.2 ポテンシャル $U(x)$ 下の 1 質点系

Lagrangian が (1.11) 式で与えられる 1 質点系において保存量 E (3.12) は

$$E = \sum_{i=1}^{3} \frac{\partial L}{\partial \dot{x}_i} \dot{x}_i - L = m\dot{\boldsymbol{x}}^2 - \left(\frac{1}{2}m\dot{\boldsymbol{x}}^2 - U(\boldsymbol{x})\right) = \frac{1}{2}m\dot{\boldsymbol{x}}^2 + U(\boldsymbol{x}) \quad (3.15)$$

で与えられ，いわゆるエネルギーと一致する．

3.2.3 L の運動項が $\dot{q}_i$ の 2 次同次式である一般の場合

上の例を一般化して，Lagrangian が

$$L(q, \dot{q}) = T(q, \dot{q}) - U(q) \quad (3.16)$$

で，運動項 $T(q, \dot{q})$ が $\dot{q}$ の 2 次同次式

$$T(q, \dot{q}) = \frac{1}{2} \sum_{i,j=1}^{N} m_{ij}(q) \dot{q}_i \dot{q}_j \quad (3.17)$$

であるような N 自由度系を考えよう．ここに各 $m_{ij}(q)$ は与えられた q の任意関数である．この系のエネルギー E は，T が $\dot{q}$ の 2 次同次式であることによる性質

$$\sum_{i=1}^{N} \frac{\partial T}{\partial \dot{q}_i} \dot{q}_i = 2T \quad (3.18)$$

を用いて

$$E = \sum_{i=1}^{N} \frac{\partial T}{\partial \dot{q}_i} \dot{q}_i - (T - U) = T(q, \dot{q}) + U(q) \quad (3.19)$$

すなわち，L の中のポテンシャル項 U の符号を逆にしたもので与えられる．

3.2.4 単振り子

公式 (3.12) は，質点系において q_i としてデカルト座標をとった場合に限らず，一般の系において力学変数のとり方に依らず成り立つ．たとえば，Lagrangian が (1.33) で与えられる単振り子系のエネルギーは

$$E = \frac{\partial L(\theta, \dot{\theta})}{\partial \dot{\theta}} \dot{\theta} - L(\theta, \dot{\theta}) = \frac{1}{2} m\ell^2 \dot{\theta}^2 + mg\ell (1 - \cos\theta) \quad (3.20)$$

で与えられる．

§3.3　空間並進の対称性と運動量保存則

位置ベクトル $\boldsymbol{x}_n(t)$ $(n = 1, 2, \ldots, N)$ の N 質点系を考える．この系の Lagrangian $L(\boldsymbol{x}_n(t), \dot{\boldsymbol{x}}_n(t), t)$ が (2.5) の空間並進に対して厳密に不変，すなわち (2.6) において $G = 0$ としたものが成り立つとしよう．つまり，並進ベクトルを $\boldsymbol{\varepsilon}$ に変えて

$$\boldsymbol{x}_n(t) \to \boldsymbol{x}_n(t) + \boldsymbol{\varepsilon}, \quad \dot{\boldsymbol{x}}_n(t) \to \dot{\boldsymbol{x}}_n(t), \qquad (3.21)$$

に対して L が不変であるとする．このような Lagrangian は一般に (2.9) の形であり，より具体的な例は

$$L = \sum_{n=1}^{N} \frac{1}{2} m_n \dot{\boldsymbol{x}}_n^2 - U(\boldsymbol{x}_1 - \boldsymbol{x}_N, \boldsymbol{x}_2 - \boldsymbol{x}_N, \ldots, \boldsymbol{x}_{N-1} - \boldsymbol{x}_N) \qquad (3.22)$$

である．ここに，ポテンシャル U は二つの位置ベクトルの差 $\boldsymbol{x}_n - \boldsymbol{x}_N$ ($n = 1, 2, \ldots, N-1$) のみの関数としたが，他の差はこれらを用いて

$$\boldsymbol{x}_n - \boldsymbol{x}_m = (\boldsymbol{x}_n - \boldsymbol{x}_N) - (\boldsymbol{x}_m - \boldsymbol{x}_N) \quad (n, m = 1, 2, \ldots, N-1) \qquad (3.23)$$

と表現できることに注意しよう．

(3.21) において特に並進ベクトル $\boldsymbol{\varepsilon}$ が微小な場合を考えれば，(3.4) で $\delta L = 0$ として Noether の定理を適用することができるが，各種 index の対応に注意が必要である．実際，後で述べる"初等的導出"のほうが簡単であるが，まずは Noether の定理の一般公式 (3.6) を適用しよう．一般論における諸量は今の場合

$$q_i \Rightarrow (\boldsymbol{x}_n)_{i=1,2,3}, \quad \varepsilon_A \Rightarrow \varepsilon_j, \quad Y^A \Rightarrow 0 \qquad (3.24)$$

とおき換えられる．つまり，今の場合，力学変数 q_i の種類を表す index i は質点の種類 n とデカルト座標の成分 index i の組 (n, i) に，また，変換の種類を表す index A は空間並進の方向 $j = 1, 2, 3$ となっている．したがって，(3.2) における F_i^A は，今の場合 $i \Rightarrow (n, i)$，および $A \Rightarrow j$ とおき換えた $F_{(n,i)}^j$ となり，(3.2) と (3.21) を見比べて

$$F_{(n,i)}^j = \delta_i^j = \begin{cases} 1 & (i = j) \\ 0 & (i \neq j) \end{cases} \qquad (3.25)$$

§3.3　空間並進の対称性と運動量保存則

であることがわかる．

質点系において空間並進の対称性に付随した保存量を**運動量**と呼ぶ．対応 (3.24) と (3.25) を公式 (3.6) に代入して，j 方向の空間並進対称性に対応した運動量 P_j として

$$P_j = \sum_{n=1}^{N} \sum_{i=1}^{3} \frac{\partial L}{\partial (\dot{\boldsymbol{x}}_n)_i} F_{(n,i)}^j = \sum_{n=1}^{N} \frac{\partial L}{\partial (\dot{\boldsymbol{x}}_n)_j} \tag{3.26}$$

を得る．運動量ベクトル $\boldsymbol{P} = (P_1, P_2, P_3)$ で表せば

$$\boldsymbol{P} = \sum_{n=1}^{N} \frac{\partial L}{\partial \dot{\boldsymbol{x}}_n} \tag{3.27}$$

Noether の定理は，Euler-Lagrange 方程式を用いることで運動量保存

$$\frac{d\boldsymbol{P}}{dt} = 0 \tag{3.28}$$

が成り立つことを保証している．

なお，質点 n の運動量 $\boldsymbol{p}_n$ を

$$\boldsymbol{p}_n = \frac{\partial L}{\partial \dot{\boldsymbol{x}}_n} \tag{3.29}$$

で定義すると，運動量（全運動量）$\boldsymbol{P}$ (3.27) は $\boldsymbol{p}_n$ の和で与えられる：

$$\boldsymbol{P} = \sum_{n=1}^{N} \boldsymbol{p}_n \tag{3.30}$$

個々の運動量 $\boldsymbol{p}_n$ は一般には保存しない．上の例 (3.22) の L の場合は，

$$\boldsymbol{p}_n = m_n \dot{\boldsymbol{x}}_n, \qquad \boldsymbol{P} = \sum_{n=1}^{N} m_n \dot{\boldsymbol{x}}_n \tag{3.31}$$

であり，「力学」で学んだ運動量を再現する．

3.3.1　Noether の定理に依らない運動量保存の導出

Noether の定理の一般論に頼らずに運動量保存を導いておこう．まず，(3.21) の微小空間並進に対して Lagrangian が不変であることから

$$0 = \delta L = \sum_{n=1}^{N} \frac{\partial L}{\partial \boldsymbol{x}_n} \cdot \boldsymbol{\varepsilon} = \frac{d}{dt} \sum_{n=1}^{N} \frac{\partial L}{\partial \dot{\boldsymbol{x}}_n} \cdot \boldsymbol{\varepsilon} \tag{3.32}$$

を得る．ここで最後の表式を得る際に Euler-Lagrange 方程式を用いた．並進ベクトル $\boldsymbol{\varepsilon}$ の向きは任意なので，これは運動量 $\boldsymbol{P}$ (3.27) の保存を意味する．

3.3.2 一般化運動量

空間並進対称性に付随した保存量としての運動量は質点系における概念であるが，力学変数（一般化座標）q_i をもった一般の系において，q_i に対応した**一般化運動量** p_i を

$$p_i = \frac{\partial L(q,\dot{q},t)}{\partial \dot{q}_i} \tag{3.33}$$

で定義する．一般化運動量は後に重要な概念となるが，単に運動量と呼ぶことも多い．なお，エネルギー E (3.12)は p_i を用いて

$$E = p_i \dot{q}_i - L(q,\dot{q}) \tag{3.34}$$

と表される．

3.3.3 循環座標と一般化運動量の保存

一般化運動量 (3.33)は一般には保存しないが，系の Lagrangian がある力学変数 q_k に依らない（ただし，$\dot{q}_k$ には依る）場合，すなわち，

$$L = L(q_1, \ldots, \cancel{q_k}, \ldots, q_N, \dot{q}_1, \ldots, \dot{q}_k, \ldots, \dot{q}_N) \tag{3.35}$$

ならば[1]，q_k に対応した一般化運動量 $p_k = \partial L/\partial \dot{q}_k$ は保存する．これは，L (3.35)が

$$q_i \to q_i + \begin{cases} \varepsilon & (i=k) \\ 0 & (i \neq k) \end{cases}, \qquad \dot{q}_i \to \dot{q}_i \tag{3.36}$$

の変換で不変であり，p_k が Noether の定理の対応する保存量 (3.6)であることから理解できる．あるいは，直接的には

$$\frac{dp_k}{dt} = \frac{d}{dt}\frac{\partial L}{\partial \dot{q}_k} = \frac{\partial L}{\partial q_k} = 0 \tag{3.37}$$

と導かれる．ここに，第二の等号では Euler-Lagrange 方程式を，最後の等号では L が q_k に依らないことをそれぞれ用いた．(3.35)の q_k のように Lagrangian が依存しない力学変数を一般に**循環座標** (cyclic coordinate) と呼ぶ．

3.3.4 一般化運動量の例：平面上を運動する中心力下の質点

(x,y) 平面上を運動する，中心力ポテンシャル $U(|\boldsymbol{x}|)$ のもとの質点を考える．Lagrangian は

---

[1] $\cancel{q_k}$ のように × が被さった変数は，それが欠落していることを意味する．

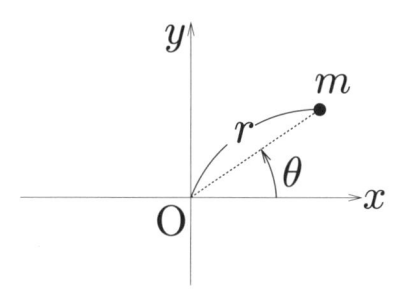

§3.3 空間並進の対称性と運動量保存則

図 3.1 2次元極座標

$$L = \frac{1}{2}m\dot{\boldsymbol{x}}^2 - U(|\boldsymbol{x}|) \tag{3.38}$$

であるが，力学変数として図 3.1 の 2 次元極座標 (r, θ) をとろう．質点の位置ベクトル $\boldsymbol{x}$ のデカルト座標成分は (r, θ) を用いて

$$\boldsymbol{x}(t) = \bigl(r(t)\cos\theta(t), r(t)\sin\theta(t)\bigr) \tag{3.39}$$

と表され，さらに

$$\dot{\boldsymbol{x}} = \bigl(\dot{r}\cos\theta - r\dot{\theta}\sin\theta, \dot{r}\sin\theta + r\dot{\theta}\cos\theta\bigr) \tag{3.40}$$

$$\dot{\boldsymbol{x}}^2 = \dot{r}^2 + r^2\dot{\theta}^2 \tag{3.41}$$

である．これより，Lagrangian (3.38) は

$$L = L(r, \cancel{\theta}, \dot{r}, \dot{\theta}) = \frac{1}{2}m(\dot{r}^2 + r^2\dot{\theta}^2) - U(r) \tag{3.42}$$

となり，θ が循環座標であることがわかる．したがって，θ に対応した一般化運動量 p_θ は保存する：

$$p_\theta = \frac{\partial L}{\partial \dot{\theta}} = mr^2\dot{\theta}, \qquad \frac{dp_\theta}{dt} = 0 \tag{3.43}$$

$\dot{\theta}$ は角速度であり，p_θ は原点まわりの角運動量である．（角運動量は次節で空間回転の対称性に対応した保存量として現れる．）なお，動径座標 r に対応した一般化運動量 p_r（保存しない）は

$$p_r = \frac{\partial L}{\partial \dot{r}} = m\dot{r} \tag{3.44}$$

であり，この系のエネルギー E は (3.34) より

$$E = p_r\dot{r} + p_\theta\dot{\theta} - L = \frac{1}{2}m(\dot{r}^2 + r^2\dot{\theta}^2) + U(r) \tag{3.45}$$

となる．これはもちろん一般式 (3.19) と一致する．

47

§3.4 空間回転の対称性と角運動量保存則

3次元空間内の1質点系で，その Lagrangian が原点まわりの空間回転に対して厳密に不変，すなわち (2.21)で $G=0$ としたものが成り立つものを考えよう．最も簡単な例は中心力ポテンシャルをもった Lagrangian (2.26)である．

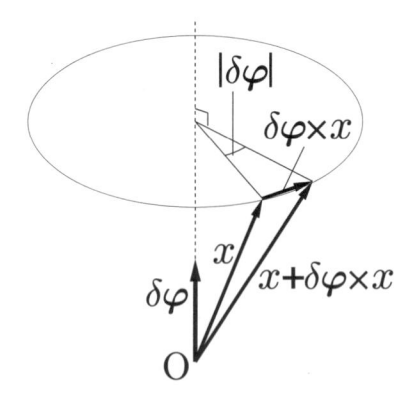

図 3.2 微小ベクトル $\delta\varphi$ で指定される微小空間回転

Lagrangian は有限角度の空間回転 (2.20) に対して不変であるので，もちろん，微小角度の空間回転（＝微小空間回転）に対しても不変である．微小空間回転は回転軸の方向（右ねじの規則で定める）と微小回転角を与えることで決まるが，これは一つの微小ベクトルに対応している．

微小空間回転による位置ベクトルの変化

微小ベクトル $\delta\varphi$ により定められる微小空間回転を考える（図 3.2 参照）．すなわち，$\delta\varphi$ の長さ $|\delta\varphi|$ が微小回転角度で，その向きが回転軸を与えるものとする．この原点まわりの微小空間回転により，位置ベクトル $\boldsymbol{x}$ は

$$\boldsymbol{x} \to \boldsymbol{x} + \delta\boldsymbol{\varphi} \times \boldsymbol{x} \tag{3.46}$$

と変化する．

微小空間回転 (3.46) は微小角 $|\delta\varphi|$ の2次以上を無視する近似で確かにベクトルの長さを変えないことに注意しよう：

$$(\boldsymbol{x}+\delta\boldsymbol{\varphi}\times\boldsymbol{x})^2 = \boldsymbol{x}^2 + 2\boldsymbol{x}\cdot(\delta\boldsymbol{\varphi}\times\boldsymbol{x}) + O(|\delta\varphi|^2) = \boldsymbol{x}^2 + O(|\delta\varphi|^2) \tag{3.47}$$

§3.4 空間回転の対称性と角運動量保存則

ここに (A.21) と (A.20) から得られる

$$\boldsymbol{x} \cdot (\delta\boldsymbol{\varphi} \times \boldsymbol{x}) = \delta\boldsymbol{\varphi} \cdot (\boldsymbol{x} \times \boldsymbol{x}) = 0 \tag{3.48}$$

を用いた．

さて，1 質点系の Lagrangian $L(\boldsymbol{x}, \dot{\boldsymbol{x}}, t)$ が微小空間回転 (3.46),

$$\begin{aligned}\boldsymbol{x}(t) &\to \boldsymbol{x}(t) + \delta\boldsymbol{\varphi} \times \boldsymbol{x}(t) \\ \dot{\boldsymbol{x}}(t) &\to \dot{\boldsymbol{x}}(t) + \delta\boldsymbol{\varphi} \times \dot{\boldsymbol{x}}(t)\end{aligned} \tag{3.49}$$

に対して厳密に不変 ($\delta L = 0$) であるとして，この対称性に付随した保存量を Noether の定理の公式 (3.6) から求めよう．Noether の定理の一般論における諸量は今の場合

$$q_i \Rightarrow x_i, \quad \varepsilon_A \Rightarrow \delta\varphi_j, \quad Y^A \Rightarrow 0 \tag{3.50}$$

とおき換えられる．特に，変換の種類の index A は空間回転軸の方向 $j = 1, 2, 3$ となる．(3.2) における F_i^A は $A \Rightarrow j$ とおき換えた F_i^j であって，(3.2) と (3.49) の成分表示

$$\begin{aligned}x_i(t) &\to x_i(t) + \epsilon_{ijk}\delta\varphi_j x_k \\ \dot{x}_i(t) &\to \dot{x}_i(t) + \epsilon_{ijk}\delta\varphi_j \dot{x}_k\end{aligned} \tag{3.51}$$

を比べて

$$F_i^j = \epsilon_{ijk} x_k \tag{3.52}$$

と与えられることがわかる．これを (3.6) に代入して，j 軸まわりの空間回転対称性に対応した保存量として

$$M_j = \frac{\partial L(\boldsymbol{x}, \dot{\boldsymbol{x}}, t)}{\partial \dot{x}_i} F_i^j = \epsilon_{ijk} x_k \frac{\partial L}{\partial \dot{x}_i} = \epsilon_{jki} x_k p_i \tag{3.53}$$

を得る．ここに，

$$p_i = \frac{\partial L}{\partial \dot{x}_i} \tag{3.54}$$

は質点の運動量であり，また，$\epsilon_{ijk} = \epsilon_{jki}$ ((A.18) 参照) を用いた．保存量 (3.53) をベクトル記号で表せば

$$\boldsymbol{M} = \boldsymbol{x} \times \boldsymbol{p} \tag{3.55}$$

であり，これは質点の**角運動量**である．結局，Noether の定理により，空間回転の対称性から角運動量保存

$$\frac{d\boldsymbol{M}}{dt} = 0 \tag{3.56}$$

が導かれた．

3.4.1 Noether の定理に依らない角運動量保存の導出

Noether の定理に頼らずに空間回転対称性から角運動量の保存を導こう．Lagrangian $L(\boldsymbol{x},\dot{\boldsymbol{x}},t)$ が微小空間回転 (3.49) で不変であることから，

$$\begin{aligned}0 = \delta L &= \frac{\partial L}{\partial \boldsymbol{x}} \cdot (\delta\boldsymbol{\varphi} \times \boldsymbol{x}) + \frac{\partial L}{\partial \dot{\boldsymbol{x}}} \cdot (\delta\boldsymbol{\varphi} \times \dot{\boldsymbol{x}}) = \delta\boldsymbol{\varphi} \cdot \left(\boldsymbol{x} \times \frac{\partial L}{\partial \boldsymbol{x}} + \dot{\boldsymbol{x}} \times \frac{\partial L}{\partial \dot{\boldsymbol{x}}} \right) \\ &= \delta\boldsymbol{\varphi} \cdot \frac{d}{dt}\left(\boldsymbol{x} \times \frac{\partial L}{\partial \dot{\boldsymbol{x}}} \right)\end{aligned} \tag{3.57}$$

を得る．ここに，第三の等号においてベクトル解析の公式 (A.21)，$\boldsymbol{A}\cdot(\boldsymbol{B}\times\boldsymbol{C}) = \boldsymbol{B}\cdot(\boldsymbol{C}\times\boldsymbol{A})$，を用い，最後の表式を得る際に Euler-Lagrange 方程式 (1.24) を用いた．微小ベクトルの方向は任意であるから，角運動量保存 (3.56) を得る．

3.4.2 角運動量の部分的保存

考える系に（たとえば）第 3 軸まわりの回転対称性しかない場合，すなわち，$\delta\boldsymbol{\varphi} = (0,0,\delta\varphi)$ の形の回転に対してのみ Lagrangian が不変である場合は，角運動量 $\boldsymbol{M}$ (3.55) の第 3 成分 $M_3 = x_1 p_2 - x_2 p_1$ のみが保存する．例は，3 次元調和振動子の Lagrangian (2.13) において $k_1 = k_2 \neq k_3$ の場合である（2.4.1 項参照）．

---------- §3 の章末問題 ----------

問題 1 (3.22)で与えられる N 質点系の Lagrangian において，独立な力学変数として $\boldsymbol{y}_n = \boldsymbol{x}_n - \boldsymbol{x}_N$ $(n = 1, 2, \ldots, N-1)$，および $\boldsymbol{x}_N$ の N 個のベクトルをとると，この Lagrangian は $\boldsymbol{x}_N$ には依存しない．すなわち，$\boldsymbol{x}_N$ は循環座標となる．したがって，$\boldsymbol{x}_N$ に対応した運動量は保存するが，この運動量が質点系の全運動量 $\boldsymbol{P} = \sum_{n=1}^{N} m_n \dot{\boldsymbol{x}}_n$ に等しいことを示せ．

問題 2 Lagrangian (2.26)で記述される中心力ポテンシャル下の 1 質点系を考える．この系の角運動量 (3.55)を時間微分し，Euler-Lagrange 方程式を用いることで，角運動量が保存することを陽に確認せよ．

問題 3 Lagrangian (3.22)は N 個の質点の位置ベクトルに対する Galilei 変換

$$\boldsymbol{x}_n(t) \to \boldsymbol{x}_n(t) - \boldsymbol{V}t, \quad \dot{\boldsymbol{x}}_n(t) \to \dot{\boldsymbol{x}}_n(t) - \boldsymbol{V} \quad (n = 1, 2, \ldots, N)$$

に対して時間についての全微分項を除き不変である．この対称性に対応した保存量は何か．

問題 4 この章のはじめに説明したように，保存量を用いることで，Euler-Lagrange 方程式を 1 回積分した，時間についての 1 階微分方程式を得ることができる．この具体例として，3.3.4 項で扱った Lagrangian (3.42)の系を考え，二つの保存量 p_θ (3.43) と E (3.45)から dr/dt を r の関数として与えよ．

問題 5 一様な重力場中の 1 質点系の Lagrangian (2.11) がもつ対称性とそれに付随した保存量をできるだけ挙げよ．

第4章　拘束のある系の扱い

Lagrangian を系の自由度よりも多くの力学変数を用いて表し，代わりに力学変数の間に拘束条件を課すのが便利な場合がある．この章では，このような拘束のある系に対する見通しの良い取り扱い方である Lagrange の未定乗数法について，その一般論と具体的応用を与える．

§4.1　拘束のある系

Lagrangian が $L(q,\dot{q},t)$ で与えられる系の N 個の力学変数 $q(t) = (q_1(t), q_2(t), \ldots, q_N(t))$ が全ては独立ではなく，A 個の拘束条件

$$C_a\bigl(q(t)\bigr) = 0 \quad (a = 1, 2, \ldots, A) \tag{4.1}$$

がある場合を考える．この系の真の自由度は $(N-A)$ 個である．なお，たとえば $A=2$ の場合に (4.1) をより陽に書けば

$$C_1\bigl(q_1(t), \ldots, q_N(t)\bigr) = 0, \quad C_2\bigl(q_1(t), \ldots, q_N(t)\bigr) = 0 \tag{4.2}$$

である．いくつか例を挙げよう．

例 1：滑車に架かった 2 質点

紙面下向の一様な重力中で，滑車に架かった長さ一定のひもの両端におもり（質量が m_1 と m_2）が付いた系を考える（図 4.1）．ただし，滑車とひもの質

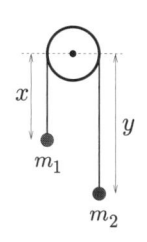

図 4.1　滑車に架かった 2 質点

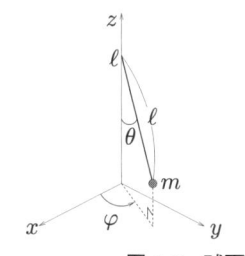

図 4.2　球面振り子

量は無視する．図 4.1 の変数 x と y（滑車の中心とおもりの高低差）を用いて Lagrangian は

$$L(x,y,\dot{x},\dot{y}) = \frac{1}{2}m_1\dot{x}^2 + \frac{1}{2}m_2\dot{y}^2 + m_1 gx + m_2 gy \tag{4.3}$$

で与えられるが，ひもの長さが一定であることから来る拘束条件が一つある：

$$C(x(t),y(t)) \equiv x(t) + y(t) - \ell = 0 \tag{4.4}$$

すなわち，この系は $N=2$, $A=1$ である．

例 2：球面振り子

図 4.2 のような球面振り子を考える．おもりのデカルト座標 (x,y,z) を用いて Lagrangian を表すと

$$L(x,y,z,\dot{x},\dot{y},\dot{z}) = \frac{1}{2}m(\dot{x}^2 + \dot{y}^2 + \dot{z}^2) - mgz \tag{4.5}$$

しかし，振り子の長さが ℓ であるという拘束条件が一つ付く（$N=3, A=1$）：

$$C(x(t),y(t),z(t)) \equiv x(t)^2 + y(t)^2 + (\ell - z(t))^2 - \ell^2 = 0 \tag{4.6}$$

4.1.1 独立変数による扱い

上のように，Lagrangian が拘束条件が課された力学変数 $q(t)$ を用いて与えられている系の扱い方として最も単純な方法は，次の $N-A$ 個の独立変数を用いるものである：

A 個の拘束条件 (4.1) を解いて，元の N 個の力学変数 q を独立な $N-A$ 個の力学変数 $Q=(Q_1,Q_2,\ldots,Q_{N-A})$ で

$$q_i = q_i(Q) = q_i(Q_1,Q_2,\ldots,Q_{N-A}) \quad (i=1,2,\ldots,N) \tag{4.7}$$

と表し，Lagrangian として

$$L_Q(Q,\dot{Q},t) = L\left(q(Q), \frac{d}{dt}q(Q), t\right) \tag{4.8}$$

を考える．(4.7) 式の $q(Q)$ は，これを代入した (4.1) が恒等的に成り立つようなものである．$N-A$ 個の Q は元の q のうちの適当な $N-A$ 個でも良いし，q とは異なるものでも良い．

上の二つの例に対してこの方法を適用すると以下のとおりである：

- 例1（滑車に架かった2質点）では，たとえば $x(t)$ を独立変数としてとり，拘束条件 (4.4) より $y(t) = \ell - x(t)$ と表して

$$L_x(x, \dot{x}) = L(x, y = \ell - x, \dot{x}, \dot{y} = -\dot{x})$$
$$= \frac{1}{2}(m_1 + m_2)\dot{x}^2 + (m_1 - m_2)gx + m_2 g\ell \quad (4.9)$$

- 例2（球面振り子）では，独立な力学変数 Q として図4.2の角度 (θ, φ) をとり，拘束条件 (4.6) を満たす (x, y, z) を

$$(x, y, z) = \ell(\sin\theta\cos\varphi, \sin\theta\sin\varphi, 1 - \cos\theta) \quad (4.10)$$

と表す．Lagrangian (4.5) を $Q = (\theta, \varphi)$ を用いて書くと

$$L_Q(\theta, \varphi, \dot{\theta}, \dot{\varphi}) = \frac{1}{2}m\ell^2(\dot{\theta}^2 + \sin^2\theta\,\dot{\varphi}^2) - mg\ell(1 - \cos\theta) \quad (4.11)$$

あるいは，独立な力学変数として (x, y) をとり，残りの z を

$$z = \ell - \sqrt{\ell^2 - x^2 - y^2} \quad (4.12)$$

と表す．ただし，(4.12) では $z > \ell$ の場合を扱えない．

§4.2　Lagrange の未定乗数法

拘束条件が付いた力学変数の系を扱う別の方法として，以下に説明する **Lagrange の未定乗数法** (Lagrange's method of undetermined multiplier) がある．多くの場合に，これは非常に便利な方法を与える．

Lagrangian $L(q, \dot{q}, t)$ が，A 個の拘束条件 (4.1) が付いた N 個の力学変数 q を用いて与えられている系を考える．$q(t)$ が最小作用の原理を満たすものとすると，任意の微小変位 $\delta q(t)$（ただし，$\delta q(t_1) = \delta q(t_2) = 0$）に対して

$$\delta S = S[q + \delta q] - S[q] = \int_{t_1}^{t_2} dt \left(\frac{\partial L}{\partial q_i} - \frac{d}{dt}\frac{\partial L}{\partial \dot{q}_i}\right)\delta q_i(t) = 0 \quad (4.13)$$

が要求される．この導出は拘束条件の付いていない場合の (1.21) と全く同様である．しかし，今の拘束条件がある場合，(4.13) における N 個の微小変位

第 4 章　拘束のある系の扱い

$\delta q_i(t)$ は全てが独立ではないという点に注意する必要がある．すなわち，最小作用の原理を満たす $q(t)$ と同様に，それから微小にずれた $q(t) + \delta q(t)$ も拘束条件 (4.1) を満たさないといけない．

$$0 = C_a(q + \delta q) = C_a(q) + \frac{\partial C_a(q)}{\partial q_i}\delta q_i + O(\delta q^2) \tag{4.14}$$

および $C_a(q) = 0$ より，(4.13)における $\delta q(t)$ は次の A 個の条件式を満足するものに限られる：

$$\frac{\partial C_a(q)}{\partial q_i}\delta q_i(t) = 0 \quad (a = 1, 2, \ldots, A) \tag{4.15}$$

したがって，今の場合，作用の停留条件 (4.13) は q に対する拘束条件のない場合の Euler-Lagrange 方程式 (1.22) を意味しない．

それでは，微小変位 $\delta q(t)$ に対する条件式 (4.15) のもとで，作用の停留条件 (4.13) をどのように扱えばよいのだろうか．

4.2.1　$N = 2$, $A = 1$ の場合

まず，一番簡単な $N = 2$, $A = 1$ の場合を考えよう．力学変数を $q_i(t)$ の代わりに $(x(t), y(t))$，拘束条件を

$$C(x, y) = 0 \tag{4.16}$$

として，(4.13)と(4.15)はそれぞれ

$$\delta S = \int_{t_1}^{t_2} dt \left[\left(\frac{\partial L}{\partial x} - \frac{d}{dt}\frac{\partial L}{\partial \dot{x}}\right)\delta x + \left(\frac{\partial L}{\partial y} - \frac{d}{dt}\frac{\partial L}{\partial \dot{y}}\right)\delta y\right] = 0 \tag{4.17}$$

および

$$\frac{\partial C(x, y)}{\partial x}\delta x + \frac{\partial C(x, y)}{\partial y}\delta y = 0 \tag{4.18}$$

で与えられる．(4.18)より $\delta y = -(\partial C/\partial x)(\partial C/\partial y)^{-1}\delta x$ と表して (4.17) に代入すると

$$\delta S = \int_{t_1}^{t_2} dt \left(\frac{\partial L}{\partial x} - \frac{d}{dt}\frac{\partial L}{\partial \dot{x}} + \lambda\frac{\partial C}{\partial x}\right)\delta x = 0 \tag{4.19}$$

を得る．ここに，

$$\lambda(t) = -\left(\frac{\partial C}{\partial y}\right)^{-1}\left(\frac{\partial L}{\partial y} - \frac{d}{dt}\frac{\partial L}{\partial \dot{y}}\right) \tag{4.20}$$

§4.2 Lagrange の未定乗数法

で定義した $\lambda(t)$ を用いた．(4.19)式には δx しか現れないので，これが任意の $\delta x(t)$ について成り立つべきことから

$$\frac{\partial L}{\partial x} - \frac{d}{dt}\frac{\partial L}{\partial \dot{x}} + \lambda \frac{\partial C}{\partial x} = 0 \tag{4.21}$$

を得る．また，λ の定義式 (4.20) は

$$\frac{\partial L}{\partial y} - \frac{d}{dt}\frac{\partial L}{\partial \dot{y}} + \lambda \frac{\partial C}{\partial y} = 0 \tag{4.22}$$

と書き直される．(4.21)と(4.22)は，それぞれの起源は異なるが，x と y を入れ替えただけの並列な式であることに注意しよう．結局，未知変数を $(x(t), y(t), \lambda(t))$ の三つとすると，解くべき方程式も (4.21)，(4.22) および拘束条件 (4.16) の三つとなる．

以上の方法が $N = 2$，$A = 1$ の場合の **Lagrange の未定乗数法** であり，新たに導入された変数 $\lambda(t)$ が未定乗数である．

4.2.2 一般の (N, A) の場合

次に一般の (N, A) に対して Lagrange の未定乗数法を導こう．出発点は (4.13)と(4.15)である．

1. (4.15)の左辺に任意関数 $\lambda_a(t)$ $(a = 1, 2, \ldots, A)$ を掛けた式もゼロであり，これを (4.13) の被積分関数に加えた次式も成り立たないといけない：

$$\int_{t_1}^{t_2} dt \left(\frac{\partial L}{\partial q_i} - \frac{d}{dt}\frac{\partial L}{\partial \dot{q}_i} + \lambda_a \frac{\partial C_a(q)}{\partial q_i} \right) \delta q_i(t) = 0 \tag{4.23}$$

ここに，括弧内の第3項では a についての和 $\sum_{a=1}^{A}$ を省略している．

2. (4.23)においても N 個の $\delta q_i(t)$ は A 個の条件式 (4.15) を満たすものであり，$(N-A)$ 個のみが独立である．そこで，たとえば $(\delta q_1, \delta q_2, \ldots, \delta q_{N-A})$ を独立なものとしてとり，残りの A 個 $(\delta q_{N-A+1}, \delta q_{N-A+2}, \ldots, \delta q_N)$ は (4.15) を解いて $(\delta q_1, \delta q_2, \ldots, \delta q_{N-A})$ で表すことができるとしよう．ただし，陽に解く必要はない．

3. A 個の関数 $\lambda_a(t)$ は任意なので，特に次の A 個の条件を満たすように選ぶ：

$$\frac{\partial L}{\partial q_i} - \frac{d}{dt}\frac{\partial L}{\partial \dot{q}_i} + \lambda_a \frac{\partial C_a(q)}{\partial q_i} = 0 \quad (i = N-A+1, N-A+2, \ldots, N) \tag{4.24}$$

4. すると，(4.23)は

$$\int_{t_1}^{t_2} dt \sum_{i=1}^{N-A} \left(\frac{\partial L}{\partial q_i} - \frac{d}{dt}\frac{\partial L}{\partial \dot{q}_i} + \lambda_a \frac{\partial C_a(q)}{\partial q_i} \right) \delta q_i(t) = 0 \quad (4.25)$$

となるが，$(N-A)$ 個の $\delta q_i(t)$ $(i=1,2,\ldots,N-A)$ は独立なので

$$\frac{\partial L}{\partial q_i} - \frac{d}{dt}\frac{\partial L}{\partial \dot{q}_i} + \lambda_a \frac{\partial C_a(q)}{\partial q_i} = 0 \quad (i=1,2,\ldots,N-A) \quad (4.26)$$

を意味する．

結局，解くべき方程式は，(4.24), (4.26), および元の拘束条件 (4.1) であり，全部で $(N+A)$ 個．未知関数も $q_i(t)$ および $\lambda_a(t)$ の $(N+A)$ 個である．(4.24)と (4.26) は，それぞれの起源は異なるが，同じ形の方程式であることに注意しよう．まとめると，

Lagrangeの未定乗数法

A 個の拘束条件 (4.1),

$$C_a(q(t)) = 0 \quad (a = 1, 2, \ldots, A) \quad (4.1)$$

の付いた N 個の力学変数 $q_i(t)$ を用いて Lagrangian $L(q, \dot{q}, t)$ が与えられた系の運動は，$q_i(t)$ および未定乗数 $\lambda_a(t)$ に関する方程式

$$\frac{\partial L}{\partial q_i} - \frac{d}{dt}\frac{\partial L}{\partial \dot{q}_i} + \lambda_a \frac{\partial C_a(q)}{\partial q_i} = 0 \quad (i = 1, 2, \ldots, N) \quad (4.27)$$

および元の拘束条件 (4.1) を解いて得られる．

いくつか補足をしておこう：

- 上の 2. では，(4.15)により，N 個の δq_i のうちの最初の $(N-A)$ 個の δq_i を用いて残りの A 個の δq_i を表せると仮定した．この仮定は (4.15) に現れる $\partial C_a(q)/\partial q_i$ を $A \times N$ 行列

$$\frac{\partial C_a(q)}{\partial q_i} = A \begin{array}{c} \overset{N}{} \\ \left[\begin{array}{c|c} & \\ a \downarrow \quad \overset{i}{\longrightarrow} & \text{正則} \\ & \\ \end{array} \right] \\ \underset{N-A \quad A}{} \end{array} \quad (4.28)$$

§4.3　Lagrangeの未定乗数法の応用例

と見なした際の右端の $A \times A$ 正方行列が正則であることと等価である．また，3. で A 個の未定乗数 λ_a を (4.24)を満たすように選ぶとしたが，これも同じ $A \times A$ 行列の正則性により保証される．ここでは，この正方行列，あるいは A 個の列を適当な別の A 個におき換えた正方行列が正則であると仮定する．

- Lagrangeの未定乗数法において解くべき方程式 (4.1) と (4.27)は，$(N + A)$ 個の変数 $(q_i(t), \lambda_a(t))$ に対する次の Lagrangian L_C の通常の Euler-Lagrange 方程式として得られる：

$$L_C(q, \lambda, \dot{q}, t) = L(q, \dot{q}, t) + \sum_{a=1}^{A} \lambda_a C_a(q) \tag{4.29}$$

実際，q_i についての Euler-Lagrange 方程式から (4.27)が，λ_a についての Euler-Lagrange 方程式から (4.1)が導かれる．

§4.3　Lagrangeの未定乗数法の応用例

以下では，4.2節で導入した Lagrange の未定乗数法を用いていくつかの具体的な問題を解いてみよう．

4.3.1　滑車に架かった2質点

4.1節の例1（図4.1）を Lagrange の未定乗数法を用いて考えよう．$t = 0$ における初期条件として

$$x(0) = x_0, \quad \dot{x}(0) = 0 \tag{4.30}$$

をとる．このとき，y の初期条件は拘束条件 (4.4)より

$$y(0) = \ell - x_0, \quad \dot{y}(0) = 0 \tag{4.31}$$

と決まる．Lagrangian (4.3)と拘束条件 (4.4) に対して，(4.27)とそれから得られる方程式は

$$\frac{\partial L}{\partial x} - \frac{d}{dt}\frac{\partial L}{\partial \dot{x}} + \lambda \frac{\partial C}{\partial x} = 0 \;\Rightarrow\; m_1 \ddot{x} = m_1 g + \lambda \tag{4.32}$$

$$\frac{\partial L}{\partial y} - \frac{d}{dt}\frac{\partial L}{\partial \dot{y}} + \lambda \frac{\partial C}{\partial y} = 0 \;\Rightarrow\; m_2 \ddot{y} = m_2 g + \lambda \tag{4.33}$$

となる．(4.32) − (4.33) で λ を消去し，(4.4)からの $\ddot{y} = -\ddot{x}$ を用いて

$$(m_1 + m_2)\ddot{x} = (m_1 - m_2)g \tag{4.34}$$

を得るが，これと上の初期条件より，$x(t)$ と $y(t)$ は

$$x(t) = \frac{m_1 - m_2}{2(m_1 + m_2)}gt^2 + x_0, \quad y(t) = \ell - x(t) = -\frac{m_1 - m_2}{2(m_1 + m_2)}gt^2 + \ell - x_0 \tag{4.35}$$

と定まる．次に，$m_2 \times$ (4.32) $+ m_1 \times$ (4.33) と (4.4)より得られる $\ddot{x} + \ddot{y} = 0$ から $\lambda(t)$ が

$$\lambda(t) = -\frac{2m_1 m_2}{m_1 + m_2}g \tag{4.36}$$

と求まる．(4.32)と(4.33)から読み取れるように，未定乗数 λ はおもりにはたらく重力に加えて「拘束から来る余分の力」(=拘束力) であり，具体的にはひもの張力（にマイナス符号を付けたもの）である．

なお，4.2.1項で扱った一般の拘束条件(4.16)が課された $N = 2$, $A = 1$ の系において，Lagrangianとしてポテンシャル $U(x,y)$ を用いた

$$L = \frac{1}{2}m_1\dot{x}^2 + \frac{1}{2}m_2\dot{y}^2 - U(x,y) \tag{4.37}$$

をとると，(4.21)と(4.22)はそれぞれ

$$m_1\ddot{x} = -\frac{\partial U(x,y)}{\partial x} + \lambda\frac{\partial C(x,y)}{\partial x} \tag{4.38}$$

$$m_2\ddot{y} = -\frac{\partial U(x,y)}{\partial y} + \lambda\frac{\partial C(x,y)}{\partial y} \tag{4.39}$$

となる．$\lambda(\partial C/\partial x)$ と $\lambda(\partial C/\partial y)$ が二つの質点にはたらく拘束力である．

4.3.2 斜面を転がる車輪

Lagrangeの未定乗数法の次の応用として，図4.3のように傾き角 β の斜面を，半径 a で質量 M の車輪（太さなし）が，滑ることなく転がり落ちる過程を，図の距離 $x(t)$ と角度 $\theta(t)$ を用いて考える．ここに，x は斜面上の固定点Pから車輪と斜面の接点までの距離，θ は車輪上の固定点Qと車輪と斜面の接点の間の角度である．時刻 $t = 0$ における初期条件を，$x(0) = \dot{x}(0) = \theta(0) = \dot{\theta}(0) = 0$ とする．すなわち，$t = 0$ において，車輪は静止しており，点Pと点Qは一致している．

§4.3 Lagrangeの未定乗数法の応用例

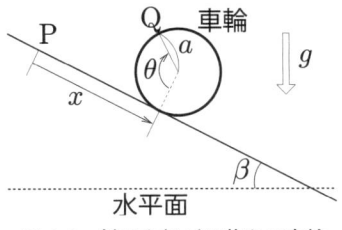

図4.3 斜面を転がり落ちる車輪

$(x(t), \theta(t))$ を用いてこの系の Lagrangian は

$$L(x, \theta, \dot{x}, \dot{\theta}) = \frac{1}{2}M\dot{x}^2 + \frac{1}{2}Ma^2\dot{\theta}^2 + Mgx\sin\beta \tag{4.40}$$

で与えられる．右辺の最初の2項はそれぞれ車輪の重心運動と（重心まわりの）回転運動のエネルギーである．また，車輪が斜面を滑らないことを表す次の拘束条件が付く：

$$C(x, \theta) \equiv x - a\theta = 0 \tag{4.41}$$

Lagrangeの未定乗数法に従うと，今解くべき方程式は

$$\frac{\partial L}{\partial x} - \frac{d}{dt}\frac{\partial L}{\partial \dot{x}} + \lambda \frac{\partial C}{\partial x} = 0 \;\Rightarrow\; M\ddot{x} = Mg\sin\beta + \lambda \tag{4.42}$$

$$\frac{\partial L}{\partial \theta} - \frac{d}{dt}\frac{\partial L}{\partial \dot{\theta}} + \lambda \frac{\partial C}{\partial \theta} = 0 \;\Rightarrow\; Ma^2\ddot{\theta} = -a\lambda \tag{4.43}$$

および拘束条件 (4.41) である．(4.42) + (4.43)/a で λ を消去し，(4.41)からの $a\ddot{\theta} = \ddot{x}$ を用いて $x(t)$ のみの方程式

$$2M\ddot{x} = Mg\sin\beta \tag{4.44}$$

を得る．これを初期条件 $x(0) = \dot{x}(0) = 0$ で解き，$(x(t), \theta(t))$ が

$$x(t) = \frac{1}{4}g\sin\beta\, t^2, \quad \theta(t) = \frac{x(t)}{a} = \frac{g}{4a}\sin\beta\, t^2 \tag{4.45}$$

と求まる．次に未定乗数 λ は，(4.42) − (4.43)/a と拘束条件から

$$\lambda = -\frac{1}{2}Mg\sin\beta \tag{4.46}$$

と求まるが，(4.42)と(4.43)から読み取れるように，$-\lambda$ は斜面からの摩擦力である．

4.3.3 円環の内側を運動する質点

図 4.4 のように，鉛直平面内に置かれた半径 a の輪（円環）の内面を摩擦無く運動する質点（質量 m）を考える．この鉛直平面上の (x,y) 座標を，鉛直上向きに y 軸，水平方向に x 軸，円環の中心を原点 $(0,0)$ にとる．今，円環の最下点 $(0,-a)$ にある質点に初速度 $(\dot{x},\dot{y}) = (v_0, 0)$ を与えたとし $(v_0 > 0)$，その後，質点が円環の内側から離れることがあるかどうかを考察しよう．また，もしも離れるなら，そのときの質点の y 座標を求めよう．

質点が円環から離れる瞬間までの運動を Lagrange の未定乗数法を用いて考える．拘束条件の付いた力学変数として (x,y) をとると，Lagrangian L および拘束条件を表す $C(x,y)$ は

$$L = \frac{1}{2}m(\dot{x}^2 + \dot{y}^2) - mgy \tag{4.47}$$

$$C = x^2 + y^2 - a^2 \tag{4.48}$$

で与えられる．これより

$$(4.21) \Rightarrow m\ddot{x} = 2\lambda x \tag{4.49}$$

$$(4.22) \Rightarrow m\ddot{y} = -mg + 2\lambda y \tag{4.50}$$

であり，$(2\lambda x, 2\lambda y)$ が拘束力である．そこでまず，$(4.49) \times \dot{x} + (4.50) \times \dot{y}$ より

$$\frac{d}{dt}\left[\frac{m}{2}(\dot{x}^2 + \dot{y}^2) + mgy\right] = 2\lambda(x\dot{x} + y\dot{y}) = 0 \tag{4.51}$$

を得る．ここに，$(d/dt)C(x,y) = 0$ よりの $x\dot{x} + y\dot{y} = 0$ を用いた．(4.51) よりエネルギー保存の関係式

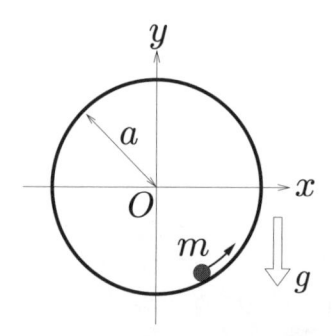

図 4.4 鉛直面内の半径 a の円環の内側を摩擦無く運動する質点

§4.3 Lagrangeの未定乗数法の応用例

$$\frac{m}{2}(\dot{x}^2+\dot{y}^2)+mgy=\frac{m}{2}v_0^2-mga \tag{4.52}$$

が導かれる．特に，与えられた v_0 に対して質点が到達できる最高点の y 座標 ($=y_{\max}$) は，質点の速度がゼロになる条件から

$$y_{\max}=\frac{v_0^2}{2g}-a \tag{4.53}$$

で与えられる．（なお，$y_{\max}>a$ の場合は $y_{\max}$ に意味はない．）

次に，$(4.49)\times x+(4.50)\times y$ を考え，$C(x,y)=0$ および $(d/dt)^2 C(x,y)=0$ から得られる $\dot{x}^2+\dot{y}^2+\ddot{x}x+\ddot{y}y=0$ を用いることで，λ が

$$\lambda=\frac{m}{2a^2}(gy-\dot{x}^2-\dot{y}^2) \tag{4.54}$$

と表される．これにさらに (4.52) を用いて，λ が y の関数として

$$\lambda=\frac{m}{2a^2}(3gy+2ga-v_0^2) \tag{4.55}$$

と求まる．さて，質点が円環から離れる瞬間，円環から質点にはたらく抗力，すなわち拘束力がゼロとなる．この点の y 座標を y_1 とすると，$\lambda=0$ から

$$y_1=\frac{v_0^2}{3g}-\frac{2}{3}a \tag{4.56}$$

である．しかし，$y=y_1$ で常に質点が円環から離れる訳ではない．

- $y=y_1$ で質点が円環から離れるためには，その位置まで質点が到達すること，すなわち $y_1<y_{\max}$ ($\Leftrightarrow v_0^2>2ga$) が必要である．
- $y=y_1$ が円環の最高点より高い場合，すなわち $y_1\geq a$ ($\Leftrightarrow v_0^2\geq 5ga$) の場合は，質点は円環から離れることはない．

以上より次の結論を得る：

1. $v_0\leq\sqrt{2ga}$ の場合，質点は円環から離れない．質点は，円環の内面を（非回転）周期運動をする．特に，$v_0=\sqrt{2ga}$ の場合，質点が到達する最高点は $(\pm a,0)$ である．
2. $\sqrt{2ga}<v_0<\sqrt{5ga}$ の場合，$y=y_1$ で質点は円環から離れる．
3. $v_0\geq\sqrt{5ga}$ の場合も，質点は円環から離れない．質点は円環の内面を回転運動する．（$v_0=\sqrt{5ga}$ の場合，$y_{\max}=(3/2)a$, $y_1=a$ であり，質点は円環の最高点を有限の速度で通過する．）

---
§4 の章末問題

問題 1 1.4.2 項の図 1.1 の単振り子の系を，おもりのデカルト座標 (x, y) を力学変数にとり，Lagrange の未定乗数法を用いて考える．
(1) Lagrangian $L(x, y, \dot{x}, \dot{y})$ と拘束条件を表す関数 $C(x, y)$ を与えよ．
(2) 運動方程式 (4.21) と (4.22) を書き下せ．
(3) 振り子の原点まわりの振れが微小 ($|x/\ell| \ll 1$) の場合に，運動方程式と拘束条件から x が近似的に単振動をすることを導け．

問題 2 図のように，鉛直平面内に置かれた半径 a の輪の上を摩擦無く運動する質点（質量 m）を考える．質点が輪の頂上 $(0, a)$ から初速ゼロで転がり始めるとして，質点が輪から離れる点の y 座標を Lagrange の未定乗数法を用いることで求めよ (4.3.3 項参照)．

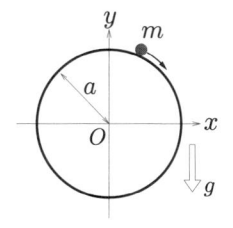

問題 3 図 4.2 の円錐振り子に対して，独立変数として角度 (θ, φ) をとった場合，(4.5) の Lagrangian が (4.11) となることを示せ．

第5章 連成振動

この章では,複数の質点がバネによってつながった系である連成振動子における Euler-Lagrange 方程式の一般的な解法を考える. 連成振動子は,より一般の N 自由度系において,ポテンシャルの極小点まわりの微小運動を近似的に記述するものでもある. さらに,第 10 章で見るように,連成振動子の自由度が無限大の極限として,連続的な力学変数の系である「場の理論」が得られる.

§5.1 連成振動子の系

ここで扱うのは,力学変数 x_i $(i = 1, 2, \ldots, N)$ をもち,Lagrangian が

$$L = \frac{1}{2}\dot{x}_i M_{ij} \dot{x}_j - \frac{1}{2} x_i K_{ij} x_j \tag{5.1}$$

で与えられる N 自由度系である. ここに,M_{ij} と K_{ij} は実定数であり,(i, j) について対称である[1].

$$M_{ij} = M_{ji}, \qquad K_{ij} = K_{ji} \tag{5.2}$$

M と K をそれぞれ成分が M_{ij} と K_{ij} である $N \times N$ 行列とすると,M と K は

$$M^* = M, \quad K^* = K, \quad M^{\mathrm{T}} = M, \quad K^{\mathrm{T}} = K \tag{5.3}$$

を満たす実対称行列である. ここに,$*$ と T は複素共役と転置である ((A.3) 参照). さらに,行列 M と K はそれぞれが**正定値行列**であることを要請する.

正定値行列

実対称行列 A が正定値であるとは
- 任意の実ベクトル $\boldsymbol{v}(\neq 0)$ に対して $\boldsymbol{v}^{\mathrm{T}} A \boldsymbol{v} = v_i A_{ij} v_j > 0$

が成り立つことである. これは,

---

[1] 正確にいうと,行列 M と K は対称であるとして一般性を失わない. たとえば,$x_i K_{ij} x_j = (1/2) x_i (K_{ij} + K_{ji}) x_j$ に注意.

第5章 連成振動

- A の固有値が全て正であること

と等価である.

この系は,$N = 1$ の場合は1次元調和振動子であるが,一般の N の場合は複数のバネと質点を連結してできた系(**連成振動子**, coupled oscillator)を表し,固体(結晶)のモデルをはじめ物理のさまざまな場面に現れる.なお,行列 M と K が正定値であるという要求は,$N = 1$ の場合は質点の質量とバネ定数がともに正であるという当然のものであるが,一般の N の場合も解の構成の一般論において用いる(5.2節).

連成振動子の簡単な例として図5.1の系を考えよう.これは,二つの質点(質量が m_1 と m_2)と3本のバネ(バネ定数が k_1, k_2, k_3)から成り,両側の2本のバネの片方の端は壁に固定され,質点は床の上を摩擦無く左右に運動するものとする.質点の平衡位置からのずれをそれぞれ x_1 と x_2 とする(右方向へのずれを正とする)と,この系のLagrangianは

$$L = \frac{1}{2}m_1\dot{x}_1^2 + \frac{1}{2}m_2\dot{x}_2^2 - \frac{1}{2}k_1 x_1^2 - \frac{1}{2}k_2(x_1 - x_2)^2 - \frac{1}{2}k_3 x_2^2 \tag{5.4}$$

で与えられるが,これは(5.1)において行列 M と K を

$$M = \begin{pmatrix} m_1 & 0 \\ 0 & m_2 \end{pmatrix}, \qquad K = \begin{pmatrix} k_1 + k_2 & -k_2 \\ -k_2 & k_2 + k_3 \end{pmatrix} \tag{5.5}$$

としたものである.

なお,平衡(静止)状態での3本のバネの自然長からの伸びを a_i ($i = 1, 2, 3$)とすると,この系のポテンシャル・エネルギーは本来

$$U(x_1, x_2) = \frac{1}{2}k_1(a_1 + x_1)^2 + \frac{1}{2}k_2(a_2 + x_2 - x_1)^2 + \frac{1}{2}k_3(a_3 - x_2)^2 \tag{5.6}$$

で与えられる.この U を展開すると(5.4)のポテンシャル項以外に x_i の1次項も現れるが,a_i はこの1次項が消えるように,すなわち平衡状態 $x_1 = x_2 = 0$

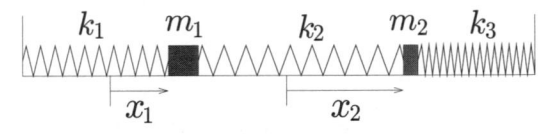

図**5.1** 連成振動子の例 ($N = 2$)

§5.1 連成振動子の系

が Euler-Lagrange 方程式の解であるように決まる．具体的には，この条件は

$$k_1 a_1 = k_2 a_2 = k_3 a_3 \tag{5.7}$$

すなわち平衡状態でのバネの力のつり合い条件である．

[補足]

Lagrangian (5.1)は連成振動子だけでなく，たとえば，

$$L = \frac{1}{2} m_{ij}(q)\, \dot{q}_i \dot{q}_j - U(q) \tag{5.8}$$

の Lagrangian で記述される，より一般的な N 自由度系（3.2.3 項参照）での，ポテンシャル $U(q)$ の停留点まわりの微小振動を近似的に表す．今，$q = q_0 = (q_{01}, q_{02}, \ldots, q_{0N})$ がポテンシャル $U(q)$ の停留点である，すなわち，

$$\left.\frac{\partial U(q)}{\partial q_i}\right|_{q=q_0} = 0 \quad (i = 1, 2, \ldots, N) \tag{5.9}$$

が成り立つとする．この系の Euler-Lagrange 方程式は

$$\frac{d}{dt}\left(m_{ij}(q)\dot{q}_j\right) = \frac{1}{2}\frac{\partial m_{jk}(q)}{\partial q_i}\dot{q}_j \dot{q}_k - \frac{\partial U(q)}{\partial q_i} \tag{5.10}$$

であるが，q_0 の各成分は時間に依らない定数であって，$q(t) = q_0$ は (5.10)の解となっている．そこで，$q(t)$ が q_0 から微小しかずれない，すなわち

$$x_i(t) = q_i(t) - q_{0i} \tag{5.11}$$

で定義される揺らぎ $x_i(t)$ が微小であるとして，Euler-Lagrange 方程式 (5.10)のより一般的な解を考えよう．そのために，Lagrangian (5.8)を x について Taylor 展開を行い，$(x, \dot{x})$ について非自明な最低次項（2 次項）のみを考える．

$$m_{ij}(q) = m_{ij}(q_0) + \left.\frac{\partial m_{ij}(q)}{\partial q_k}\right|_{q=q_0} x_k + O(x^2)$$

$$U(q) = U(q_0) + \frac{1}{2}\left.\frac{\partial U(q)}{\partial q_i \partial q_j}\right|_{q=q_0} x_i x_j + O(x^3)$$

および $\dot{q}_i = \dot{x}_i$ より，(5.8)の Lagrangian は

$$L = -U(q_0) + \frac{1}{2}m_{ij}(q_0)\, \dot{x}_i \dot{x}_j - \frac{1}{2}\left.\frac{\partial U(q)}{\partial q_i \partial q_j}\right|_{q=q_0} x_i x_j + \cdots \tag{5.12}$$

と展開される．ここに，右辺の $\cdots$ は x と $\dot{x}$ について 3 次以上の項である．したがって，$q = q_0$ まわりの微小振動を扱うには，Lagrangian (5.1) において

$$M_{ij} = m_{ij}(q_0), \qquad K_{ij} = \left.\frac{\partial U(q)}{\partial q_i \partial q_j}\right|_{q=q_0} \tag{5.13}$$

としたものを考えれば良い．なお，この実対称行列 K が正定値であるとは，停留点 q_0 がポテンシャル $U(q)$ の極小点である，すなわち，$q = (q_1, q_2, \ldots, q_N)$ を q_0 から N 次元のどの方向に微小に動かしても，ポテンシャル $U(q)$ は必ず増大する，ということである．

§5.2 連成振動子の運動方程式の一般解法

Lagrangian (5.1) の Euler-Lagrange 方程式は

$$M_{ij}\ddot{x}_j = -K_{ij}x_j \qquad (i = 1, 2, \ldots, N) \tag{5.14}$$

で与えられる．$\boldsymbol{x}(t)$ を N 成分の縦ベクトル

$$\boldsymbol{x}(t) = \begin{pmatrix} x_1(t) \\ x_2(t) \\ \vdots \\ x_N(t) \end{pmatrix} \tag{5.15}$$

とすると，$N \times N$ 行列 M と K により (5.14) は

$$M\ddot{\boldsymbol{x}}(t) = -K\boldsymbol{x}(t) \tag{5.16}$$

とも表される．(5.14) あるいは (5.16) の連立線型 2 階常微分方程式には次のような一般的解法がある．

実関数 $x_i(t)$ の代わりに，複素定数 α_i と実定数 ω により

$$z_i(t) = \alpha_i\, e^{i\omega t}, \qquad \boldsymbol{z}(t) = \boldsymbol{\alpha}\, e^{i\omega t} = \begin{pmatrix} \alpha_1 \\ \alpha_2 \\ \vdots \\ \alpha_N \end{pmatrix} e^{i\omega t} \tag{5.17}$$

と表される (5.14) の複素解，すなわち

§5.2 連成振動子の運動方程式の一般解法

$$M_{ij}\ddot{z}_j(t) = -K_{ij}z_j(t), \qquad M\ddot{\boldsymbol{z}}(t) = -K\boldsymbol{z}(t) \tag{5.18}$$

の解 $z_i(t)$ を求める。各 M_{ij} と K_{ij} は実数なので，$z(t)$ の実部

$$x_i(t) = \mathrm{Re}\, z_i(t), \qquad \boldsymbol{x}(t) = \mathrm{Re}\, \boldsymbol{z}(t) \tag{5.19}$$

は元の (5.14) の解となっている．

したがって，問題は (5.17) の $\boldsymbol{z}(t)$ が (5.18) を満たすように複素ベクトル $\boldsymbol{\alpha}$ と実数 ω を決定することである．具体的には，(5.17) を (5.18) に代入すると

$$-\omega^2 M \boldsymbol{\alpha} e^{i\omega t} = -K \boldsymbol{\alpha} e^{i\omega t} \tag{5.20}$$

すなわち，

$$(K - \omega^2 M)\boldsymbol{\alpha} = 0 \tag{5.21}$$

となるが，これを満たすような ω と $\boldsymbol{\alpha}$ の組を決定する必要がある．以下に，この手順をまとめる：

1. (5.21) を満たす非自明な（すなわち $\boldsymbol{\alpha} \neq 0$ である）ベクトル $\boldsymbol{\alpha}$ が存在するためには，行列 $K - \omega^2 M$ の行列式がゼロ，つまり，

$$\det(K - \omega^2 M) = 0 \tag{5.22}$$

が必要である．さもなければ逆行列 $(K - \omega^2 M)^{-1}$ が存在し，それを (5.21) に左から掛けると $\boldsymbol{\alpha} = 0$ となるからである．

2. (5.22) は一般に未知数 ω^2 についての N 次方程式であり，N 個の解 ω_a^2 ($a = 1, 2, \ldots, N$) が存在する．$\omega^2 = \omega_a^2$ としたときに (5.21) を満たすベクトル $\boldsymbol{\alpha}$ を $\boldsymbol{\alpha}_a(\neq 0)$ とする：

$$(K - \omega_a^2 M)\boldsymbol{\alpha}_a = 0 \tag{5.23}$$

3. ω_a^2 は全て正の実数である．まず ω_a^2 が実数であることを示すには，(5.23) に左から $\boldsymbol{\alpha}_a$ のエルミート共役（(A.5) 参照）$\boldsymbol{\alpha}_a^\dagger$ を掛けることで得られる

$$\omega_a^2 = \frac{\boldsymbol{\alpha}_a^\dagger K \boldsymbol{\alpha}_a}{\boldsymbol{\alpha}_a^\dagger M \boldsymbol{\alpha}_a} \tag{5.24}$$

を用いる．この分母と分子はそれぞれ実数である．たとえば，分子が実数であることは

$$(\boldsymbol{\alpha}_a^\dagger K \boldsymbol{\alpha}_a)^* = \boldsymbol{\alpha}_a^\dagger K^\dagger \boldsymbol{\alpha}_a = \boldsymbol{\alpha}_a^\dagger K \boldsymbol{\alpha}_a \tag{5.25}$$

と導かれる．ここに，ベクトル $\boldsymbol{u}$, $\boldsymbol{v}$ と行列 A に対する一般公式

$$(\boldsymbol{u}^\dagger A \boldsymbol{v})^* = \boldsymbol{v}^\dagger A^\dagger \boldsymbol{u} \tag{5.26}$$

および，行列 K が $K^* = K$ と $K^\mathrm{T} = K$ ((5.2)参照) を満たす実対称行列であり，したがって，エルミート ($K^\dagger = K$) でもあることを用いた．

4. 次に，ω_a^2 が全て正であること ($\omega_a^2 > 0$) は，行列 M と K がともに正定値であることの帰結である．ω_a^2 は実数なので行列 $(K - \omega_a^2 M)$ は実行列であり，したがって，(5.23)の解であるベクトル $\boldsymbol{\alpha}_a$ はその成分を全て実数にとることができる．すると，(5.24)においてエルミート共役を転置におき換えることができ，

$$\omega_a^2 = \frac{\boldsymbol{\alpha}_a^\mathrm{T} K \boldsymbol{\alpha}_a}{\boldsymbol{\alpha}_a^\mathrm{T} M \boldsymbol{\alpha}_a} > 0 \tag{5.27}$$

を得る．ここに，M と K が正定値であって，分母と分子がそれぞれ正であることを用いた．

結局，(5.22)から $\omega_a^2(> 0)$ を求め，次に各 ω_a^2 に対して(5.23)から実ベクトル $\boldsymbol{\alpha}_a$ を一つ定める．(5.23) は $\boldsymbol{\alpha}_a$ について線型の方程式なので，C_a と δ_a を任意の実数として，$C_a e^{i\delta_a} \boldsymbol{\alpha}_a$ もまた (5.23) の解である．Euler-Lagrange 方程式 (5.16)は線型微分方程式なので，その複素一般解 $\boldsymbol{z}(t)$ は $a = 1, 2, \ldots, N$ について和をとった

$$\boldsymbol{z}(t) = \sum_{a=1}^{N} C_a \boldsymbol{\alpha}_a e^{i(\omega_a t + \delta_a)} \tag{5.28}$$

で与えられ，求める実一般解 $\boldsymbol{x}(t)$ は $2N$ 個の任意実定数 (C_a, δ_a) を用いて

$$\boldsymbol{x}(t) = \mathrm{Re}\, \boldsymbol{z}(t) = \sum_{a=1}^{N} C_a \boldsymbol{\alpha}_a \cos(\omega_a t + \delta_a) \tag{5.29}$$

と与えられる．ω_a には符号の不定性があるが，(5.29)においては δ_a の符号に帰着されるので，一般性を失うことなく $\omega_a > 0$ としてよい．(5.29)の和の各項 $C_a \boldsymbol{\alpha}_a \cos(\omega_a t + \delta_a)$ を**基準振動** (normal mode) と呼ぶ．

なお，(5.29)の一般解においては全ての $\omega_a \neq 0$，すなわち (5.22) の解に $\omega^2 = 0$ なるものが存在しないとした．もしも，ある $\omega_a = 0$ ならば，(5.29) の中の第 a 項 $C_a \boldsymbol{\alpha}_a \cos(\omega_a t + \delta_a)$ を (5.16) の非振動型の解 $\boldsymbol{\alpha}_a (v_a t + b_a)$ におき換える必要がある．ここに，v_a と b_a は任意実定数であり，実ベクトル $\boldsymbol{\alpha}_a$ は $K \boldsymbol{\alpha}_a = 0$ を満たす．

最後に，(5.21) の解であるベクトル $\boldsymbol{\alpha}$ に関する性質を述べておく．今，$(\omega_a, \boldsymbol{\alpha}_a)$ と $(\omega_b, \boldsymbol{\alpha}_b)$ で与えられる二つの基準振動を考えよう．まず，(5.23) 式に左から $\boldsymbol{\alpha}_b^{\mathrm{T}}$ を掛けて

$$\boldsymbol{\alpha}_b^{\mathrm{T}} K \boldsymbol{\alpha}_a = \omega_a^2 \boldsymbol{\alpha}_b^{\mathrm{T}} M \boldsymbol{\alpha}_a \tag{5.30}$$

を得る．次に，$(K - \omega_b^2 M) \boldsymbol{\alpha}_b = 0$ の転置をとると，K と M が対称行列であること ((5.3) 参照) を用いて

$$\boldsymbol{\alpha}_b^{\mathrm{T}} (K - \omega_b^2 M) = 0 \tag{5.31}$$

となるが，これに右から $\boldsymbol{\alpha}_a$ を掛けると

$$\boldsymbol{\alpha}_b^{\mathrm{T}} K \boldsymbol{\alpha}_a = \omega_b^2 \boldsymbol{\alpha}_b^{\mathrm{T}} M \boldsymbol{\alpha}_a \tag{5.32}$$

を得る．そこで，(5.30) と (5.32) の左辺が等しいことから

$$(\omega_a^2 - \omega_b^2) \boldsymbol{\alpha}_a^{\mathrm{T}} M \boldsymbol{\alpha}_b = 0 \tag{5.33}$$

を得る．これより，特に ω_a と ω_b が異なる場合は，対応する二つのベクトル $\boldsymbol{\alpha}_a$ と $\boldsymbol{\alpha}_b$ は次の意味で直交することが導かれる：

$$\boldsymbol{\alpha}_a^{\mathrm{T}} M \boldsymbol{\alpha}_b = 0 \qquad (\omega_a^2 \neq \omega_b^2) \tag{5.34}$$

§5.3　例：図5.1の系

上で与えた連成振動子の運動方程式の一般解法の具体的応用として，図5.1 の系を考えよう．この系の行列 M と K は (5.5) で与えられるが，これらが正定値であることは，質量 m_i とバネ定数 k_i が全て正であることにより保証されている．特に，K が正定値であることは，ポテンシャル

$$U(x_1, x_2) = \frac{1}{2} K_{ij} x_i x_j = \frac{1}{2} k_1 x_1^2 + \frac{1}{2} k_2 (x_1 - x_2)^2 + \frac{1}{2} k_3 x_2^2 \tag{5.35}$$

が (x_1, x_2) 空間のあらゆる方向に対して下に凸であること,あるいは K の固有値 $k_2 + (k_1+k_3)/2 \pm \sqrt{k_2^2 + ((k_1-k_3)/2)^2}$ がともに正であることからわかる.

まず,振動数 ω を決める方程式 (5.22)は今の場合

$$\det \begin{pmatrix} k_1 + k_2 - m_1\omega^2 & -k_2 \\ -k_2 & k_2 + k_3 - m_2\omega^2 \end{pmatrix}$$
$$= (k_1 + k_2 - m_1\omega^2)(k_2 + k_3 - m_2\omega^2) - k_2^2 = 0 \quad (5.36)$$

であり,二つの解 ω_a^2 $(a = +, -)$ として

$$\omega_\pm^2 = \frac{k_1 + k_2}{2m_1} + \frac{k_2 + k_3}{2m_2} \pm \sqrt{\left(\frac{k_1 + k_2}{2m_1} + \frac{k_2 + k_3}{2m_2}\right)^2 - \frac{(k_1 + k_3)k_2 + k_1 k_3}{m_1 m_2}} \quad (5.37)$$

を得る.以下では問題をより簡単にして,全ての質量と全てのバネ定数がそれぞれ等しい

$$m_1 = m_2 = m, \qquad k_1 = k_2 = k_3 = k \quad (5.38)$$

の場合を考えよう.この場合,二つの振動数 (5.37)は

$$\omega_+ = \sqrt{\frac{3k}{m}}, \qquad \omega_- = \sqrt{\frac{k}{m}} \quad (5.39)$$

であり,それぞれに対応した (5.23) の解である実ベクトル $\boldsymbol{\alpha}_a$ は

$$(K - \omega_+^2 M)\boldsymbol{\alpha}_+ = \begin{pmatrix} -k & -k \\ -k & -k \end{pmatrix} \boldsymbol{\alpha}_+ = 0 \Rightarrow \boldsymbol{\alpha}_+ = \begin{pmatrix} 1 \\ -1 \end{pmatrix}$$
$$(K - \omega_-^2 M)\boldsymbol{\alpha}_- = \begin{pmatrix} k & -k \\ -k & k \end{pmatrix} \boldsymbol{\alpha}_- = 0 \Rightarrow \boldsymbol{\alpha}_- = \begin{pmatrix} 1 \\ 1 \end{pmatrix} \quad (5.40)$$

と求まる.$\boldsymbol{\alpha}_a$ にはそれぞれ定数倍の任意性があるが,以下では (5.40)で決めたものを用いる.結局,今の連成振動子系における運動方程式の一般解は (5.29)より,二つの基準振動の和

$$\boldsymbol{x}(t) = C_+ \boldsymbol{\alpha}_+ \cos(\omega_+ t + \delta_+) + C_- \boldsymbol{\alpha}_- \cos(\omega_- t + \delta_-) \quad (5.41)$$

で与えられる.$x_1(t)$ と $x_2(t)$ を陽に表すと

$$x_1(t) = C_+ \cos(\omega_+ t + \delta_+) + C_- \cos(\omega_- t + \delta_-)$$

$$x_2(t) = -C_+ \cos(\omega_+ t + \delta_+) + C_- \cos(\omega_- t + \delta_-) \tag{5.42}$$

である．ここに，振動数 $\omega_\pm$ は (5.39)で与えられ，$C_\pm$ と $\delta_\pm$ は初期条件で決まる実定数である．二つの基準振動 $a = \pm$ は，振動数 $\omega_\pm$ が異なるだけではなく，(5.40)の $\boldsymbol{\alpha}_\pm$ からわかるように x_1 と x_2 の相対的な値が異なる．すなわち，$a = +$ の基準振動は x_1 と x_2 が相対的に逆向きの振動 ($x_1 = -x_2$) であり，$a = -$ の基準振動は x_1 と x_2 が同じ向きの振動 ($x_1 = x_2$) である．なお，今の場合どちらの基準振動においても x_1 と x_2 の振動の振幅は等しい ($|x_1| = |x_2|$)．

§5.4 例：二重振り子の微小振動

1.4.3 項で二重振り子の Lagrangian (1.40) を得たが，これは (5.8)の形の Lagrangian の一つの例である（力学変数は q_i の代わりに θ_i）．そこで，特に微小振動 ($|\theta_i| \ll 1$) を考えよう．(1.40)を θ_i について Taylor 展開し，$(\theta_i, \dot{\theta}_i)$ について 2 次の項のみを残すと，微小振動を表す Lagrangian として

$$L = \frac{1}{2}m_1\ell_1^2\dot{\theta}_1^2 + \frac{1}{2}m_2\left(\ell_1^2\dot{\theta}_1^2 + \ell_2^2\dot{\theta}_2^2 + 2\ell_1\ell_2\dot{\theta}_1\dot{\theta}_2\right)$$
$$-\frac{1}{2}(m_1+m_2)g\ell_1\theta_1^2 - \frac{1}{2}m_2 g\ell_2\theta_2^2 \tag{5.43}$$

を得る．これを (5.1)において x_i の代わりに θ_i とした形に表すと，行列 M と K は

$$M = \begin{pmatrix} (m_1+m_2)\ell_1^2 & m_2\ell_1\ell_2 \\ m_2\ell_1\ell_2 & m_2\ell_2^2 \end{pmatrix}, \quad K = \begin{pmatrix} (m_1+m_2)g\ell_1 & 0 \\ 0 & m_2 g\ell_2 \end{pmatrix} \tag{5.44}$$

で与えられる．

ここでも簡単のために，

$$m_1 = m_2 = m, \quad \ell_1 = \ell_2 = \ell \tag{5.45}$$

の場合を考えよう．このとき

$$K - \omega^2 M = m\ell^2 \begin{pmatrix} 2\left(\dfrac{g}{\ell} - \omega^2\right) & -\omega^2 \\ -\omega^2 & \dfrac{g}{\ell} - \omega^2 \end{pmatrix} \tag{5.46}$$

であり，方程式 (5.21) の解 $(\omega, \boldsymbol{\alpha})$ は

$$\omega_+ = \sqrt{\left(2+\sqrt{2}\right)\frac{g}{\ell}}, \qquad \boldsymbol{\alpha}_+ = \begin{pmatrix} 1 \\ -\sqrt{2} \end{pmatrix}$$

$$\omega_- = \sqrt{\left(2-\sqrt{2}\right)\frac{g}{\ell}}, \qquad \boldsymbol{\alpha}_- = \begin{pmatrix} 1 \\ \sqrt{2} \end{pmatrix} \tag{5.47}$$

の 2 組がある．したがって，微小振動の運動方程式の一般解は二つの基準振動と和として

$$\begin{pmatrix} \theta_1(t) \\ \theta_2(t) \end{pmatrix} = C_+ \boldsymbol{\alpha}_+ \cos(\omega_+ t + \delta_+) + C_- \boldsymbol{\alpha}_- \cos(\omega_- t + \delta_-) \tag{5.48}$$

で与えられる．ここに，$C_\pm$ と $\delta_\pm$ は任意の実定数である．

§5.5 例：N 個のバネと質点からなる連成振動子

N 個のバネ（バネ定数 k）と質点（質量 m）を直線状につないだ連成振動子の系を考える．それぞれの質点の平衡位置からのずれを x_i $(i = 1, 2, \ldots, N)$ とすると，この系の Lagrangian は

$$L = \sum_{i=1}^{N} \frac{1}{2} m \dot{x}_i^2 - \sum_{i=1}^{N} \frac{1}{2} k (x_{i+1} - x_i)^2 \tag{5.49}$$

で与えられる．(5.49) には x_{N+1} なる変数が現れるが，これは x_1 に等しい

$$x_{N+1} = x_1 \tag{5.50}$$

としよう．すなわち，今の系は正確には図 5.2 のように円環の上に N 個のバネと質点が鎖を成したものである．Lagrangian (5.49) から (5.1) の行列 M と K（ともに $N \times N$）を読み取ると

$$M = \begin{pmatrix} m & & & \\ & m & & \\ & & \ddots & \\ & & & m \end{pmatrix} = m \mathbf{1}_N, \qquad K = k \begin{pmatrix} 2 & -1 & & & & -1 \\ -1 & 2 & -1 & & & \\ & -1 & 2 & -1 & & \\ & & \ddots & \ddots & \ddots & \\ & & & -1 & 2 & -1 \\ -1 & & & & -1 & 2 \end{pmatrix}$$

$$\tag{5.51}$$

§5.5 例：N個のバネと質点からなる連成振動子

となる．ここに，$\mathbf{1}_N$は$N \times N$の単位行列であり，また，行列の空白部分は全て0であるとする．Euler-Lagrange方程式は

$$m\ddot{x}_i = k(x_{i+1}-x_i)-k(x_i-x_{i-1}) = k\left(x_{i-1} - 2x_i + x_{i+1}\right), \quad (i=1,2,\ldots,N) \tag{5.52}$$

で与えられる．ただし，$x_0 = x_N$である．

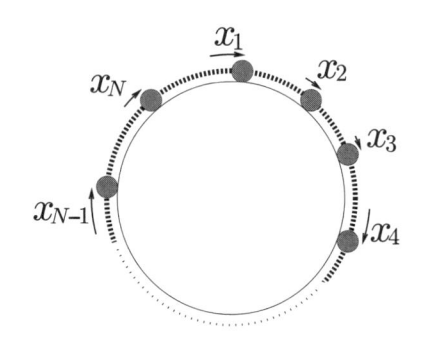

図5.2 N個のバネと質点から成る連成振動子

5.2節の方法に従って，運動方程式(5.52)の一般解，すなわちN種類の基準振動を求めよう．今の場合，行列Mは単位行列に比例するので，(5.21)式は行列Kの固有値方程式

$$K\boldsymbol{\alpha} = m\omega^2 \boldsymbol{\alpha} \tag{5.53}$$

にほかならない（$m\omega^2$が固有値）．(5.51)式の行列Kは一見複雑な形をしているが，実はより簡単な行列Sを用いて次のように表すことができる：

$$K = k(2\,\mathbf{1}_N - S - S^{\mathrm{T}}) \tag{5.54}$$

ここに，行列Sおよびその転置S^{T}は

$$S = \begin{pmatrix} 0 & 1 & & & & \\ & 0 & 1 & & & \\ & & 0 & 1 & & \\ & & & \ddots & \ddots & \\ & & & & 0 & 1 \\ 1 & & & & & 0 \end{pmatrix}, \quad S^{\mathrm{T}} = \begin{pmatrix} 0 & & & & & 1 \\ 1 & 0 & & & & \\ & 1 & 0 & & & \\ & & & \ddots & \ddots & \\ & & & & 1 & 0 \\ & & & & & 1 & 0 \end{pmatrix} \tag{5.55}$$

で与えられ，次の性質をもつ：

$$S^N = \mathbf{1}_N \tag{5.56}$$

$$S^{N-1} = S^{\mathrm{T}} \tag{5.57}$$

なお，S が任意のベクトル $\boldsymbol{v}$ に作用すると，$\boldsymbol{v}$ の成分を循環的に一つずらすはたらきをすること，すなわち，

$$(S\boldsymbol{v})_i = v_{i+1} \quad (i = 1, 2,, \ldots, N;\ v_{N+1} = v_1) \tag{5.58}$$

に注意しよう．

したがって，

$$S\boldsymbol{\alpha} = s\boldsymbol{\alpha} \tag{5.59}$$

の解である S の固有値 s と固有ベクトル $\boldsymbol{\alpha}$ が求まれば，(5.54)式よりこの $\boldsymbol{\alpha}$ は (5.53)の固有ベクトルでもあり，対応する ω^2 は

$$\omega^2 = \frac{k}{m}(2 - s - s^{N-1}) \tag{5.60}$$

で与えられる．S の固有値方程式 (5.59) は簡単に解くことができる．まず，(5.59)の解があるとして，(5.56)の両辺に右から固有ベクトル $\boldsymbol{\alpha}$ を掛け，(5.59)を用いると

$$\boldsymbol{\alpha} = S^N \boldsymbol{\alpha} = s^N \boldsymbol{\alpha} \tag{5.61}$$

を得る．これより，固有値 s は $s^N = 1$ の解であり，次の N 個であることがわかる：

$$s_a = e^{(2\pi i/N)a} \quad (a = 0, 1, 2, \ldots, N-1) \tag{5.62}$$

次に，固有値方程式 (5.59) と性質 (5.58) より得られる

$$\alpha_{i+1} = s\alpha_i \quad (i = 1, 2, \ldots, N) \tag{5.63}$$

から，固有値 s_a に対応した固有ベクトル $\boldsymbol{\alpha}_a$ の第 j 成分は

$$(\boldsymbol{\alpha}_a)_j = s_a^{j-1}(\boldsymbol{\alpha}_a)_1 = e^{(2\pi i/N)a(j-1)} \quad (j = 1, 2, \ldots, N) \tag{5.64}$$

と与えられる．ここに，ベクトル $\boldsymbol{\alpha}_a$ 全体にかかる $(\boldsymbol{\alpha}_a)_1$ の任意性は $C_a\, e^{i\delta_a}$ で表されるため，$(\boldsymbol{\alpha}_a)_1 = 1$ とした．

§5.5 例：N 個のバネと質点からなる連成振動子

S の固有値方程式 (5.59) の N 個の固有値と固有ベクトルは (5.62) と (5.64) で得られたが，これを本来の K の固有値方程式 (5.53) の解に読み替えるには注意が必要である．まず，(5.60) より固有値 s_a に対応した振動数 ω_a は

$$\omega_a = 2\sqrt{\frac{k}{m}} \left|\sin \frac{\pi a}{N}\right| \tag{5.65}$$

となるが，これは $\omega_a = \omega_{N-a}$ という性質をもつので，K の固有値方程式を考える際は a の範囲を

$$a = 0, 1, 2, \ldots, \left[\frac{N}{2}\right] \tag{5.66}$$

に限れば十分である．ここに，$[N/2]$ は $N/2$ を超えない最大の整数，すなわち，

$$\left[\frac{N}{2}\right] = \begin{cases} \dfrac{N}{2} & (N：偶数) \\ \dfrac{N-1}{2} & (N：奇数) \end{cases} \tag{5.67}$$

である．次に，K の固有ベクトルであるが，K の行列成分が全て実数なので，S の固有ベクトル $\boldsymbol{\alpha}_a$ (5.64) の実部と虚部のそれぞれが K の固有ベクトルとなる．すなわち，各 a に対して，その第 j 成分がそれぞれ

$$\left(\boldsymbol{\alpha}_a^{(c)}\right)_j = \cos \frac{2\pi a(j-1)}{N} \quad \left(a = 0, 1, 2, \ldots, \left[\frac{N}{2}\right]\right) \tag{5.68}$$

$$\left(\boldsymbol{\alpha}_a^{(s)}\right)_j = \sin \frac{2\pi a(j-1)}{N} \quad \left(a = 1, 2, \ldots, \left[\frac{N-1}{2}\right]\right) \tag{5.69}$$

で与えられる 2 種類の固有ベクトルが存在する [2]．ただし，$\boldsymbol{\alpha}_a^{(s)}$ のほうは，$a = 0$ の場合と（N が偶数で）$a = N/2$ の場合は恒等的にゼロであるため，a の範囲が (5.69) で与えられたものに限られる．固有ベクトルの数は，$\boldsymbol{\alpha}_a^{(c)}$ が $[N/2]+1$ 個，$\boldsymbol{\alpha}_a^{(s)}$ が $[(N-1)/2]$ 個であって，N の偶奇に依らず全部で N 個である．

なお，$a = 0$ の解は，振動数がゼロ（$\omega_0 = 0$）であり，5.2 節で述べたように，任意定数 v と b を用いた $\boldsymbol{\alpha}_0^{(c)}(vt+b)$ で与えられる．ベクトル $\boldsymbol{\alpha}_0^{(c)}$ の全ての成分が同一（$(\boldsymbol{\alpha}_0^{(c)})_j = 1$）であることから，この解は全ての質点の同じ速度 v の等速運動と同じ距離 b だけの並進の任意性を表すことがわかる．これらは直観的にも自明なものであり，以下では $a = 0$ の解は考えないことにする．

---

[2] これらは，同じ振動数 $\omega_a(=\omega_{N-a})$ に対応した $\boldsymbol{\alpha}_a$ と $\boldsymbol{\alpha}_{N-a}$ の和と差に対応する．

結局，図 5.2 の連成振動子系の運動方程式の一般解は，ω_a (5.65), $\boldsymbol{\alpha}_a^{(c)}$ (5.68) および $\boldsymbol{\alpha}_a^{(s)}$ (5.69) を用いて

$$\boldsymbol{x}(t) = \sum_{a=1}^{[N/2]} C_a^{(c)} \boldsymbol{\alpha}_a^{(c)} \cos(\omega_a t + \delta_a^{(c)}) + \sum_{a=1}^{[(N-1)/2]} C_a^{(s)} \boldsymbol{\alpha}_a^{(s)} \sin(\omega_a t + \delta_a^{(s)}) \quad (5.70)$$

で与えられる．ここに，$C_a^{(c)}, C_a^{(s)}$ と $\delta_a^{(c)}, \delta_a^{(s)}$ は初期条件により定まる実定数である．たとえば，$N=3$ の場合を陽に書き下すと

$$\begin{pmatrix} x_1(t) \\ x_2(t) \\ x_3(t) \end{pmatrix} = C_1^{(c)} \begin{pmatrix} 2 \\ -1 \\ -1 \end{pmatrix} \cos(\omega_1 t + \delta_1^{(c)}) + C_1^{(s)} \begin{pmatrix} 0 \\ 1 \\ -1 \end{pmatrix} \sin(\omega_1 t + \delta_1^{(s)}) \quad (5.71)$$

となる．ここに，$\omega_1 = \sqrt{3k/m}$ であり，また，$C_1^{(c)}, C_1^{(s)}$ は (5.70) のものとは定数倍だけ異なる．

―――――――――――― §5 の章末問題 ――――――――――――

問題 1 図のように，水平な台の上に置かれた質点（質量 m）が一端を壁に固定したバネ（バネ定数 k）につながれており，その質点から質量 M のおもりの付いた長さ ℓ の振り子が吊るされている．質点は水平台の上を図の左右方向に摩擦なく運動し，また，振り子は水平台と接触することなく紙面内のみを振れるとする．バネの自然長からの伸びを x，振り子の振れ角を θ として，以下の設問に答えよ．

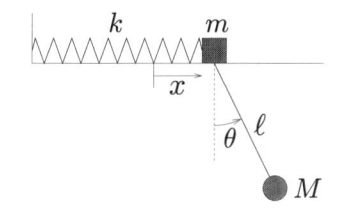

(1) x と θ を力学変数として，この系の Lagrangian を与えよ．
(2) この Lagrangian を，振れ角 θ が微小であるとして，θ の 2 次までのみを残して近似せよ．
(3) (2) で得た Lagrangian の Euler-Lagrange 方程式の一般解を求めよ．

問題 2 図のように，二つの質点（質量はともに m）が 3 本の同じバネ（バネ定数 k，自然長 ℓ）でつながれ，$x = a$ と $x = 2a$ を y 方向にのみ摩擦なく運動することができるとする．二つの質点の y 座標を y_1 および y_2 とする．両端のバネの片方の端点は $(0, 0)$ と $(3a, 0)$ に固定されている．平衡状態では質点は $(a, 0)$ および $(2a, 0)$ に静止しており，間隔 a はバネの自然長 ℓ よりも長い $(a > \ell)$ とする．以下の設問に答えよ．

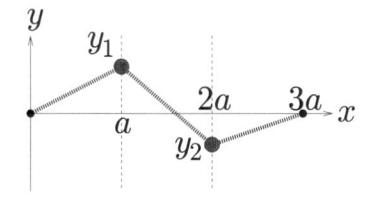

(1) y_1 と y_2 を力学変数としたこの系の Lagrangian を与えよ．
(2) 各質点の x 軸からのずれが微小（$|y_i/a| \ll 1$）であるとして，(1) の Lagrangian を近似して得られる連成振動子 Lagrangian を求めよ．

第 5 章 連成振動

問題 3 5.3 節において，(5.4) の Lagrangian で $m_1 = m_2 = m$ および $k_1 = k_2 = k_3 = k$ と単純化した系，すなわち (5.1) で $N = 2$，

$$M = m \begin{pmatrix} 1 & 0 \\ 0 & 1 \end{pmatrix}, \qquad K = k \begin{pmatrix} 2 & -1 \\ -1 & 2 \end{pmatrix}$$

とした系を解いたが，同じ系を本文で一般論を与えたのとは別の方法で考えてみよう．

(1) 元の力学変数 $\boldsymbol{x}(t)$ と

$$\begin{pmatrix} x_1(t) \\ x_2(t) \end{pmatrix} = \begin{pmatrix} \cos\theta & -\sin\theta \\ \sin\theta & \cos\theta \end{pmatrix} \begin{pmatrix} y_1(t) \\ y_2(t) \end{pmatrix} \qquad (\theta: 定数)$$

の関係，すなわち角度 θ の回転により関係した新しい変数 $\boldsymbol{y}(t)$ を導入する．Lagrangian を $(\boldsymbol{y}, \dot{\boldsymbol{y}})$ で表せ．

(2) この Lagrangian が y_1 の部分と y_2 の部分の和，$L_1(y_1, \dot{y}_1) + L_2(y_2, \dot{y}_2)$，に分離するように角度 θ を選び，L_1 と L_2 を与えよ．

(3) (2) で得た Lagrangian から $\boldsymbol{y}(t)$ の一般解を求め，それを用いて元の変数 $\boldsymbol{x}(t)$ の一般解を与えよ．

第6章 Hamilton 形式

Hamilton 形式とは，力学変数 q とそれに対応した（一般化）運動量 p の組 (q,p) を基本変数とする解析力学の形式である．前章までの Lagrangian と最小作用の原理に基づいた形式（Lagrange 形式）に対して，Hamilton 形式においてはより多様な概念が導入され，有用かつ美しい定理が証明される．さらに，これらを用いた新たな運動方程式の一般解法も展開される．この章では，Hamilton 形式への導入として，Hamilton の運動方程式，位相空間軌跡，Poisson bracket などの基本的量について解説する．

§6.1 Hamiltonian

前章（第5章）までの Lagrangian $L(q,\dot{q},t)$ と（最小作用の原理から導かれる）Euler-Lagrange 方程式を基礎とした解析力学の形式を **Lagrange 形式**と呼ぶ．これに対して，力学変数とそれに対応した運動量の組 (q,p) を基本変数とし，下で定義する Hamiltonian $H(q,p,t)$ を基礎とした形式を **Hamilton（ハミルトン）形式**と呼ぶ．本書では，この第6章およびそれ以降の章において Hamilton 形式での解析力学を展開する．

力学変数 $q(t) = (q_1(t), \ldots, q_N(t))$ をもち Lagrangian $L(q(t),\dot{q}(t),t)$ で記述される一般の N 自由度系を考える．この系の Euler-Lagrange 方程式は (1.22) 式で与えられること，また，力学変数 q_i に対応した（一般化）運動量 p_i を (3.33) で定義したことを思い出しておこう．

今，運動量の定義式 (3.33) を $\dot{q}$ について解き，各 $\dot{q}_i$ を $(q,p) = (q_1, \ldots, q_N, p_1, \ldots, p_N)$ で表せたとしよう：

$$p_i = \frac{\partial L(q,\dot{q},t)}{\partial \dot{q}_i} \Rightarrow \dot{q}_i = \dot{q}_i(q,p,t) \tag{6.1}$$

この $\dot{q}_i(q,p,t)$ を用いて，系の Hamiltonian（ハミルトニアン）を次のように定義する：

第6章　Hamilton形式

> **Hamiltonian**
>
> $$H(q,p,t) = \sum_{i=1}^{N} p_i \dot{q}_i - L(q,\dot{q},t) \tag{6.2}$$
>
> ただし，右辺の $\dot{q}$ は (6.1)で与えた $\dot{q}(q,p,t)$ である．

これは時間並進対称性に付随した保存量として得たエネルギー (3.12)，あるいは (3.34)を $(q,\dot{q})$ ではなく (q,p) を用いて表したものと同じものであるが，以下では時間並進対称性が無い場合にも Hamiltonian (6.2)を考える．

例1：ポテンシャル下の1質点系

Lagrangian (1.11)で記述される，ポテンシャル $U(\boldsymbol{x})$ 下の1質点系を考える．質点の位置ベクトル $\boldsymbol{x}$ に対応した運動量 $\boldsymbol{p}$ について (6.1)は

$$p_i = \frac{\partial L}{\partial \dot{x}_i} = m\dot{x}_i \;\Rightarrow\; \dot{x} = \frac{1}{m}p_i \tag{6.3}$$

であり，(6.2)よりこの系の Hamiltonian は

$$H(\boldsymbol{x},\boldsymbol{p}) = \boldsymbol{p}\cdot\dot{\boldsymbol{x}} - L = \frac{1}{2m}\boldsymbol{p}^2 + U(\boldsymbol{x}) \tag{6.4}$$

で与えられる．

例2：q に依存した "質量" をもつ1自由度系

次の Lagrangian で記述される1力学変数 $q(t)$ の系を考える：

$$L(q,\dot{q}) = \frac{1}{2}f(q)\dot{q}^2 - U(q) \tag{6.5}$$

ここに質量に相当する $f(q)$ は与えられた q の関数である．(6.1)は今の場合

$$p = \frac{\partial L}{\partial \dot{q}} = f(q)\dot{q} \;\Rightarrow\; \dot{q} = \frac{1}{f(q)}p \tag{6.6}$$

したがって，Hamiltonian は

$$H(q,p) = p\dot{q} - L = \frac{1}{2}f(q)\dot{q}^2 + U(q) = \frac{1}{2f(q)}p^2 + U(q) \tag{6.7}$$

となる．

§6.2 Hamilton の運動方程式

Lagrange 形式における Euler-Lagrange 方程式に対応して，Hamilton 形式において系の時間発展を記述する方程式が Hamilton の運動方程式である．以下ではこれを Euler-Lagrange 方程式から導こう．

まず，Hamiltonian $H(q,p,t)$ (6.2) の変数 q_i について偏微分を行うと

$$\frac{\partial H(q,p,t)}{\partial q_i} = \frac{\partial}{\partial q_i}\Big(p_j\dot{q}_j(\underset{\underset{(1)}{\uparrow}}{q},p,t) - L\big(\underset{\underset{(2)}{\uparrow}}{q},\dot{q}(\underset{\underset{(3)}{\uparrow}}{q},p,t),t\big)\Big)$$

$$= \underbrace{p_j\frac{\partial \dot{q}_j(q,p,t)}{\partial q_i}}_{(1)} - \Big(\underbrace{\frac{\partial L(q,\dot{q},t)}{\partial q_i}}_{(2)} + \underbrace{\frac{\partial L(q,\dot{q},t)}{\partial \dot{q}_j}\frac{\partial \dot{q}_j(q,p,t)}{\partial q_i}}_{(3)}\Big)$$

$$= -\frac{\partial L}{\partial q_i} = -\dot{p}_i \tag{6.8}$$

を得る．ここで

- 偏微分を受ける q 依存性は，第 1 行目右辺に示した (1)，(2)，(3) の 3 か所であり，それぞれの偏微分の結果が第 2 行目の同じ番号で示した部分で与えられる．
- 運動量の定義式 (3.33) により，第 2 行目の (1) と (3) の部分が相殺する．
- 最後の等号は，Euler-Lagrange 方程式 (1.22) および運動量の定義式 (3.33) を組み合わせた次式による：

$$\frac{\partial L}{\partial q_i} = \frac{d}{dt}\frac{\partial L}{\partial \dot{q}_i} = \dot{p}_i \tag{6.9}$$

同様に $H(q,p,t)$ を p_i について偏微分して

$$\frac{\partial H(q,p,t)}{\partial p_i} = \frac{\partial}{\partial p_i}\Big(p_j\dot{q}_j(q,p,t) - L(q,\dot{q}(q,p,t),t)\Big)$$

$$= \frac{\partial p_j}{\partial p_i}\dot{q}_j + p_j\frac{\partial \dot{q}_j}{\partial p_i} - \frac{\partial L}{\partial \dot{q}_j}\frac{\partial \dot{q}_j}{\partial p_i} = \dot{q}_i \tag{6.10}$$

を得る．ここに，$\partial p_j/\partial p_i = \delta_{ij}$ を用いた．

二つの方程式 (6.8) と (6.10) を合わせたものが **Hamilton の運動方程式**である：

第6章 Hamilton 形式

Hamilton の運動方程式

$$\dot{q}_i = \frac{\partial H(q,p,t)}{\partial p_i}, \qquad \dot{p}_i = -\frac{\partial H(q,p,t)}{\partial q_i} \qquad (6.11)$$

Hamilton の運動方程式は，$2N$ 個の時間の関数 $(q(t), p(t))$ に対して，同じく $N+N=2N$ 個の 1 階常微分方程式を与えている．これらは，$q(t)$ に対する N 個の 2 階常微分方程式を与える Euler-Lagrange 方程式と等価である．

6.1 節で挙げた二つの例における Hamilton の運動方程式は次のとおりである：

- 例 1 の Hamiltonian (6.4)に対して，Hamilton の運動方程式 (6.11)を書き下すと

$$\dot{x}_i = \frac{\partial H(\boldsymbol{x}, \boldsymbol{p})}{\partial p_i} = \frac{1}{m}p_i, \qquad \dot{p}_i = -\frac{\partial H(\boldsymbol{x}, \boldsymbol{p})}{\partial x_i} = -\frac{\partial U(\boldsymbol{x})}{\partial x_i} \qquad (6.12)$$

この第 1 式を時間微分し，第 2 式を用いることで，

$$m\ddot{x}_i = \dot{p}_i = -\frac{\partial U(\boldsymbol{x})}{\partial x_i} \qquad (6.13)$$

となり，Euler-Lagrange 方程式と一致する．

- 例 2 の Hamiltonian (6.7)に対して，Hamilton の運動方程式は

$$\dot{q} = \frac{\partial H(q,p)}{\partial p} = \frac{1}{f(q)}p, \qquad \dot{p} = -\frac{\partial H(q,p)}{\partial q} = \frac{f'(q)}{2f(q)^2}p^2 - U'(q) \qquad (6.14)$$

第 1 式を時間微分し，それに対してさらに第 1, 2 式を用いることで p と $\dot{p}$ を消去して，q の従う次の微分方程式を得る：

$$\ddot{q} = -\frac{f'(q)}{2f(q)}\dot{q}^2 - \frac{1}{f(q)}U'(q) \qquad (6.15)$$

これは Lagrangian (6.5)からの Euler-Lagrange 方程式と一致する（章末問題 1 参照）．

§6.3 Hamiltonian の時間微分

時間に対する陽な依存性をもった Hamiltonian $H(q,p,t)$ に運動方程式の解 $q(t), p(t)$ を代入したものの時間全微分は，次のように陽な時間依存性のみに対する微分に等しくなる：

$$\frac{d}{dt}H(q(t),p(t),t) = \underbrace{\frac{\partial H}{\partial q_i}\dot{q}_i + \frac{\partial H}{\partial p_i}\dot{p}_i}_{=0} + \frac{\partial H}{\partial t} = \frac{\partial H(q,p,t)}{\partial t} \quad (6.16)$$

ここで，第2の表式の第1，2項の和が Hamilton の運動方程式 (6.11) により相殺することを用いた．他方，同じ量を (6.2) の右辺に対する微分として計算すると，Lagrangian の陽な時間依存性に対する微分として表される：

$$\begin{aligned}
\frac{d}{dt}H(q(t),p(t),t) &= \frac{d}{dt}(p_i\dot{q}_i - L(q,\dot{q},t)) \\
&= \dot{p}_i\dot{q}_i + p_i\ddot{q}_i - \left(\frac{\partial L}{\partial q_i}\dot{q}_i + \frac{\partial L}{\partial \dot{q}_i}\ddot{q}_i + \frac{\partial L}{\partial t}\right) \\
&= \left(\dot{p}_i - \frac{\partial L}{\partial q_i}\right)\dot{q}_i + \left(p_i - \frac{\partial L}{\partial \dot{q}_i}\right)\ddot{q}_i - \frac{\partial L}{\partial t} \\
&= -\frac{\partial L(q,\dot{q},t)}{\partial t} \quad (6.17)
\end{aligned}$$

ここに，最後の等号において (6.9) および (3.33) を用いた．(6.16) と (6.17) の結果をまとめると

Hamiltonian の時間全微分

$$\frac{d}{dt}H(q(t),p(t),t) = \frac{\partial}{\partial t}H(q(t),p(t),t) = -\frac{\partial}{\partial t}L(q(t),\dot{q}(t),t) \quad (6.18)$$

ここに，第2，第3項における $(\partial/\partial t)$ は，いずれも陽な時間依存性に対する微分である．

特に，Lagrangian，したがって Hamiltonian が時間に陽には依存していない場合，Hamiltonian は保存する：

$$\frac{d}{dt}H(q(t),p(t),\cancel{t}) = 0 \quad (6.19)$$

これは，3.2 節の結果そのものである．

§6.4 微分を用いた Hamilton の運動方程式の再導出

6.2 節で与えた Hamilton の運動方程式の導出を，別のやり方で見てみよう．まず，関数の「微分」という概念を定義する：

> **関数の微分**
>
> N 変数関数 $f(x_1, x_2, \ldots, x_N)$ に対して，各変数 x_i を微小量 dx_i だけずらした際の f の変化分（微小量 dx_i の 2 次以上は無視）
>
> $$df = f(x_1 + dx_1, \ldots, x_N + dx_N) - f(x_1, \ldots, x_N) = \frac{\partial f}{\partial x_i} dx_i$$
>
> を関数 f の**微分**と呼ぶ．

微分を用いて Hamilton の運動方程式を再導出してみよう．f として Lagrangian $L(q, \dot{q}, t)$ をとると，その微分は

$$dL = L(q+dq, \dot{q}+d\dot{q}, t+dt) - L(q, \dot{q}, t) = \frac{\partial L}{\partial q_i} dq_i + \frac{\partial L}{\partial \dot{q}_i} d\dot{q}_i + \frac{\partial L}{\partial t} dt$$
$$= \dot{p}_i dq_i + p_i d\dot{q}_i + \frac{\partial L}{\partial t} dt \tag{6.20}$$

で与えられる．なお，最後の等号において (6.9) と (3.33) を用いた．また，$(p, \dot{q})$ の微小変化に対して $p_i \dot{q}_i$ の微分は

$$d(p_i \dot{q}_i) = (p_i + dp_i)(\dot{q}_i + d\dot{q}_i) - p_i \dot{q}_i = \dot{q}_i dp_i + p_i d\dot{q}_i \tag{6.21}$$

(6.21) と (6.20) の差を考えると，ちょうど $p_i d\dot{q}_i$ 項が相殺し

$$dH = d(p_i \dot{q}_i - L) = -\dot{p}_i dq_i + \dot{q}_i dp_i - \frac{\partial L}{\partial t} dt \tag{6.22}$$

を得る．他方，Hamiltonian $H(q, p, t)$ 自体の微分は

$$dH = H(q+dq, p+dp, t+dt) - H(q, p, t) = \frac{\partial H}{\partial q_i} dq_i + \frac{\partial H}{\partial p_i} dp_i + \frac{\partial H}{\partial t} dt \tag{6.23}$$

(6.22) と (6.23) は同じものの微分であり，両者の dq_i, dp_i, dt の係数を等しくおくことにより

$$\dot{p}_i = -\frac{\partial H(q, p, t)}{\partial q_i}, \quad \dot{q}_i = \frac{\partial H(q, p, t)}{\partial p_i}, \quad \frac{\partial H(q, p, t)}{\partial t} = -\frac{\partial L(q, \dot{q}, t)}{\partial t} \tag{6.24}$$

すなわち，Hamilton の運動方程式 (6.11) および (6.18)（の一部）を得る．

§6.5 Legendre 変換

Legendre（ルジャンドル）**変換**を説明するために，2変数関数 $f(x,y)$ を例にとる．まず，f の微分は

$$u = \frac{\partial f(x,y)}{\partial x}, \quad v = \frac{\partial f(x,y)}{\partial y} \tag{6.25}$$

で定義される u と v を用いて

$$df = u\,dx + v\,dy \tag{6.26}$$

で与えられる．そこで，$f(x,y)$ の変数 x についての Legendre 変換 $g(u,y)$ を

$$g(u,y) = f(x,y) - ux \tag{6.27}$$

で定義する．ただし，(6.27)の右辺に現れる x は (6.25)の第1式を x について解き (u,y) の関数として表したもの，

$$u = \frac{\partial f(x,y)}{\partial x} \;\Rightarrow\; x = x(u,y) \tag{6.28}$$

とする．$g(u,y)$ の微分を2通りに考えよう．まず，(6.27)の右辺の微分を考えると，(6.26)を用いて

$$dg = d(f - ux) = df - x\,du - u\,dx = -x\,du + v\,dy \tag{6.29}$$

を得る．他方，g が (u,y) の関数であることから

$$dg = \frac{\partial g(u,y)}{\partial u}du + \frac{\partial g(u,y)}{\partial y}dy \tag{6.30}$$

が成り立つ．dg の二つの表式 (6.29)と (6.30)の (du,dy) の係数を比較することで

$$x = -\frac{\partial g(u,y)}{\partial u}, \quad v = \frac{\partial g(u,y)}{\partial y} \tag{6.31}$$

を得る．(6.25)と (6.31)の比較からわかるように，Legendre 変換 (6.27)により（符号を除いて）x と u の立場が逆転する．

第 6 章　Hamilton 形式

6.5.1　Legendre 変換の例：$f(x,y) = (1/2)x^2(1+y)$

この $f(x,y)$ に対して変数 x の Legendre 変換を行ってみよう．(6.25)は今の場合

$$u = \frac{\partial f(x,y)}{\partial x} = x(1+y), \qquad v = \frac{\partial f(x,y)}{\partial y} = \frac{1}{2}x^2 \qquad (6.32)$$

である．(6.28)に対応して $x = u/(1+y)$ であり，これより Legendre 変換 (6.27)は

$$g(u,y) = f(x,y) - ux = \frac{1}{2}\frac{u^2}{1+y} - \frac{u^2}{1+y} = -\frac{1}{2}\frac{u^2}{1+y} \qquad (6.33)$$

で与えられる．(6.31)は

$$x = -\frac{\partial g(u,y)}{\partial u} = \frac{u}{1+y}, \qquad v = \frac{\partial g(u,y)}{\partial y} = \frac{1}{2}\frac{u^2}{(1+y)^2} \qquad (6.34)$$

であるが，これらは (6.32)と符合する．

6.5.2　Lagrangian の Legendre 変換としての Hamiltonian

Hamiltonian $H(q,p,t)$ (6.2)は Lagrangian $L(q,\dot{q},t)$ の $\dot{q}$ についての Legendre 変換（にマイナス符号を付けたもの）と見なすことができる．上で説明した関数 $f(x,y)$ の変数 x についての Legendre 変換 $g(u,y)$ との対応は以下のとおりである：

$$
\begin{array}{ccc}
f & \Leftrightarrow & L \\
x & \Leftrightarrow & \dot{q} \\
y & \Leftrightarrow & q \\
u = \dfrac{\partial f(x,y)}{\partial x} & \Leftrightarrow & p = \dfrac{\partial L(q,\dot{q})}{\partial \dot{q}} \\
v = \dfrac{\partial f(x,y)}{\partial y} & \Leftrightarrow & \dot{p} = \dfrac{\partial L(q,\dot{q})}{\partial q} \\
g = f - ux & \Leftrightarrow & -H = L - p\dot{q} \\
x = -\dfrac{\partial g(u,y)}{\partial u} & \Leftrightarrow & \dot{q} = -\dfrac{\partial (-H(q,p))}{\partial p} \\
v = \dfrac{\partial g(u,y)}{\partial y} & \Leftrightarrow & \dot{p} = \dfrac{\partial (-H(q,p))}{\partial q}
\end{array}
\qquad (6.35)
$$

§6.6 最小作用の原理からのHamiltonの運動方程式の導出

ここで，LとHの陽なt依存性を省略した．また，q_iなどのindex iを省略したが，多変数のLegendre変換については次の6.5.3項を参照のこと．なお，$\partial L/\partial q$を$\dot{p}$としたのは，Euler-Lagrange方程式からの関係式(6.9)によるものであることに注意しよう．

6.5.3 $f(x,y)$の両変数(x,y)についてのLegendre変換

上のLegendre変換の例(6.27)では，変数yについてはLegendre変換を行わなかったが，もちろん，(x,y)の両方の変数についてのLegendre変換を考えることもできる．これを$h(u,v)$とすると

$$h(u,v) = f(x,y) - ux - vy \tag{6.36}$$

で与えられ，右辺の(x,y)は(6.25)の二つの式を(x,y)について解いて(u,v)で表したもの，

$$(6.25) \Rightarrow x = x(u,v), \quad y = y(u,v) \tag{6.37}$$

である．$h(u,v)$の微分を考えることで，次式が導かれる：

$$x = -\frac{\partial h(u,v)}{\partial u}, \quad y = -\frac{\partial h(u,v)}{\partial v} \tag{6.38}$$

§6.6 最小作用の原理からのHamiltonの運動方程式の導出

第1章で見たように，Lagrange形式においては最小作用の原理（より正確には，停留作用の原理）からEuler-Lagrange方程式が導かれた．ここでは，Hamiltonの運動方程式も同様の最小作用の原理から導かれることを見よう．すなわち，LagrangianとHamiltonianの関係が

$$L(q,\dot{q},t) = \sum_i p_i \dot{q}_i - H(q,p,t) \tag{6.39}$$

で与えられることに注意し，次のことが示される：

> Hamiltonian $H(q,p,t)$ が与えられたとき，Hamilton の運動方程式 (6.11) は，作用
> $$S[q,p] = \int_{t_1}^{t_2} dt \Big(\sum_{i=1}^{N} p_i \dot{q}_i - H(q,p,t)\Big) \tag{6.40}$$
> の関数 $(q(t), p(t))$ についての停留条件から導かれる．ただし，
>
> - (6.40) において，$q(t)$ と $p(t)$ は独立な変数として扱う．
> - $q(t_1)$ と $q(t_2)$ は固定されている．

[証明]
作用 (6.40) を関数 $q(t)$ と $p(t)$ について変分し，$\delta \dot{q}_i = (d/dt)\delta q_i$ を用いて部分積分を行うと

$$\begin{aligned}
\delta S &= \int_{t_1}^{t_2} dt \left(\delta p_i \, \dot{q}_i + p_i \delta \dot{q}_i - \frac{\partial H}{\partial q_i} \delta q_i - \frac{\partial H}{\partial p_i} \delta p_i \right) \\
&= \Big[p_i \delta q_i \Big]_{t=t_1}^{t=t_2} + \int_{t_1}^{t_2} dt \left\{ \left(\dot{q}_i - \frac{\partial H}{\partial p_i} \right) \delta p_i - \left(\dot{p}_i + \frac{\partial H}{\partial q_i} \right) \delta q_i \right\}
\end{aligned} \tag{6.41}$$

を得る．部分積分の端点項は $q(t_1)$ と $q(t_2)$ が固定されており，(1.16) であることからゼロとなる．作用の停留条件，すなわち (6.41) が任意の $\delta q(t)$ と $\delta p(t)$ に対してゼロとなるべきことから，Hamilton の運動方程式 (6.11) が導かれる．■

なお，(6.41) においては，(6.1) 式のように $\dot{q}_i$ が (q,p) で表されていると見なして変分を考えてはいけない．(6.1) 式は Hamilton の運動方程式の一つ，$\dot{q}_i = \partial H/\partial p_i$，として導かれるものである．

§6.7 位相空間における運動の軌跡

N 自由度系を考える．その力学変数 q_i と運動量 p_i ($i = 1, \ldots, N$) から成る $2N$ 次元空間[1]

$$(q_i, p_i) = (q_1, \ldots, q_N, p_1, \ldots, p_N) \tag{6.42}$$

---

[1] (6.42) では index を付けて (q_i, p_i) と表しているが，これは (6.43) のような表式を可能とするためであり，これまでの (q,p) と同じ意味である．

§6.7 位相空間における運動の軌跡

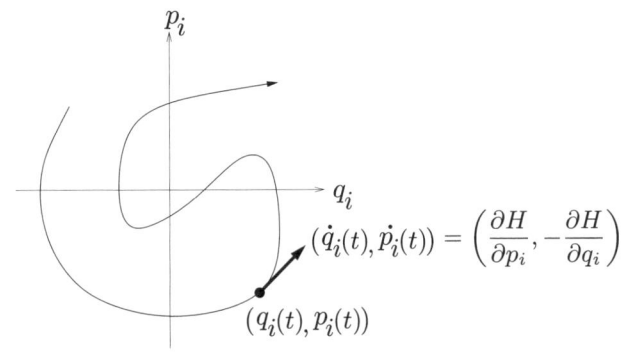

図 6.1 位相空間軌跡とその接ベクトル

を**位相空間** (phase space) と呼ぶ．以下に，位相空間に関するいくつかの事柄をまとめておく．

- 時刻 t において系は位相空間上の 1 点 $(q_i(t), p_i(t))$ にあり，系の時間発展に伴って位相空間内に軌跡（時間 t をパラメータとする曲線）を描く．この軌跡を**位相空間軌跡** (phase space orbit) と呼ぶ（図 6.1）．

- Hamilton の運動方程式 (6.11) は，位相空間軌跡の接ベクトル $(\dot{q}_i(t), \dot{p}_i(t))$ を Hamiltonian の微分で与える：

$$\frac{d}{dt}(q_i(t), p_i(t)) = \left(\frac{\partial H(q,p,t)}{\partial p_i}, -\frac{\partial H(q,p,t)}{\partial q_i}\right) \qquad (6.43)$$

- Hamiltonian が時間に陽には依らない $H = H(q,p)$ の場合，位相空間軌跡は決して交わることはない．なぜなら，もしも位相空間軌跡が交わったとすると，その交点には二つの接ベクトルが存在することになる（図 6.2）．しかし，位相空間軌跡の接ベクトルは (6.43) 式により交点の座標によって一意的に決まっているので，接ベクトルが複数存在することはあり得ない．

6.7.1 調和振動子の位相空間軌跡

位相空間軌跡の具体例として Lagrangian (1.48) で記述される 1 次元調和振動子を考えよう．この系の Hamiltonian は

$$H(q,p) = \frac{1}{2m}p^2 + \frac{m\omega^2}{2}q^2 \qquad (6.44)$$

第6章 Hamilton 形式

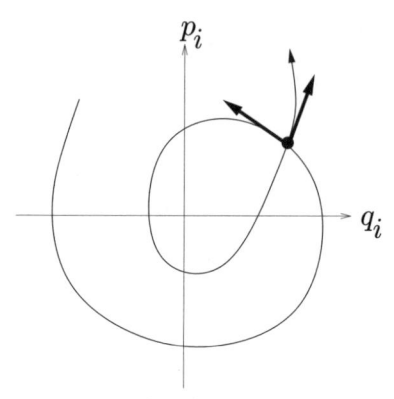

図 6.2 位相空間軌跡の交差と二つの接ベクトル

であり，Hamilton の運動方程式は

$$\dot{q} = \frac{\partial H}{\partial p} = \frac{1}{m}p, \qquad \dot{p} = -\frac{\partial H}{\partial q} = -m\omega^2 q \qquad (6.45)$$

で与えられる．運動方程式の一般解 $q(t)$ が単振動 (1.50) で与えられることは既に知っているが，ここでは Hamilton の運動方程式を改めて解くことにする．そのために，a を後で決める実定数として $Q(t) = q(t) + ia\,p(t)$ という量を考える．その時間微分を Hamilton の運動方程式 (6.45) を用いて計算すると

$$\frac{d}{dt}Q = \frac{1}{m}p + ia(-m\omega^2 q) = -iam\omega^2\left(q + i\frac{1}{am^2\omega^2}p\right) \qquad (6.46)$$

を得る．ここで右辺の最後の量がまた Q に比例すべしと要求して定数 a を

$$\frac{1}{am^2\omega^2} = a \;\Rightarrow\; a = \frac{1}{m\omega} \qquad (6.47)$$

と選ぶ．このとき，(6.46) を改めて書くと

$$\frac{d}{dt}Q(t) = -i\omega Q(t)$$

であり，その一般解は A と α を任意定数として

$$Q(t) = q(t) + \frac{i}{m\omega}p(t) = A\,e^{-i(\omega t + \alpha)} \qquad (6.48)$$

で与えられる．この両辺の実部と虚部を比較して，Hamilton の運動方程式の一般解

$$q(t) = A\cos(\omega t + \alpha), \quad p(t) = -m\omega A\sin(\omega t + \alpha) \qquad (6.49)$$

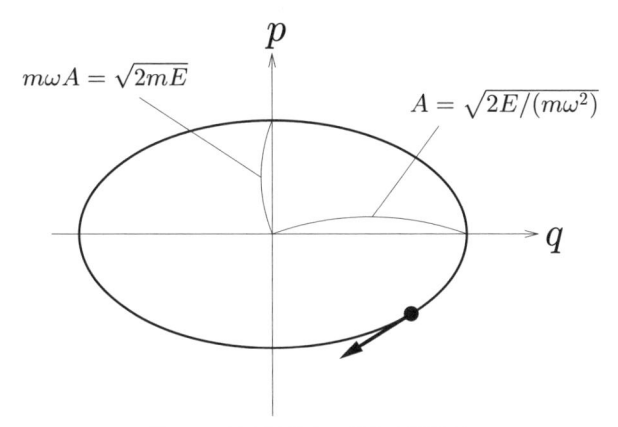

§6.7 位相空間における運動の軌跡

図 6.3 調和振動子の位相空間軌跡

を得る.

(6.49)より，今の調和振動子系の位相空間軌跡は楕円であることがわかる（図 6.3）. この楕円は (6.49)より t を消去した

$$q(t)^2 + \frac{p(t)^2}{m^2\omega^2} = A^2 \tag{6.50}$$

で与えられるが，これは位相空間内のエネルギー一定の曲線

$$H(q,p) = \frac{1}{2}m\omega^2 A^2 \tag{6.51}$$

に他ならない. なお，(6.49)より，あるいは Hamilton の運動方程式 (6.45)からの接ベクトルの表式 $(\dot{q}, \dot{p}) = (p/m, -m\omega^2 q)$ より，時間発展とともに系はこの楕円上を時計回りに移動することがわかる. このことは物理的（直観的）にも理解できるであろう.

1次元調和振動子の場合に位相空間軌跡がエネルギー一定の条件だけで与えられたのは，1自由度系の特殊性である. 一般に，Hamiltonian が時間に陽には依らない N 自由度系の場合，位相空間軌跡はエネルギー一定面（$2N-1$ 次元曲面）

$$H(q,p) = E = 一定 \tag{6.52}$$

の上にはあるが，これだけでは位相空間軌跡（1次元曲線）の形は決まらない.

6.7.2 単振り子の位相空間軌跡

1.4.2項で扱った単振り子の系を考えよう．Lagrangian $L(\theta,\dot{\theta})$ (1.33) より，θ に対応した一般化運動量（＝角運動量）p_θ は

$$p_\theta = \frac{\partial L(\theta,\dot{\theta})}{\partial \dot{\theta}} = m\ell^2 \dot{\theta} \tag{6.53}$$

で与えられ，Hamiltonian は

$$H(\theta, p_\theta) = \frac{1}{2m\ell^2} p_\theta^2 + mg\ell(1-\cos\theta) \tag{6.54}$$

となる．この系の位相空間軌跡は

$$\frac{1}{2m\ell^2} p_\theta^2 + 2mg\ell \sin^2\frac{\theta}{2} = E = \text{一定} \tag{6.55}$$

で表される (θ, p_θ) 平面上の曲線であるが，その形はエネルギー E の値に依って3種類に分類される（図6.4）．これを説明する前に，θ は角度変数であって 2π の整数倍の任意性があることに注意しよう．したがって，位相空間の点 (θ, p_θ) と $(\theta+2\pi, p_\theta)$ は同一視されなければならない．別の言い方をすると，今の位相空間は，p_θ 方向には無限に広がっているが，θ 方向は周長 2π である円筒表面となっている（図6.5）．

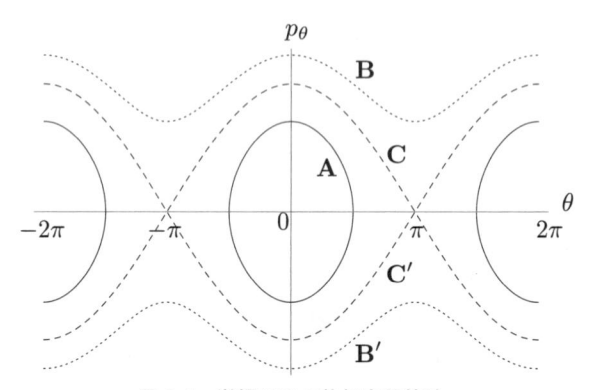

図6.4 単振り子の位相空間軌跡

さて，3種類の位相空間軌跡は次のとおりである：

- $E < 2mg\ell$: 振り子は $-\theta_{\max} \leq \theta \leq \theta_{\max}$ の間を往復運動する．ここに，振れの最大角 $\theta_{\max}$ $(0 \leq \theta_{\max} < \pi)$ は

§6.8 Poisson bracket

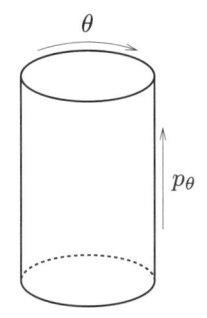

図 6.5 単振り子の位相空間は周長 2π の円筒表面である

$$\sin\frac{\theta_{\max}}{2} = \sqrt{\frac{E}{2mg\ell}} \tag{6.56}$$

で決まる．この場合の位相空間軌跡は図 6.4 の **A** の閉じた曲線であり，時間発展と共に系はこの軌跡上を時計回りに移動する．なお，図 6.4 の点 $(\pm 2\pi, 0)$ まわりの軌跡も $(0, 0)$ まわりの **A** と同一のものである．

- $E > 2mg\ell$: 振り子は支点のまわりを回転運動する．この場合の位相空間軌跡は図 6.4 の **B**，あるいは **B'** であり，$-\pi \leq \theta \leq \pi$ の区間だけで閉じた軌跡となっている．時間発展とともに系はこの軌跡 **B**(**B'**) 上を右方向（左方向）に移動する．

- $E = 2mg\ell$: 上の二つの場合の境界であり，振り子は $\theta = \pm\pi$ で静止する．この場合の位相空間軌跡は図 6.4 の **C**，あるいは **C'** である．

§6.8 Poisson bracket

Hamilton 形式において **Poisson bracket**（ポアッソンの括弧式）という演算がさまざまな場所で重要な役割を果たす．

Poisson bracket

N 自由度系において，(q, p, t) の任意関数 $f = f(q, p, t)$ と $g = g(q, p, t)$ に対する Poisson bracket $\{f, g\}$ を

$$\{f, g\} = \sum_{i=1}^{N} \left(\frac{\partial f}{\partial q_i} \frac{\partial g}{\partial p_i} - \frac{\partial f}{\partial p_i} \frac{\partial g}{\partial q_i} \right) \tag{6.57}$$

で定義する．$\{f,g\}$ はまた (q,p,t) の関数である．

Poisson bracket の最初の応用として，次の公式が成り立つ：

> **時間についての全微分**
> 任意関数 $f(q,p,t)$ に運動方程式の解 $(q(t),p(t))$ を代入したものの時間についての全微分，すなわち $f(q(t),p(t),t)$ の全ての時間依存性に対する微分は，Poisson bracket を用いて次のように表される：
> $$\frac{d}{dt}f(q(t),p(t),t) = \{f,H\} + \frac{\partial f(q,p,t)}{\partial t} \quad (6.58)$$
> ここに右辺の $\partial f/\partial t$ は f の陽な時間依存性に対する微分である．

実際，時間についての全微分 $(d/dt)f$ は
$$\frac{d}{dt}f(q(t),p(t),t) = \frac{\partial f}{\partial q_i}\dot{q}_i + \frac{\partial f}{\partial p_i}\dot{p}_i + \frac{\partial f}{\partial t} \quad (6.59)$$
と表されるが，さらに $\dot{q}_i$ と $\dot{p}_i$ に対して Hamilton の運動方程式 (6.11) を用いることにより (6.58) を得る．

なお，(6.58) において $f = q_i, p_i$ とおくことで，Hamilton の運動方程式 (6.11) 自体も Poisson bracket を用いて
$$\dot{q}_i = \{q_i, H\}, \qquad \dot{p}_i = \{p_i, H\} \quad (6.60)$$
と表される（下の (6.61) も参照のこと）．

6.8.1 Poisson bracket の諸性質

ここでは，Poisson bracket が従うさまざまな性質をまとめることにする．

- Poisson bracket の定義式 (6.57) より，(q,p,t) の任意関数 f に対して次式が成り立つ：
$$\{q_i, f\} = \frac{\partial f}{\partial p_i}, \quad \{p_i, f\} = -\frac{\partial f}{\partial q_i} \quad (6.61)$$

- q や p の間の Poisson bracket を**基本 Poisson bracket** (fundamenal Poisson bracket) と呼ぶ．(6.61) において $f = q_j$ および $f = p_j$ として，あるいは Poisson bracket の定義式 (6.57) から直接，次の公式を得る：

§6.8 Poisson bracket

> **基本 Poisson bracket**
>
> $$\{q_i, p_j\} = -\{p_i, q_j\} = \delta_{ij}, \quad \{q_i, q_j\} = \{p_i, p_j\} = 0 \qquad (6.62)$$

- f, g, h を (q, p, t) の任意関数, a と b を (q, p) に依らない任意量として, 次の公式が成り立つ:

$$\{f, g\} = -\{g, f\} \qquad (6.63)$$
$$\{f, a\} = 0 \qquad (6.64)$$
$$\{f + g, h\} = \{f, h\} + \{g, h\} \qquad (6.65)$$
$$\{fg, h\} = \{f, h\} g + f \{g, h\} \qquad (6.66)$$
$$\{af, bg\} = ab \{f, g\} \qquad (6.67)$$

これらは Poisson bracket の定義式 (6.57) から直ちに示すことができる. また, (6.63) の特別な場合として

$$\{f, f\} = 0 \qquad (6.68)$$

も成り立つ.

6.8.2 Jacobi identity

Poisson bracket が満たす重要な関係式として **Jacobi identity**（ヤコビ恒等式）がある:

> **Jacobi identity**
>
> (q, p, t) の任意関数 f, g, h に対して次の恒等式が成り立つ:
> $$\{f, \{g, h\}\} + \{g, \{h, f\}\} + \{h, \{f, g\}\} = 0 \qquad (6.69)$$

Jacobi identity (6.69) の一般証明は結構複雑である. 実際, 最も簡単な 1 自由度系 ($N = 1$) の場合ですら

$$\{f, \{g, h\}\} = \frac{\partial f}{\partial q} \frac{\partial \{g, h\}}{\partial p} - \frac{\partial f}{\partial p} \frac{\partial \{g, h\}}{\partial q}$$

および
$$\{g,h\} = \frac{\partial g}{\partial q}\frac{\partial h}{\partial p} - \frac{\partial g}{\partial p}\frac{\partial h}{\partial q}$$
などから (6.69) を直接示すのは，要領よくやらないとかなりの計算になる．以下では，一般の N に対する Jacobi identity のスマートな証明を一つ与えよう．

まず，位相空間 (q,p) の座標をまとめて ξ_I $(I=1,\ldots,2N)^{2)}$，すなわち，

$$(\xi_1,\ldots,\xi_N,\xi_{N+1},\ldots,\xi_{2N}) = (q_1,\ldots,q_N,p_1,\ldots,p_N) \tag{6.70}$$

とする．ξ_I を用いると Poisson bracket (6.57) は次のように表される：

$$\{f,g\} = \sum_{I,J=1}^{2N} \omega_{IJ} \frac{\partial f}{\partial \xi_I}\frac{\partial g}{\partial \xi_J} = \omega_{IJ}(\partial_I f)(\partial_J g) \tag{6.71}$$

ここに，ω_{IJ} $(I,J=1,\ldots,2N)$ は

$$\omega_{IJ} = \begin{cases} 1 & (J = I+N;\ I=1,2,\ldots,N) \\ -1 & (I = J+N;\ J=1,2,\ldots,N) \\ 0 & (\text{その他の場合}) \end{cases} \tag{6.72}$$

で与えられる．ω_{IJ} を行列表示すると次のとおりである：

$$\omega_{IJ} = \begin{array}{c} I\backslash J \\ 1 \\ \vdots \\ N \\ N+1 \\ \vdots \\ 2N \end{array} \begin{array}{cc} 1,\ldots\ldots,N & N+1,\ldots\ldots,2N \end{array} \left(\begin{array}{cccccc} & & & 1 & & \\ & 0 & & & 1 & \\ & & & & & \ddots \\ & & & & & & 1 \\ -1 & & & & & \\ & -1 & & & 0 & \\ & & \ddots & & & \\ & & & -1 & & \end{array} \right) \tag{6.73}$$

特に，ω_{IJ} はその index (I,J) について反対称であることに注意しよう：

$$\omega_{IJ} = -\omega_{JI} \tag{6.74}$$

[2)] N 自由度系において，小文字の index $i,j,k,\ldots$ が 1 から N までをとるのに対し，大文字の index $I,J,K,\ldots$ は 1 から $2N$ までをとるとする．

§6.8 Poisson bracket

また，(6.71)の最後の表式においては，Einsteinの縮約ルールに従って和記号 $\sum_{I,J=1}^{2N}$ を省略し，さらに，ξ_I についての微分に簡略記号

$$\partial_I = \frac{\partial}{\partial \xi_I} \tag{6.75}$$

を用いた．

Poisson bracket に対する (6.71) の表現を用いると Jacobi identity (6.69) の第1項は

$$\{f, \{g, h\}\} = \omega_{IJ}(\partial_I f)\,\partial_J(\omega_{KL}(\partial_K g)(\partial_L h))$$
$$= \underbrace{\omega_{IJ}\omega_{KL}(\partial_L h)(\partial_I f)(\partial_J \partial_K g)}_{\partial\partial g \text{ 項}} + \underbrace{\omega_{IJ}\omega_{KL}(\partial_I f)(\partial_K g)(\partial_J \partial_L h)}_{\partial\partial h \text{ 項}} \tag{6.76}$$

と与えられる．(6.69)の第2項と第3項は (6.76) において (f, g, h) を入れ替えることで得られる．(6.76)のように Jacobi identity の三項は (f, g, h) のうちのどれかが2階微分されて現れることに注意しよう．たとえば h が2階微分された項は，(6.76) の $\partial\partial h$ 項，および $\{g, \{h, f\}\}$ から寄与があり，後者は (6.76) の $\partial\partial g$ 項において $f \to g \to h \to f$ の循環置換をすることで次のように与えられる：

$$\omega_{IJ}\omega_{KL}(\partial_L f)(\partial_I g)(\partial_J \partial_K h) = \omega_{KL}\omega_{JI}(\partial_I f)(\partial_K g)(\partial_L \partial_J h) \tag{6.77}$$

ここで，左辺において index に対する循環置換 $I \to K \to J \to L \to I$ を行うことで右辺の表式を得た．(6.77) において index (I, J, K, L) は全て 1 から $2N$ までの和をとっており，これらの置換を行っても全く同じ量を表すことに注意しよう．したがって，Jacobi identity の左辺において h が2階微分された項全体は，(6.76) の $\partial\partial h$ 項と (6.77) の和であり，

$$(\omega_{IJ} + \omega_{JI})\,\omega_{KL}(\partial_I f)(\partial_K g)(\partial_J \partial_L h)$$

となるが，これは ω_{IJ} の反対称性 (6.74) よりゼロとなる．全く同様にして，f と g がそれぞれ2階微分された項もともにゼロであることが示される．以上で Jacobi identity の証明が完了した．

なお，公式 (6.63) より Jacobi identity は次のようにも表される：

$$\{\{f, g\}, h\} + \{\{g, h\}, f\} + \{\{h, f\}, g\} = 0 \tag{6.78}$$

6.8.3 Poisson bracket の時間微分

関数の積に対する微分は分配則 (Leibniz 則) を満たす．変数として時間 t をとり，$A(t)$ と $B(t)$ を t の任意関数とすると

$$\frac{d}{dt}(A(t)B(t)) = \frac{dA(t)}{dt}B(t) + A(t)\frac{dB(t)}{dt} \tag{6.79}$$

が成り立つ．ここでは，時間微分の分配則が二つの関数の Poisson bracket に対しても成り立つことを示そう．

(q,p,t) の関数に対する時間微分には，陽な時間依存性に対する微分 $(\partial/\partial t)$ と時間全微分 (d/dt) の二つがあった ((6.59)参照)．まず，陽な時間依存性に対する微分 $(\partial/\partial t)$ に対して次の分配則が成り立つ：

$$\frac{\partial}{\partial t}\{f,g\} = \left\{\frac{\partial f}{\partial t},g\right\} + \left\{f,\frac{\partial g}{\partial t}\right\} \tag{6.80}$$

ここに，f と g は (q,p,t) の任意関数である．これは，Poisson bracket の定義式 (6.57)に $(\partial/\partial t)$ を作用させ，関数の積に対する分配則 (6.79)，および，$(\partial/\partial t)$ が $(\partial/\partial q_i)$ と $(\partial/\partial p_i)$ と交換すること，すなわち，

$$\frac{\partial}{\partial t}\frac{\partial}{\partial q_i}f = \frac{\partial}{\partial q_i}\frac{\partial}{\partial t}f, \quad \frac{\partial}{\partial t}\frac{\partial}{\partial p_i}f = \frac{\partial}{\partial p_i}\frac{\partial}{\partial t}f \tag{6.81}$$

を用いることで直ちに導かれる．さらに，

Poisson bracket に対する時間全微分

Poisson bracket に対する時間についての全微分 (6.59)も，Hamilton の運動方程式 (6.11)を用いることにより，次の分配則を満たす：

$$\frac{d}{dt}\{f,g\} = \left\{\frac{df}{dt},g\right\} + \left\{f,\frac{dg}{dt}\right\} \tag{6.82}$$

このことから，特に f と g が保存量ならば $\{f,g\}$ も保存量であることが分かる (**Poisson の定理**)：

$$\frac{d}{dt}f = \frac{d}{dt}g = 0 \;\Rightarrow\; \frac{d}{dt}\{f,g\} = 0 \tag{6.83}$$

[証明]
まず，全微分 (d/dt) (6.59)は $(\partial/\partial q_i)$ や $(\partial/\partial p_i)$ とは交換しないので，(6.80)と同様の証明は (6.82)には適用できないことに注意しよう (章末問題 2)．

§6.8 Poisson bracket

さて，(6.58)における f を $\{f,g\}$ として

$$\frac{d}{dt}\{f,g\} = \{\{f,g\},H\} + \frac{\partial}{\partial t}\{f,g\} \tag{6.84}$$

が成り立つ．ここで Hamilton の運動方程式を用いたことに注意しよう．
(6.84)の右辺第 1 項は，Jacobi identity (6.78) と性質 (6.63)を用いて

$$\{\{f,g\},H\} = -\{\{g,H\},f\} - \{\{H,f\},g\} = \{f,\{g,H\}\} + \{\{f,H\},g\} \tag{6.85}$$

と表される．これと (6.80)を (6.84) に用いることで (6.82)が導かれる：

$$\begin{aligned}
\frac{d}{dt}\{f,g\} &= \{f,\{g,H\}\} + \{\{f,H\},g\} + \left\{\frac{\partial f}{\partial t},g\right\} + \left\{f,\frac{\partial g}{\partial t}\right\} \\
&= \left\{\{f,H\} + \frac{\partial f}{\partial t},g\right\} + \left\{f,\{g,H\} + \frac{\partial g}{\partial t}\right\} \\
&= \left\{\frac{df}{dt},g\right\} + \left\{f,\frac{dg}{dt}\right\}
\end{aligned} \tag{6.86}$$

ここに，第 2 行目の等号において性質 (6.65)を，最後の等号において再び (6.58)
をそれぞれ用いた． ∎

6.8.4 Poisson bracket の例

3.4 節で中心力ポテンシャル下の 1 質点系における空間回転対称性に付随した保存量として角運動量 $\boldsymbol{M} = \boldsymbol{x} \times \boldsymbol{p}$ (3.55)を得た．この 1 質点系の Poisson bracket は

$$\{f,g\} = \sum_{i=1}^{3} \left(\frac{\partial f}{\partial x_i}\frac{\partial g}{\partial p_i} - \frac{\partial f}{\partial p_i}\frac{\partial g}{\partial x_i} \right) \tag{6.87}$$

で与えられる．例として，x_i と $M_j = \epsilon_{jk\ell} x_k p_\ell$ の Poisson bracket を計算すると

$$\begin{aligned}
\{x_i, M_j\} &= \epsilon_{jk\ell}\{x_i, x_k p_\ell\} = \epsilon_{jk\ell}\big(\underbrace{\{x_i, x_k\}}_{0} p_\ell + x_k \underbrace{\{x_i, p_\ell\}}_{\delta_{i\ell}}\big) \\
&= \epsilon_{jki} x_k = \epsilon_{ijk} x_k
\end{aligned} \tag{6.88}$$

を得る．ここに，性質 (6.67)を用いて $\epsilon_{jk\ell}$ を Poisson bracket の外に出し，
(6.66)と等価な性質

$$\{f, gh\} = \{f,g\} h + g \{f,h\} \tag{6.89}$$

および，今の1質点系における基本 Poisson bracket

$$\{x_i, p_j\} = -\{p_i, x_j\} = \delta_{ij}, \quad \{x_i, x_j\} = \{p_i, p_j\} = 0 \tag{6.90}$$

を用いた．(6.88)の具体例は

$$\{x_1, M_1\} = 0, \quad \{x_1, M_2\} = x_3, \quad \{x_1, M_3\} = -x_2 \tag{6.91}$$

などである．同様の計算で次の Poisson bracket も導かれる（章末問題3）：

$$\{p_i, M_j\} = \epsilon_{ijk} p_k \tag{6.92}$$

$$\{M_i, M_j\} = \epsilon_{ijk} M_k \tag{6.93}$$

特に，(6.93)では保存量である角運動量どうしの Poisson bracket がまた角運動量となっているが，これは Poisson の定理 (6.83) と符合している．

―――――― §6 の章末問題 ――――――

問題 1 Lagrangian (6.5)に対する Euler-Lagrange 方程式が Hamilton の運動方程式から得られた (6.15)式と一致することを確認せよ．

問題 2 任意関数 $f(q, p, t)$ に対して $(\partial/\partial q_i)$ と全微分 (d/dt) は交換せず，

$$\left(\frac{\partial}{\partial q_i} \frac{d}{dt} - \frac{d}{dt} \frac{\partial}{\partial q_i} \right) f(q, p, t) = \left\{ f, \frac{\partial H}{\partial q_i} \right\}$$

が成り立つことを示せ．q_i を p_i におき換えた式も同様に成り立つ．

問題 3 Poisson bracket (6.92)と (6.93)を導け．

問題 4 Lagrangian 一様重力場中の質点の鉛直方向の運動を表す Lagrangian

$$L = \frac{1}{2} m \dot{q}^2 - mgq$$

を考える．この系の位相空間軌跡を求めよ．

問題 5 Lagrangian $L(q, \dot{q})$ の $(q, \dot{q})$ の両方についての Legendre 変換を考えよう．
(1) 一般の N 自由度系において，$L(q, \dot{q})$ の $(q, \dot{q})$ についての Legendre 変換（にマイナス符号を付けたもの）は

$$G(p, \dot{p}) = p_i \dot{q}_i + \dot{p}_i q_i - L(q, \dot{q})$$

で与えられる．ここに，$p_i = \partial L/\partial \dot{q}_i$, $\dot{p}_i = \partial L/\partial q_i$ である．この式の両辺の微分を考えることにより，Hamilton の運動方程式に代わる $G(p, \dot{p})$ を用いた運動方程式を導け．
(2) 特に 1 次元調和振動子の場合に $G(p, \dot{p})$ を求め，(1)で得た G を用いた運動方程式が Euler-Lagrange 方程式と等価であることを確認せよ．

第7章 正準変換

与えられた系に対して，その Hamilton 形式における力学変数とその運動量の組 (q, p) のとり方には大きな任意性がある．正準変換とは，ある (q, p) からそれと対等な別の (q, p) への変換であり，これを利用することで運動方程式を解くこともできる．この章では，正準変換およびそれに関係した一般論を展開する．

§7.1 正準変換とは

一般の N 自由度系を考える．この系の力学変数と運動量の組 (q, p) (6.42)から成る $2N$ 次元空間が位相空間であるが，この位相空間の座標 (q, p) を**正準変数**とも呼ぶ．さて，正準変換とは (q, p) から，その関数として与えられる別の (Q, P) への変換

$$(q, p) \mapsto (Q(q, p, t), P(q, p, t)) \tag{7.1}$$

であって，特に (Q, P) が新しい一般化座標および運動量と見なせるもののことである．

正準変換

(q, p) から新しい $2N$ 個の変数 (Q, P) への変換

$$Q_i = Q_i(q, p, t), \qquad P_i = P_i(q, p, t) \qquad (i = 1, 2, \ldots, N) \tag{7.2}$$

で，特に，(Q, P) についても Hamilton の運動方程式が成り立つもの，すなわち，

$$\dot{Q}_i = \frac{\partial K}{\partial P_i}, \qquad \dot{P}_i = -\frac{\partial K}{\partial Q_i} \tag{7.3}$$

が成り立つ新 Hamiltonian $K(Q, P, t)$ が存在するものを，**正準変換** (canonical transformation) と呼ぶ．

以下で見るように，正準変換は解析力学のさまざまな場面において重要な役割を果たす．特に，新 Hamiltonian K が簡単で新変数 (Q, P) の運動方程式が簡

単に解けるようなものをとることができれば，正準変換により元の変数 (q,p) の運動方程式を解くことができる．

正準変換の一般形を考える前に，具体例をいくつか挙げよう．

7.1.1 定数倍変換

任意の系において，a_i $(i = 1, 2, \ldots, N)$ を任意実定数として

$$Q_i = a_i q_i, \qquad P_i = \frac{1}{a_i} p_i \tag{7.4}$$

は正準変換である．((7.4)の各右辺で i についての和はとらない．) 新Hamiltonian K は単に元の Hamiltonian を (Q,P) で表したもので与えられる：

$$K(Q_i, P_i, t) = H(q_i, p_i, t) = H\left(\frac{1}{a_i} Q_i, a_i P_i, t\right) \tag{7.5}$$

実際，(q,p) についての Hamilton の運動方程式 (6.11) の2式の両辺にそれぞれ a_i と $1/a_i$ を掛けることで，新変数の Hamilton の運動方程式 (7.3) が得られる．特に $a_i = 1$ の場合の自明な変換

$$Q_i = q_i, \qquad P_i = p_i \tag{7.6}$$

を**恒等変換**と呼ぶ．

7.1.2 q と p の交換

任意の系において，q_i と p_i の（符号を付けた）交換

$$Q_i = p_i, \qquad P_i = -q_i \tag{7.7}$$

は正準変換である（今後，(7.7)の変換を交換変換と呼ぶ）．この場合も新 Hamiltonian K は元の Hamiltonian と同じもので与えられる：

$$K(Q, P, t) = H(q, p, t) = H(-P, Q, t) \tag{7.8}$$

座標と運動量の単純な交換 $(Q, P) = (p, q)$ は正準変換ではない．Hamilton の運動方程式 (6.11) の第2式のマイナス符号のため，q と p の入れ替えが正準変換であるためには，(7.7)式のように，どちらか片方にマイナス符号を付ける必要がある．

7.1.3 正準変換の定義に関する補足

上で「(7.3)式を満足する新 Hamiltonian K が存在すべし」という正準変換の定義を与えたが，この定義は通常は広すぎ，後で現れる (7.14)式などで具体形を与える，より限られた変換（Poisson bracket を不変に保つ変換）を正準変換と呼ぶ．たとえば，

$$Q_i = aq_i, \quad P_i = ap_i \quad \text{に対して} \quad K = a^2 H \quad (a : \text{実定数}) \tag{7.9}$$

$$Q_i = p_i, \quad P_i = q_i \quad \text{に対して} \quad K = -H \tag{7.10}$$

とすれば (7.3)が成り立つが，これらの変換は通常正準変換とは呼ばない．

§7.2 正準変換の一般形

ここで正準変換の一般形を一つ与えよう．そのために役に立つのが 6.6 節で見た，最小作用の原理からの Hamilton の運動方程式の導出である．そこでの作用 (6.40)の形から次のことが示される：

(q,p) に対する Hamilton の運動方程式 (6.11)から，新変数 (Q,P) に対する Hamilton の運動方程式 (7.3)が導かれるためには

$$\sum_i p_i \dot{q}_i - H(q,p,t) = \sum_i P_i \dot{Q}_i - K(Q,P,t) + \frac{d}{dt} F(q,Q,t) \tag{7.11}$$

が恒等的に成り立つような関数 $F(q,Q,t)$ が存在すればよい．すなわち，(7.11)を満たす $F(q,Q,t)$ が存在すれば，$(q,p) \mapsto (Q,P)$ は正準変換であり，$K(Q,P,t)$ が新 Hamiltonian である．この関数 $F(q,Q,t)$ を正準変換の**母関数** (generating function) と呼ぶ．

この証明を与える前に，まず，(7.11)式が意味することを考えよう．今，(q,p) と (Q,P) は (7.2)のように関係しており，一般に (q,p,Q,P) の四つのうち二つが独立である．(7.11)式では (q,Q) を独立なものとしてとり，任意の $\dot{q}$ と $\dot{Q}$ に対して (7.11)が成り立つべきことを要求している．そこで

$$\frac{d}{dt} F(q,Q,t) = \frac{\partial F}{\partial q_i} \dot{q}_i + \frac{\partial F}{\partial Q_i} \dot{Q}_i + \frac{\partial F}{\partial t} \tag{7.12}$$

を用いると (7.11) は

$$\left(p_i - \frac{\partial F}{\partial q_i}\right)\dot{q}_i - \left(P_i + \frac{\partial F}{\partial Q_i}\right)\dot{Q}_i + K - H - \frac{\partial F}{\partial t} = 0 \tag{7.13}$$

と表され，これが任意の $(\dot{q}_i, \dot{Q}_i)$ に対して成り立つべきことから，母関数 $F(q, Q, t)$ による新旧の変数および Hamiltonian の間の次の関係式が得られる：

母関数 $F(q, Q, t)$ による正準変換

$$p_i = \frac{\partial F(q,Q,t)}{\partial q_i}, \quad P_i = -\frac{\partial F(q,Q,t)}{\partial Q_i}, \quad K = H + \frac{\partial F(q,Q,t)}{\partial t} \tag{7.14}$$

すなわち，母関数 $F(q,Q,t)$ を一つ与えると，(7.14) により正準変換が一つ定義される．ただし，(Q,P) を (q,p) で表すには，(7.14) の最初の 2 式を連立させて解く必要がある．なお，$(\dot{q}_i dt, \dot{Q}_i dt)$ で (q_i, Q_i) の任意の微小変形 (dq_i, dQ_i) が表されるので，(7.11) は変数 (q,Q,t) に対する微分（6.4 節を参照）を用いた

$$p_i dq_i - H(q,p,t)dt = P_i dQ_i - K(Q,P,t)dt + dF(q,Q,t) \tag{7.15}$$

と等価であり，(7.15) からも全く同様に (7.14) が得られることに注意．

ここで，(7.11) 式が新旧変数 (q,p) と (Q,P) の Hamilton の運動方程式の等価性を保証することの証明に入ろう：

[証明]
$S[q,p]$ を (6.40) で与えられる作用とし，新変数 (Q,P) と K に対しても同様にその作用

$$\mathcal{S}[Q,P] = \int_{t_1}^{t_2} dt \left(\sum_i P_i \dot{Q}_i - K(Q,P,t)\right) \tag{7.16}$$

を定義すると，(7.11) の時間積分は

$$S[q,p] = \mathcal{S}[Q,P] + \Big[F(q(t),Q(t),t)\Big]_{t=t_1}^{t=t_2} \tag{7.17}$$

を意味する．この両辺の変分を考えよう．まず，左辺の変分は (6.41) で与えられた（ただし，端点項は (1.16) よりゼロ）．右辺の変分も同様に

$$\int_{t_1}^{t_2} dt \left\{ \left(\dot{Q}_i - \frac{\partial K}{\partial P_i}\right)\delta P_i - \left(\dot{P}_i + \frac{\partial K}{\partial Q_i}\right)\delta Q_i \right\}$$

§7.2 正準変換の一般形

$$+ \left[\left(P_i + \frac{\partial F}{\partial Q_i}\right)\delta Q_i + \frac{\partial F}{\partial q_i}\delta q_i\right]_{t=t_1}^{t=t_2} \tag{7.18}$$

となる．(7.18)の2行目の端点項のうち，δq_i の部分は (1.16)よりゼロであり，δQ_i の部分は (7.14)の第2式を用いることで消える．(δQ_i 自体は $t = t_1, t_2$ で一般にゼロではない．) 結局，(7.17)の両辺の変分を等置することで，(q, p) の Hamilton の運動方程式 (6.11)と (Q, P) のそれ (7.3) が等価であることが導けた．

∎

以下では，いくつかの正準変換に対応した母関数 $F(q, Q, t)$ の例を挙げよう．

7.2.1 交換変換

q と p の交換変換 (7.7)に対応した母関数は

$$F_{交換}(q, Q) = \sum_i q_i Q_i \tag{7.19}$$

で与えられる．実際，(7.14)より

$$p_i = \frac{\partial F_{交換}}{\partial q_i} = Q_i, \quad P_i = -\frac{\partial F_{交換}}{\partial Q_i} = -q_i \tag{7.20}$$

7.2.2 (q, p) の回転

1自由度系において (q, p) の角度 θ の回転として与えられる変換

$$\begin{pmatrix} Q \\ P \end{pmatrix} = \begin{pmatrix} \cos\theta & \sin\theta \\ -\sin\theta & \cos\theta \end{pmatrix} \begin{pmatrix} q \\ p \end{pmatrix} \tag{7.21}$$

は正準変換である．特に $\theta = 0$ は恒等変換 (7.6)を，$\theta = \pi/2$ は交換変換 (7.7)を表す．

実際に (7.21)が正準変換であることを示すには，この変換に対応した母関数 $F(q, Q)$ を構成すればよい．このために，まず，p と P を (q, Q) で表すと，(7.21)より

$$p = \frac{1}{\sin\theta}(Q - \cos\theta\, q), \quad P = \frac{1}{\sin\theta}(\cos\theta\, Q - q) \tag{7.22}$$

となる．特に第2式は (7.21)と等価な

$$\begin{pmatrix} q \\ p \end{pmatrix} = \begin{pmatrix} \cos\theta & -\sin\theta \\ \sin\theta & \cos\theta \end{pmatrix} \begin{pmatrix} Q \\ P \end{pmatrix} \tag{7.23}$$

より直接得られる．求める母関数 $F(q,Q)$ は (7.14) の最初の 2 式に (7.22) の結果を用いた次の連立偏微分方程式の解として得られる：

$$\frac{\partial F(q,Q)}{\partial q} = \frac{1}{\sin\theta}\left(Q - \cos\theta\, q\right)$$

$$\frac{\partial F(q,Q)}{\partial Q} = -\frac{1}{\sin\theta}\left(\cos\theta\, Q - q\right) \tag{7.24}$$

これを $F(q,Q)$ について解く前に，まず (7.24) が可積分条件を満たすことを確認しよう．この可積分条件とは，二つの偏微分 $\partial/\partial q$ と $\partial/\partial Q$ が交換することから成り立つべき

$$\frac{\partial}{\partial Q}\frac{\partial F(q,Q)}{\partial q} = \frac{\partial}{\partial q}\frac{\partial F(q,Q)}{\partial Q} \tag{7.25}$$

を (7.24) の 2 式の右辺に課した条件式

$$\frac{\partial}{\partial Q}\left[\frac{1}{\sin\theta}(Q - \cos\theta\, q)\right] = \frac{\partial}{\partial q}\left[-\frac{1}{\sin\theta}(\cos\theta\, Q - q)\right] \tag{7.26}$$

である．もしもこの可積分条件が成り立たないならば，そもそも (7.22) の解 $F(q,Q)$ は存在しないことになるが，今の場合，(7.26) の両辺はともに $1/\sin\theta$ であり，可積分条件は満されている．

さて，(7.24) の解を具体的に求めよう．まず，(7.24) の第 1 式から，$F(q,Q)$ は

$$F(q,Q) = \frac{1}{\sin\theta}\left(qQ - \frac{1}{2}\cos\theta\, q^2\right) + f(Q) \tag{7.27}$$

と与えられる．ここに，$f(Q)$ は Q の任意関数である．そこで次に (7.27) を (7.24) の第 2 式に代入すると，$f(Q)$ に対する微分方程式，

$$\frac{df(Q)}{dQ} = -\cot\theta\, Q \tag{7.28}$$

が得られ，その解として $f(Q)$ は

$$f(Q) = -\frac{1}{2}\cot\theta\, Q^2 \tag{7.29}$$

と求まる．(7.29) の右辺には定数を加える任意性があるが，母関数 $F(q,Q)$ は (7.14) に微分された形でしか現れないので，この定数には意味がない．結局，母関数 $F(q,Q)$ は

$$F(q,Q) = \frac{1}{\sin\theta}\left[qQ - \frac{1}{2}\cos\theta\left(q^2 + Q^2\right)\right] \tag{7.30}$$

と求まる．なお，(7.30)式の $F(q,Q)$ は $\theta = n\pi$ （n：整数）で発散し良く定義されないが，これは母関数 $F(q,Q)$ を用いて恒等変換 (7.6) を表現することができないことを意味する．

§7.3 正準変換を用いて運動方程式を解く

正準変換を用いることで運動方程式を解くことができる例として，1次元調和振動子を考えよう．この系の Lagrangian は (1.48)，Hamiltonian は (6.44) で与えられる．

ここで（唐突ではあるが）次の正準変換母関数 $F(q,Q)$ をとる：

$$F(q,Q) = \frac{1}{2}m\omega q^2 \cot Q \tag{7.31}$$

(7.14) より，新旧正準変数の関係は

$$p = \frac{\partial F}{\partial q} = m\omega q \cot Q, \quad P = -\frac{\partial F}{\partial Q} = \frac{1}{2}m\omega q^2 \frac{1}{\sin^2 Q} \tag{7.32}$$

で与えられる．母関数が時間に陽に依存しないので，新 Hamiltonian $K(Q,P)$ は $H(q,p)$ (6.44) に等しいが，(Q,P) で表すと非常に簡単になる．実際，(7.32) より

$$q^2 = \frac{2}{m\omega}P\sin^2 Q, \quad p^2 = (m\omega)^2 q^2 \cot^2 Q = 2m\omega P \cos^2 Q \tag{7.33}$$

であり，これを用いて

$$K(Q,P) = H(q,p) = \omega P \tag{7.34}$$

を得る．新 Hamiltonian (7.34) に対する Hamilton の運動方程式は簡単に解ける：

$$\dot{Q} = \frac{\partial K}{\partial P} = \omega \;\Rightarrow\; Q(t) = \omega t + \beta \quad (\beta：定数)$$
$$\dot{P} = -\frac{\partial K}{\partial Q} = 0 \;\Rightarrow\; P(t) = 定数 = \frac{E}{\omega} \tag{7.35}$$

ここで，E は系のエネルギー（= 保存量）であり，$P = K/\omega = H/\omega$ を用いた．結局，元の変数 $q(t)$ は，(7.32) と (7.35) より

$$q(t) = \sqrt{\frac{2P}{m\omega}}\sin Q = \sqrt{\frac{2E}{m\omega^2}}\sin(\omega t + \beta) \tag{7.36}$$

と求まる.

この調和振動子の例のように，一般に正準変換により新 Hamiltonian K を新運動量 P のみで表すことができれば，次のように新変数の運動方程式を簡単に解くことができる：

$$K = K(P) \quad (Q \text{ に依らない})$$
$$\Downarrow$$
$$\dot{P}_i = -\frac{\partial K}{\partial Q_i} = 0 \;\Rightarrow\; P_i(t) = \text{定数} = \alpha_i$$
$$\dot{Q}_i = \left.\frac{\partial K}{\partial P_i}\right|_{P=\alpha} = \text{定数} = \omega_i \;\Rightarrow\; Q_i(t) = \omega_i t + \beta_i \quad (\beta_i\text{: 定数})$$
$$(7.37)$$

こうして得られた $Q_i(t)$ と $P_i(t)$ を元の正準変数 (q, p) の (Q, P) による表現に代入することで，運動方程式の解としての $q_i(t)$ と $p_i(t)$ が求まる．どのようにしてこのような正準変換の母関数，たとえば調和振動子における $F(q, Q)$ (7.31)を構成するのかについては，第8章，特に，8.5節および8章の章末問題3を参照のこと.

§7.4 他の3種類の母関数

(7.14)式で母関数 $F(q, Q, t)$ を用いた正準変換を与えた．しかし，実はこの母関数 $F(q, Q, t)$ だけでは全ての正準変換を表すことはできない．実際，7.2.2項の例でも見たように（(7.30)式を参照）母関数 $F(q, Q)$ を用いて恒等変換を表すことはできなかった．より一般に，Q が（p には依らず）q のみで表される $Q_i = Q_i(q, t)$ の形の変換（点変換）は正準変換であるが，これを母関数 $F(q, Q, t)$ で表現することはできない（章末問題1）.

ここでは，$F(q, Q, t)$ の Legendre 変換として得られる3種類の母関数を新たに導入する．これらのうちの二つは，点変換を表現することができる．

§7.4 他の3種類の母関数

7.4.1 母関数 $\Phi(q, P, t)$

母関数 $F(q, Q, t)$ の変数 Q についての Legendre 変換を $\Phi(q, P, t)$ とする：

$$\Phi(q, P, t) = F(q, Q, t) + \sum_i P_i Q_i \tag{7.38}$$

ここに，右辺の Q_i は (7.14)の第2式を Q_i について解き (q, P, t) の関数として表したもの：

$$P_i = -\frac{\partial F(q, Q, t)}{\partial Q_i} \Rightarrow Q_i = Q_i(q, P, t) \tag{7.39}$$

である．母関数 $F(q, Q, t)$ で与えた正準変換 (7.14)が，$\Phi(q, P, t)$ を用いてどのように表されるかを，6.4節で導入した微分を用いて計算しよう．なお，ここでは変数 t についても微小変形を考える．

まず，(7.38)の左辺の微分は

$$d\Phi(q, P, t) = \Phi(q+dq, P+dP, t+dt) - \Phi(q, P, t) = \frac{\partial \Phi}{\partial q_i} dq_i + \frac{\partial \Phi}{\partial P_i} dP_i + \frac{\partial \Phi}{\partial t} dt \tag{7.40}$$

ここでは，q と P が時間の関数であることを一旦忘れ，(q, P, t) を独立変数として扱っていることに注意しよう．他方，(7.38)の右辺の微分は

$$d\bigl(F(q, Q, t) + P_i Q_i\bigr) = \underbrace{\frac{\partial F}{\partial q_i}}_{p_i} dq_i + \underbrace{\frac{\partial F}{\partial Q_i}}_{-P_i} dQ_i + \frac{\partial F}{\partial t} dt + Q_i dP_i + P_i dQ_i$$

$$= p_i dq_i + Q_i dP_i + \frac{\partial F}{\partial t} dt \tag{7.41}$$

ここに，(7.14)の第1および第2式を用いた．(7.40)と(7.41)で dq_i, dP_i, dt の係数を比較することで母関数 $\Phi(q, P, t)$ による正準変換の関係式

> **母関数 $\Phi(q, P, t)$ による正準変換**
>
> $$p_i = \frac{\partial \Phi(q, P, t)}{\partial q_i}, \quad Q_i = \frac{\partial \Phi(q, P, t)}{\partial P_i}, \quad K = H + \frac{\partial \Phi(q, P, t)}{\partial t} \tag{7.42}$$

を得る．特に K と H の関係式は，dt の係数の比較から得られる

$$\frac{\partial \Phi(q, P, t)}{\partial t} = \frac{\partial F(q, Q, t)}{\partial t} \tag{7.43}$$

第7章 正準変換

および (7.14) の第3式に拠る．なお，(7.42)は，(7.15)式を

$$p_i dq_i - H(q,p,t)dt = -Q_i dP_i - Kdt + d\underbrace{\left(F(q,Q,t) + P_i Q_i\right)}_{\Phi(q,P,t)} \tag{7.44}$$

と書き換え，(7.40)を用いることでも直接得られる．

母関数 $\Phi(q,P,t)$ を用いた正準変換の例を挙げよう．

例：恒等変換

恒等変換 (7.6) に対応した Φ は

$$\Phi_{恒等}(q,P) = \sum_i q_i P_i \tag{7.45}$$

で与えられる．実際，(7.42)より

$$p_i = \frac{\partial \Phi_{恒等}}{\partial q_i} = P_i, \qquad Q_i = \frac{\partial \Phi_{恒等}}{\partial P_i} = q_i$$

例：点変換

新しい座標 Q が元の運動量 p には依らず

$$Q_i = f_i(q,t) \tag{7.46}$$

の形で与えられる変換を**点変換** (point transformation) と呼ぶ．恒等変換は点変換の一例である．点変換は正準変換であり，母関数 Φ として

$$\Phi_{点変換}(q,P,t) = \sum_i f_i(q,t) P_i \tag{7.47}$$

をとることで表される．実際，(7.42)より

$$p_i = \frac{\partial \Phi_{点変換}}{\partial q_i} = \frac{\partial f_j(q,t)}{\partial q_i} P_j, \qquad Q_i = \frac{\partial \Phi_{点変換}}{\partial P_i} = f_i(q,t) \tag{7.48}$$

である．この第1式は，

$$M_{ik} \frac{\partial f_j}{\partial q_k} = \frac{\partial f_k}{\partial q_i} M_{kj} = \delta_{ij} \tag{7.49}$$

で定義される $\partial f_j/\partial q_i$ の逆行列 $M_{ij}(q,t)$ を用いて

$$P_i = M_{ij}(q,t) p_j \tag{7.50}$$

とも表される．

§7.4 他の3種類の母関数

例：(q,p) の回転

7.2.2 項では，1自由度系において (q,p) の回転 (7.21) を生成する母関数 $F(q,Q)$ (7.30) を与えた．同じ回転 (7.21) を引き起こす今の母関数 $\Phi(q,P)$ は，(7.30)式の $F(q,Q)$ と関係式 $Q = (q + \sin\theta\, P)/\cos\theta$ を用いて

$$\Phi(q,P) = F(q,P) + PQ = \frac{1}{\cos\theta}\left[qP + \frac{1}{2}\sin\theta\left(q^2 + P^2\right)\right] \tag{7.51}$$

で与えられる．$F(q,Q)$ (7.30) とは相補的に，$\Phi(q,P)$ (7.51) は $\theta = 0$（恒等変換）では問題ないが，$\theta = \pi/2$（交換変換）では定義されない．

例：回転座標系への変換

これまでの例では母関数が時間に陽に依存せず，全て $K = H$ であったが，陽な時間依存性をもった母関数の例として，2自由度系における次の点変換を考えよう：

$$\begin{pmatrix} Q_1 \\ Q_2 \end{pmatrix} = \begin{pmatrix} \cos\omega t & \sin\omega t \\ -\sin\omega t & \cos\omega t \end{pmatrix} \begin{pmatrix} q_1 \\ q_2 \end{pmatrix} \quad (\omega:\text{定数}) \tag{7.52}$$

これは座標系 (q_1, q_2) に対して一定の角速度 ω で回転する座標系 (Q_1, Q_2) への変換である．

変換 (7.52) を生成する母関数 $\Phi(q,P,t)$ は点変換の一般公式 (7.47) より

$$\begin{aligned}\Phi(q,P,t) &= (\cos\omega t\, q_1 + \sin\omega t\, q_2)P_1 + (-\sin\omega t\, q_1 + \cos\omega t\, q_2)P_2 \\ &= \cos\omega t\,(q_1 P_1 + q_2 P_2) + \sin\omega t\,(q_2 P_1 - q_1 P_2)\end{aligned} \tag{7.53}$$

で与えられる．この Φ と (7.42) の第1式より

$$\begin{pmatrix} p_1 \\ p_2 \end{pmatrix} = \begin{pmatrix} \cos\omega t & -\sin\omega t \\ \sin\omega t & \cos\omega t \end{pmatrix} \begin{pmatrix} P_1 \\ P_2 \end{pmatrix} \tag{7.54}$$

も得られる．

元の座標系 (q_1, q_2) における Hamiltonian を自由な質点のもの

$$H(q,p) = \frac{1}{2m}\left(p_1^2 + p_2^2\right) \tag{7.55}$$

とすると，回転系 (Q_1, Q_2) における Hamiltonian $K(Q,P)$ は

$$K(Q,P) = H(q,p) + \frac{\partial \Phi(q,P,t)}{\partial t} = \frac{1}{2m}\left(P_1^2 + P_2^2\right) + \omega\left(P_1 Q_2 - P_2 Q_1\right) \tag{7.56}$$

で与えられる．回転座標系における Hamilton の運動方程式 (7.3) は

$$\dot{Q}_1 = \frac{\partial K}{\partial P_1} = \frac{1}{m}P_1 + \omega Q_2 \tag{7.57}$$

$$\dot{Q}_2 = \frac{\partial K}{\partial P_2} = \frac{1}{m}P_2 - \omega Q_1 \tag{7.58}$$

$$\dot{P}_1 = -\frac{\partial K}{\partial Q_1} = \omega P_2 \tag{7.59}$$

$$\dot{P}_2 = -\frac{\partial K}{\partial Q_2} = -\omega P_1 \tag{7.60}$$

であり，これらから (P_1, P_2) を消去すると

$$\ddot{Q}_1 = \omega^2 Q_1 + 2\omega \dot{Q}_2$$
$$\ddot{Q}_2 = \omega^2 Q_2 - 2\omega \dot{Q}_1 \tag{7.61}$$

を得るが，この 2 式の右辺第 1 項は遠心力を，第 2 項はコリオリ力をそれぞれ表す．

7.4.2　母関数 $\Psi(p, Q, t)$

第 3 の母関数 $\Psi(p, Q, t)$ は，$F(q, Q, t)$ の変数 q についての Legendre 変換として与えられる：

$$\Psi(p, Q, t) = F(q, Q, t) - \sum_i p_i q_i \tag{7.62}$$

ここに右辺の q_i は

$$p_i = \frac{\partial F(q, Q, t)}{\partial q_i} \;\Rightarrow\; q_i = q_i(p, Q, t) \tag{7.63}$$

である．母関数 $\Psi(p, Q, t)$ による正準変換の表式は，(7.15) を

$$-q_i dp_i - H(q, p, t)dt = P_i dQ_i - K(Q, P, t)dt + d\underbrace{\left(F(q, Q, t) - p_i q_i\right)}_{\Psi(p, Q, t)} \tag{7.64}$$

と書き換え

$$d\Psi = \frac{\partial \Psi}{\partial p_i}dp_i + \frac{\partial \Psi}{\partial Q_i}dQ_i + \frac{\partial \Psi}{\partial t}dt \tag{7.65}$$

を用いることで得られる：

§7.4　他の3種類の母関数

> **母関数 $\Psi(p,Q,t)$ による正準変換**
>
> $$q_i = -\frac{\partial \Psi(p,Q,t)}{\partial p_i}, \quad P_i = -\frac{\partial \Psi(p,Q,t)}{\partial Q_i}, \quad K = H + \frac{\partial \Psi(p,Q,t)}{\partial t} \tag{7.66}$$

$\Phi(q,P,t)$ と同様に母関数 $\Psi(p,Q,t)$ も点変換を表すことができる．簡単な例を挙げておこう．

例：恒等変換

恒等変換 (7.6) に対応した Ψ は

$$\Psi_{恒等}(p,Q) = -\sum_i p_i Q_i \tag{7.67}$$

である．

例：点変換

点変換 (7.46) に対応した Ψ は

$$\Psi_{点変換}(p,Q,t) = -\sum_i p_i\, f_i^{-1}(Q,t) \tag{7.68}$$

で与えられる．ここに，$f_i^{-1}(Q,t)$ は (7.46) 式の $f_i(q,t)$ の逆関数，すなわち (7.46) を q について解いて Q で表したもの

$$Q_i = f_i(q,t) \;\Rightarrow\; q_i = f_i^{-1}(Q,t) \tag{7.69}$$

である．母関数 (7.68) の生成する正準変換 (7.66) は $\Phi_{点変換}$ が生成する変換 (7.48) と等価である．特に (7.66) の第2式から得られる

$$P_i = \frac{\partial f_j^{-1}(Q,t)}{\partial Q_i} p_j \tag{7.70}$$

は (7.50) と同じものである．実際，逆関数の定義 (7.69) の第2式の両辺を q_j で微分することで

$$M_{ij} = \frac{\partial f_j^{-1}(Q,t)}{\partial Q_i} \tag{7.71}$$

が導かれる．

119

7.4.3 母関数 $\Xi(p,P,t)$

最後に, $F(q,Q,t)$ を q と Q の両方の変数について Legendre 変換することにより, 母関数 $\Xi(p,P,t)$ を得る:

$$\Xi(p,P,t) = F(q,Q,t) + \sum_i P_i Q_i - \sum_i p_i q_i \tag{7.72}$$

ここに右辺の q と Q は (7.14) の第1, 2式を (q,Q) について解いて (p,P) で表したものである. $\Xi(p,P,t)$ が生成する正準変換は, (7.15) を

$$-q_i dp_i - H(q,p,t)dt = -Q_i dP_i - K(Q,P,t)dt + d\underbrace{\left(F(q,Q,t) + P_i Q_i - p_i q_i\right)}_{\Xi(p,P,t)} \tag{7.73}$$

と書き換えることで得られる:

母関数 $\Xi(p,P,t)$ による正準変換

$$q_i = -\frac{\partial \Xi(p,P,t)}{\partial p_i}, \quad Q_i = \frac{\partial \Xi(p,P,t)}{\partial P_i}, \quad K = H + \frac{\partial \Xi(p,P,t)}{\partial t} \tag{7.74}$$

$F(q,Q,t)$ と同様に $\Xi(p,P,t)$ も点変換を表すことができない. 交換変換 (7.7) を表す母関数 Ξ は

$$\Xi_{\text{交換}}(p,P) = \sum_i p_i P_i \tag{7.75}$$

で与えられる.

§7.5 正準変換と Poisson bracket

6.8節において (6.57) 式で Poisson bracket を導入したが, それはある特定の正準変数 (q,p) を用いて定義されていた. しかし, 今, 我々は (q,p) の正準変換として得られる (Q,P) も元の (q,p) と対等な正準変数であることを知っている. この節で示したいことは, Poisson bracket が実はそれを定義する正準変数のとり方に依存しないという重要な性質である.

このために, 一旦, Poisson bracket の (q,p) 依存性を右下に明記して表そう:

§7.5 正準変換と Poisson bracket

$$\{f,g\}_{q,p} = \sum_{i=1}^{N} \left(\left.\frac{\partial f}{\partial q_i}\right|_p \left.\frac{\partial g}{\partial p_i}\right|_q - \left.\frac{\partial f}{\partial p_i}\right|_q \left.\frac{\partial g}{\partial q_i}\right|_p \right) \tag{7.76}$$

右辺においてたとえば $(\partial f/\partial q_i)|_p$ は p を固定した q_i についての偏微分である. 以下で示したいことは

正準変換に対する Poisson bracket の不変性

Poisson bracket は, それを定義する正準変数のとり方に依らない. すなわち, 正準変換でつながった 2 組の正準変数 (q,p) と (Q,P) に対して

$$\{f,g\}_{q,p} = \{f,g\}_{Q,P} \tag{7.77}$$

が任意の $f(q,p,t)$ と $g(q,p,t)$ について成り立つ.

つまり, Poisson bracket $\{f,g\}_{q,p}$ は, それを定義する正準変数 (q,p) を明記する必要は結局ない, ということである.

非常に簡単な例として交換変換 (7.7) を考えると,

$$\{f,g\}_{Q,P} = \{f,g\}_{p,-q} = \sum_i \left(\frac{\partial f}{\partial p_i}\frac{\partial g}{\partial (-q_i)} - \frac{\partial f}{\partial (-q_i)}\frac{\partial g}{\partial p_i} \right) = \{f,g\}_{q,p} \tag{7.78}$$

となり, 確かに (7.77) が成り立っている. なお, (7.78) において $\partial/\partial(-q_i) = -\partial/\partial q_i$ を用いた.

性質 (7.77) は, 関数 f と g を Q_i あるいは P_i にとった特殊な場合, すなわち,

正準変換に対する基本 Poisson bracket の不変性

(q,p) と (Q,P) が正準変換でつながっているなら,

$$\{Q_i, P_j\}_{q,p} = \delta_{ij}, \quad \{Q_i, Q_j\}_{q,p} = \{P_i, P_j\}_{q,p} = 0 \tag{7.79}$$

が成り立つ.

を証明すれば, 任意の f と g についても成り立つことが示される. なお, (7.79) を (7.77) 式に即して書くと

$$\{Q_i, P_j\}_{q,p} = \{Q_i, P_j\}_{Q,P} = \delta_{ij}$$

である．ここに，最初の等号は (7.79) で $f = Q_i$, $g = P_j$ としたものであり，第 2 の等号は正準変数 (Q, P) の基本 Poisson bracket (6.62) である．(7.79) において新旧の変数を入れ替えた

$$\{q_i, p_j\}_{Q,P} = \delta_{ij}, \quad \{q_i, q_j\}_{Q,P} = \{p_i, p_j\}_{Q,P} = 0 \tag{7.80}$$

も同様に成り立つ．

7.5.1 (7.79) ⇒ (7.77) の証明

(7.79) 自体の証明は次節に後回しにして，まず (7.79) を仮定して (7.77) を導こう．そのために，(q, p) を独立変数とした偏微分を，(Q, P) を独立変数とした偏微分で表すと，

$$\begin{aligned}\left.\frac{\partial f}{\partial q_i}\right|_p &= \left.\frac{\partial Q_k}{\partial q_i}\right|_p \left.\frac{\partial f}{\partial Q_k}\right|_P + \left.\frac{\partial P_k}{\partial q_i}\right|_p \left.\frac{\partial f}{\partial P_k}\right|_Q \\ \left.\frac{\partial f}{\partial p_i}\right|_q &= \left.\frac{\partial Q_k}{\partial p_i}\right|_q \left.\frac{\partial f}{\partial Q_k}\right|_P + \left.\frac{\partial P_k}{\partial p_i}\right|_q \left.\frac{\partial f}{\partial P_k}\right|_Q \end{aligned} \tag{7.81}$$

これを Poisson bracket $\{f, g\}_{q,p}$ の定義式 (7.76) に代入すると，単純な計算の後

$$\begin{aligned}\{f, g\}_{q,p} &= \{Q_k, Q_\ell\}_{q,p} \left.\frac{\partial f}{\partial Q_k}\right|_P \left.\frac{\partial g}{\partial Q_\ell}\right|_P + \{P_k, P_\ell\}_{q,p} \left.\frac{\partial f}{\partial P_k}\right|_Q \left.\frac{\partial g}{\partial P_\ell}\right|_Q \\ &\quad + \{Q_k, P_\ell\}_{q,p} \left(\left.\frac{\partial f}{\partial Q_k}\right|_P \left.\frac{\partial g}{\partial P_\ell}\right|_Q - \left.\frac{\partial f}{\partial P_\ell}\right|_Q \left.\frac{\partial g}{\partial Q_k}\right|_P\right)\end{aligned} \tag{7.82}$$

が導かれる（章末問題 2）．これに対して (7.79) を用いることで直ちに (7.77) を得る．

7.5.2 (7.79) の例と応用

Poisson bracket の正準変換に対する不変性 (7.77) と (7.79)，特に後者 (7.79) は，与えられた変換 $(q, p) \mapsto (Q, P)$ が正準変換であるかどうかのテストに使うことができる．まず，これまでに例として挙げた正準変換に対して (7.79) を確認してみよう．

例：(q, p) の回転 (7.21)

7.2.2 項で扱った 1 自由度系での (q, p) の回転 (7.21) に対して

§7.5 正準変換と Poisson bracket

$$\begin{aligned}
\{Q, P\}_{q,p} &= \{\cos\theta\, q + \sin\theta\, p, -\sin\theta\, q + \cos\theta\, p\}_{q,p} \\
&= -\cos\theta\sin\theta\underbrace{\{q,q\}_{q,p}}_{0} + \cos^2\theta\underbrace{\{q,p\}_{q,p}}_{1} \\
&\quad -\sin^2\theta\underbrace{\{p,q\}_{q,p}}_{-1} + \sin\theta\cos\theta\underbrace{\{p,p\}_{q,p}}_{0} \\
&= \cos^2\theta + \sin^2\theta = 1 \qquad (7.83)
\end{aligned}$$

となり，確かに (7.79) が成り立っている．なお，今の 1 自由度系においては $\{Q,Q\}_{q,p} = \{P,P\}_{q,p} = 0$ は (6.68) より自明に成り立つ．

例：点変換

点変換 (7.46) を考えよう．新運動量 P_i は (7.50) により (q, p) で表されている．まず，

$$\begin{aligned}
\{Q_i, P_j\}_{q,p} &= \{f_i(q,t), M_{jk}(q,t)p_k\}_{q,p} \\
&= M_{jk}\{f_i, p_k\}_{q,p} + \{f_i, M_{jk}\}_{q,p} p_k = \frac{\partial f_i}{\partial q_k} M_{jk} = \delta_{ij} \quad (7.84)
\end{aligned}$$

を得る．ここに，第 2 の等号で (6.66) を，第 3 の等号で (6.61)，および p に依らない任意関数 $g(q,t)$ と $h(q,t)$ に対して

$$\{g(q,t), h(q,t)\}_{q,p} = 0 \qquad (7.85)$$

であることを，最後の等号で (7.49) を用いた．$\{Q_i, Q_j\}_{q,p} = 0$ は (7.85) から自明に成り立つ．最後に，(7.50) より

$$\{P_i, P_j\}_{q,p} = \left(\frac{\partial M_{i\ell}}{\partial q_k} M_{jk} - \frac{\partial M_{j\ell}}{\partial q_k} M_{ik}\right) p_\ell \qquad (7.86)$$

を得るが（章末問題 3），これがゼロであることは，(7.49) からの

$$M_{k\ell} M_{jn} \frac{\partial}{\partial q_n}\left(M_{im} \frac{\partial f_k}{\partial q_m}\right) = 0 \qquad (7.87)$$

より得られる

$$\frac{\partial M_{i\ell}}{\partial q_k} M_{jk} = -M_{im} M_{jn} \frac{\partial^2 f_k}{\partial q_m \partial q_n} M_{k\ell} \qquad (7.88)$$

が (i,j) について対称であることから理解できる．

第7章 正準変換

例：正準変換の必要条件としての (7.79)

a と b を実定数として，

$$Q = q^a \cos(bp), \qquad P = q^a \sin(bp) \tag{7.89}$$

で与えられる1自由度系における変換 $(q,p) \mapsto (Q,P)$ は，a と b がいかなる値の場合に正準変換であるかを考えよう．

(7.89)で定義された (Q,P) に対して，Poisson bracket の定義式から

$$\{Q, P\}_{q,p} = ab\, q^{2a-1} \tag{7.90}$$

を得る．したがって，(7.79)が成り立つ，すなわち(7.90)が恒等的に1であるべきことから，

$$ab = 1, \quad 2a - 1 = 0 \;\Rightarrow\; a = \frac{1}{2}, \quad b = 2 \tag{7.91}$$

と (a,b) が決まる．

この (a,b) に対して，母関数 $\Psi(p,Q)$ を求めてみよう．まず，(q,P) を (p,Q) で表すと：

$$\frac{P}{Q} = \tan bp = \tan 2p \;\Rightarrow\; P = Q \tan 2p \tag{7.92}$$

$$Q^2 + P^2 = q^{2a} = q \;\Rightarrow\; q = Q^2 + Q^2 \tan^2 2p = Q^2 \sec^2 2p \tag{7.93}$$

したがって，(7.66)より $\Psi(p,Q)$ の満たすべき条件式は

$$-\frac{\partial \Psi(p,Q)}{\partial p} = q = Q^2 \sec^2 2p, \quad -\frac{\partial \Psi(p,Q)}{\partial Q} = P = Q \tan 2p \tag{7.94}$$

である．可積分条件 $\partial q/\partial Q = \partial P/\partial p$ も成り立っており[1]，母関数 $\Psi(p,Q)$ は

$$\Psi(p,Q) = -\frac{1}{2} Q^2 \tan 2p \tag{7.95}$$

と決まる．

---

[1] 可積分条件からも (7.91) が導かれる．一般論については 7.7 節を参照のこと．

§7.6 Lagrange bracket と (7.79) の証明

基本 Poisson bracket の正準変換のもとでの不変性 (7.79) の証明にはいろいろな方法があるが，一般にかなり複雑である．ここでは Lagrange bracket を用いた証明を与えよう．

Lagrange bracket

今，正準変数 (q,p) が二つの変数 (u,v) の関数として与えられているとする：

$$q_i = q_i(u,v), \quad p_i = p_i(u,v) \quad (i = 1, 2, \ldots, N) \tag{7.96}$$

変数 (u,v) が動くことで (7.96) により位相空間に 2 次元平面が描かれる．この時，**Lagrange bracket** $\langle u, v \rangle_{q,p}$ を

$$\langle u, v \rangle_{q,p} = \sum_{i=1}^{N} \left(\frac{\partial q_i}{\partial u} \frac{\partial p_i}{\partial v} - \frac{\partial p_i}{\partial u} \frac{\partial q_i}{\partial v} \right) \tag{7.97}$$

で定義する．

なお，(7.97) は 2×2 行列の行列式の和

$$\langle u, v \rangle_{q,p} = \sum_{i=1}^{N} \begin{vmatrix} \dfrac{\partial q_i}{\partial u} & \dfrac{\partial p_i}{\partial u} \\ \dfrac{\partial q_i}{\partial v} & \dfrac{\partial p_i}{\partial v} \end{vmatrix} \tag{7.98}$$

とも表される．Lagrange bracket の二つの変数 (u,v) としては，たとえば，$2N$ 個の (q,p) 自体のうちの任意の二つでもよい（他の $2N-2$ 個の (q,p) は固定）．この場合の Lagrange bracket を**基本 Lagrange bracket** と呼ぶ：

基本 Lagrange bracket

$$\langle q_i, p_j \rangle_{q,p} = \delta_{ij}, \quad \langle q_i, q_j \rangle_{q,p} = \langle p_i, p_j \rangle_{q,p} = 0 \tag{7.99}$$

なお，この例のように，u と v が同一の場合にも

$$\langle u, u \rangle_{q,p} = 0 \tag{7.100}$$

として Lagrange bracket を定義している．より一般に，(7.97) から反対称性

第7章 正準変換

$$\langle u, v \rangle_{q,p} = -\langle v, u \rangle_{q,p} \tag{7.101}$$

が成り立つことがわかる．

我々の目的は(7.77)と等価な(7.79)の証明であるが，まず，Lagrange bracket が(7.77)と同じ性質をもつことが比較的簡単に示される：

正準変換に対する Lagrange bracket の不変性

正準変換でつながった 2 組の正準変数 (q,p) と (Q,P) に対して

$$\langle u, v \rangle_{q,p} = \langle u, v \rangle_{Q,P} \tag{7.102}$$

が成り立つ．

[証明]
以下では，母関数 $F(q,Q,t)$ による正準変換(7.14)の場合の証明を与える．他の母関数の場合も同様である．

まず，(7.14)から得られる

$$\begin{aligned}\frac{\partial P_i}{\partial v} &= \frac{\partial}{\partial v}\left(-\frac{\partial F(q,Q)}{\partial Q_i}\right) = -\frac{\partial Q_j}{\partial v}\frac{\partial^2 F(q,Q)}{\partial Q_i \partial Q_j} - \frac{\partial q_j}{\partial v}\frac{\partial^2 F(q,Q)}{\partial Q_i \partial q_j}\\ &= -\frac{\partial Q_j}{\partial v}\frac{\partial^2 F(q,Q)}{\partial Q_i \partial Q_j} - \frac{\partial q_j}{\partial v}\frac{\partial p_j(q,Q)}{\partial Q_i}\end{aligned} \tag{7.103}$$

を用いて(7.102)の右辺は

$$\begin{aligned}\langle u, v \rangle_{Q,P} &= \frac{\partial Q_i}{\partial u}\frac{\partial P_i}{\partial v} - \frac{\partial Q_i}{\partial v}\frac{\partial P_i}{\partial u}\\ &= -\underbrace{\left(\frac{\partial Q_i}{\partial u}\frac{\partial Q_j}{\partial v} - \frac{\partial Q_i}{\partial v}\frac{\partial Q_j}{\partial u}\right)\frac{\partial^2 F(q,Q)}{\partial Q_i \partial Q_j}}_{0}\\ &\quad -\frac{\partial q_j}{\partial v}\frac{\partial Q_i}{\partial u}\frac{\partial p_j(q,Q)}{\partial Q_i} + \frac{\partial q_j}{\partial u}\frac{\partial Q_i}{\partial v}\frac{\partial p_j(q,Q)}{\partial Q_i}\end{aligned} \tag{7.104}$$

となる．ここに，最後の表式の第 1 項は $i \rightleftarrows j$ 反対称な量と対称な量の積であることからゼロとなる．そこでさらに，

$$\frac{\partial p_j}{\partial u} = \frac{\partial q_i}{\partial u}\frac{\partial p_j(q,Q)}{\partial q_i} + \frac{\partial Q_i}{\partial u}\frac{\partial p_j(q,Q)}{\partial Q_i} \tag{7.105}$$

を用いると

$$\langle u,v\rangle_{Q,P} = -\frac{\partial q_j}{\partial v}\left(\frac{\partial p_j}{\partial u} - \frac{\partial q_i}{\partial u}\frac{\partial p_j(q,Q)}{\partial q_i}\right) + \frac{\partial q_j}{\partial u}\left(\frac{\partial p_j}{\partial v} - \frac{\partial q_i}{\partial v}\frac{\partial p_j(q,Q)}{\partial q_i}\right)$$

§7.6 Lagrange bracket と (7.79) の証明

$$= \frac{\partial q_j}{\partial u}\frac{\partial p_j}{\partial v} - \frac{\partial q_j}{\partial v}\frac{\partial p_j}{\partial u} + \underbrace{\left(\frac{\partial q_i}{\partial u}\frac{\partial q_j}{\partial v} - \frac{\partial q_j}{\partial u}\frac{\partial q_i}{\partial v}\right)\frac{\partial^2 F(q,Q)}{\partial q_i \partial q_j}}_{0}$$

$$= \langle u, v \rangle_{q,p} \tag{7.106}$$

となり，(7.102)が示された．∎

さて，(7.102)において (u,v) として特に Q_i や P_i をとることにより

正準変換に対する基本 Lagrange bracket の不変性

(q,p) と (Q,P) が正準変換でつながっているなら，

$$\langle Q_i, P_j \rangle_{q,p} = \delta_{ij}, \quad \langle Q_i, Q_j \rangle_{q,p} = \langle P_i, P_j \rangle_{q,p} = 0 \tag{7.107}$$

が成り立つ．

を得る．なお，Poisson bracket の場合と同様に，基本 Lagrange bracket の不変性 (7.107) から逆に元の (7.102) が導かれる（章末問題 4）．

さらに，Lagrange bracket と Poisson bracket についての次の公式が成り立つ：

Lagrange bracket と Poisson bracket の間の関係式

ξ_I $(I = 1, 2, \ldots, 2N)$ を位相空間の任意の座標とすると，次式が成り立つ：

$$\sum_{I=1}^{2N} \langle \xi_I, \xi_J \rangle_{q,p} \{\xi_I, \xi_K\}_{q,p} = \delta_{JK}, \quad (J, K = 1, \ldots, 2N) \tag{7.108}$$

(7.108) において ξ_I は位相空間における独立な $2N$ 個の変数ならなんでもよい．たとえば，元の正準変数 (q,p) やそれの正準変換である (Q,P)，あるいは (q,P)（q と P が独立な場合）などである．

[(7.108) の証明]

(7.108) の左辺に Lagrange bracket と Poisson bracket の定義式を代入すると

$$\langle \xi_I, \xi_J \rangle_{q,p} \{\xi_I, \xi_K\}_{q,p} = \left(\frac{\partial q_\ell}{\partial \xi_I}\frac{\partial p_\ell}{\partial \xi_J} - \frac{\partial p_\ell}{\partial \xi_I}\frac{\partial q_\ell}{\partial \xi_J}\right)\left(\frac{\partial \xi_I}{\partial q_m}\frac{\partial \xi_K}{\partial p_m} - \frac{\partial \xi_I}{\partial p_m}\frac{\partial \xi_K}{\partial q_m}\right) \tag{7.109}$$

第7章 正準変換

である．これを展開して得られる4項に対して，ξ_I が独立な $2N$ 個の変数であることから導かれる

$$\frac{\partial q_\ell}{\partial \xi_I}\frac{\partial \xi_I}{\partial q_m} = \frac{\partial q_\ell}{\partial q_m} = \delta_{\ell m} \tag{7.110}$$

および同様の

$$\frac{\partial p_\ell}{\partial \xi_I}\frac{\partial \xi_I}{\partial p_m} = \delta_{\ell m}, \quad \frac{\partial q_\ell}{\partial \xi_I}\frac{\partial \xi_I}{\partial p_m} = \frac{\partial p_\ell}{\partial \xi_I}\frac{\partial \xi_I}{\partial q_m} = 0 \tag{7.111}$$

を用いると

$$\langle \xi_I, \xi_J \rangle_{q,p} \{\xi_I, \xi_K\}_{q,p} = \frac{\partial p_\ell}{\partial \xi_J}\frac{\partial \xi_K}{\partial p_\ell} + \frac{\partial q_\ell}{\partial \xi_J}\frac{\partial \xi_K}{\partial q_\ell} = \frac{\partial \xi_K}{\partial \xi_J} = \delta_{JK} \tag{7.112}$$

となり，(7.108)が示された．■

以上の準備の後，(7.79)の証明に入ろう．このために，(7.108)における ξ_I として特に (Q, P)，すなわち $(\xi_1, \ldots, \xi_N, \xi_{N+1}, \ldots, \xi_{2N}) = (Q_1, \ldots, Q_N, P_1, \ldots, P_N)$ をとる．(6.72)の ω_{IJ} を用いると(7.107)は

$$\langle \xi_I, \xi_J \rangle_{q,p} = \omega_{IJ} \quad (I, J = 1, \ldots, 2N) \tag{7.113}$$

と表され，(7.108)は

$$\sum_{I=1}^{2N} \omega_{IJ}\{\xi_I, \xi_K\}_{q,p} = \delta_{JK} \tag{7.114}$$

となる．これに ω_{LJ} を掛け，$J = 1, \ldots, 2N$ について和をとり，

$$\sum_{J=1}^{2N} \omega_{IJ}\omega_{LJ} = \delta_{IL} \tag{7.115}$$

を用いることで

$$\{\xi_L, \xi_K\}_{q,p} = \omega_{LK} \quad (L, K = 1, \ldots, 2N) \tag{7.116}$$

を得る．これは(7.79)にほかならない．

以上で正準変換のもとでの Poisson bracket の不変性(7.77)の証明は完結する．なお，9.3節では微分形式を用いた証明を与えている．

§7.7　正準変換の必要十分条件としての (7.79)

　上で示したことは，母関数で表現された正準変換に対して Lagrange bracket が不変であり，したがって Poisson bracket も不変であるということであった．ここでは，逆に，Poisson bracket を不変に保つ変換は正準変換であること，すなわち，それを表す母関数が存在することを示そう．

　いま，ある変換 $(q,p) \mapsto (Q,P)$ が Poisson bracket を不変に保つ，すなわち，(7.77)あるいはこれと等価な (7.79)が成り立つとしよう．これは (7.108)により，基本 Lagrange bracket の不変性 (7.107)，したがって一般の Lagrange bracket の不変性 (7.102) を意味する．そこで (7.102)において，特に $u = q_i$, $v = Q_j$ を考えると，

$$\langle q_i, Q_j \rangle_{q,p} = \frac{\partial p_i}{\partial Q_j}, \qquad \langle q_i, Q_j \rangle_{Q,P} = -\frac{\partial P_j}{\partial q_i} \tag{7.117}$$

より

$$\frac{\partial p_i}{\partial Q_j} = -\frac{\partial P_j}{\partial q_i} \tag{7.118}$$

を得る．これは今の変換を正準変換 (7.14)として表す母関数 $F(q,Q,t)$ に対する可積分条件に他ならない．今は独立変数として (q,Q) をとる場合であったが，他のとり方の場合も同様に対応した母関数の可積分条件が導かれる．可積分条件が母関数の存在の必要十分条件であることは数学の教科書に譲る．

§7.8　微小正準変換

　ここでは，**微小正準変換**，すなわち恒等変換 (7.6)から微小にずれた正準変換，

$$Q_i = q_i + \delta q_i(q,p,t), \quad P_i = p_i + \delta p_i(q,p,t), \tag{7.119}$$

を考える．ここに，δq_i と δp_i は恒等変換からの微小なずれ分である．微小正準変換の母関数として，恒等変換を扱える $\Phi(q,P,t)$ をとろう．この母関数は恒等変換の母関数 (7.45)から微小にずれており

$$\Phi(q,P,t) = \sum_i q_i P_i + \varepsilon\, G(q,P,t) \tag{7.120}$$

と表される．ここに，ε は微小定数である．母関数 (7.120)が引き起こす正準変換は，(7.42)より

第7章　正準変換

$$p_i = \frac{\partial \Phi}{\partial q_i} = P_i + \varepsilon \frac{\partial G(q,P,t)}{\partial q_i}, \quad Q_i = \frac{\partial \Phi}{\partial P_i} = q_i + \varepsilon \frac{\partial G(q,P,t)}{\partial P_i} \quad (7.121)$$

これより，(7.119)の δq_i と δp_i は

$$\delta q_i = Q_i - q_i = \varepsilon \frac{\partial G(q,P,t)}{\partial P_i} = \varepsilon \frac{\partial G(q,p,t)}{\partial p_i} + O(\varepsilon^2)$$

$$\delta p_i = P_i - p_i = -\varepsilon \frac{\partial G(q,P,t)}{\partial q_i} = -\varepsilon \frac{\partial G(q,p,t)}{\partial q_i} + O(\varepsilon^2) \quad (7.122)$$

と与えられる．ここに，各式の最後で $P_i = p_i + O(\varepsilon)$ を用いた．結局，ε の2次以上を無視して

微小正準変換による (q,p) の変化分

$$\delta q_i = \varepsilon \frac{\partial G(q,p,t)}{\partial p_i}, \quad \delta p_i = -\varepsilon \frac{\partial G(q,p,t)}{\partial q_i} \quad (7.123)$$

を得る．ここに現れる関数 $G(q,p,t)$ を微小正準変換の母関数と呼ぶ．さらに，(q,p,t) の関数に対しては

微小正準変換による関数 $f(q,p,t)$ の変化分

任意関数 $f(q,p,t)$ の微小正準変換 (7.123)による変化分 $\delta f(q,p,t)$ は Poisson bracket を用いて

$$\delta f(q,p,t) = \varepsilon \{f(q,p,t), G(q,p,t)\} \quad (7.124)$$

と表される．

実際，

$$\delta f(q,p) = f(q+\delta q, p+\delta p) - f(q,p) = \frac{\partial f(q,p)}{\partial q_i} \delta q_i + \frac{\partial f(q,p)}{\partial p_i} \delta p_i \quad (7.125)$$

に (7.123)を用いることで (7.124)を得る．もちろん，(7.123)自体も

$$\delta q_i = \varepsilon \{q_i, G\}, \quad \delta p_i = \varepsilon \{p_i, G\} \quad (7.126)$$

と表される．

§7.9 保存量を母関数とする微小正準変換

微小正準変換の例として,特に,Noether の定理から導かれた保存量を母関数とするものを考えてみよう.

7.9.1 $G =$ Hamiltonian

微小正準変換の母関数 $G(q,p)$ として系の Hamiltonian $H(q,p)$ をとると,(7.123)と Hamilton の運動方程式 (6.11),あるいは (6.60) より

$$\delta q_i(t) = \varepsilon \frac{\partial H(q,p)}{\partial p_i} = \varepsilon \dot{q}_i(t) \Rightarrow Q_i(t) = q_i(t) + \varepsilon \dot{q}_i(t) = q_i(t+\varepsilon)$$
$$\delta p_i(t) = -\varepsilon \frac{\partial H(q,p)}{\partial q_i} = \varepsilon \dot{p}_i(t) \Rightarrow P_i(t) = p_i(t) + \varepsilon \dot{p}_i(t) = p_i(t+\varepsilon)$$
(7.127)

を得る.すなわち

> Hamiltonian を母関数とする微小正準変換は,微小時間並進である.

7.9.2 $G =$ 角運動量

6.8.4 項において,3 次元空間内の 1 質点系の角運動量 $\boldsymbol{M} = \boldsymbol{x} \times \boldsymbol{p}$ と位置ベクトル $\boldsymbol{x}$ の Poisson bracket を計算した ((6.88)式):

$$\{x_i, M_j\} = \epsilon_{ijk} x_k \tag{7.128}$$

さて,(7.120)式で微小正準変換母関数 $\varepsilon G(q,p,t)$ を導入したが,これは複数の母関数の和 $\sum_a \varepsilon_a G_a(q,p,t)$(各 ε_a は微小定数)の場合に自明に一般化される.そこで,角運動量 $\boldsymbol{M}$ を母関数とする微小正準変換,すなわち,(7.123)における εG を

$$\delta\boldsymbol{\varphi}\cdot\boldsymbol{M} = \sum_{i=1}^{3} \delta\varphi_i M_i \quad (\delta\boldsymbol{\varphi} : \text{微小定数ベクトル}) \tag{7.129}$$

とした微小変換を考えると,(7.128)を用いて

$$\delta x_i = \{x_i, \delta\boldsymbol{\varphi}\cdot\boldsymbol{M}\} = \epsilon_{ijk}\delta\varphi_j x_k \tag{7.130}$$

を得る.ベクトル記号で表すと

$$\delta\boldsymbol{x} = \{\boldsymbol{x}, \delta\boldsymbol{\varphi}\cdot\boldsymbol{M}\} = \delta\boldsymbol{\varphi}\times\boldsymbol{x} \tag{7.131}$$

であるが，この右辺は，微小ベクトル$\delta\boldsymbol{\varphi}$で指定される原点まわりの微小空間回転による位置ベクトル$\boldsymbol{x}$の変化分に他ならない ((3.46)式参照)．複数の質点からなる系の場合は，$\boldsymbol{M}$を全角運動量（各質点の角運動量の和）とすれば，各質点の位置ベクトルについて (7.131) が成り立つ．したがって，

> 質点系において，角運動量を母関数とする微小正準変換は微小空間回転を引き起こす．

7.9.3 $G =$ 運動量

N質点系において全運動量 $\boldsymbol{P} = \sum_{a=1}^{N} \boldsymbol{p}_a$ (3.30)を母関数とする微小正準変換を考えよう．(7.123)におけるεGを

$$\boldsymbol{\varepsilon}\cdot\boldsymbol{P} = \sum_{i=1}^{3} \varepsilon_i P_i \qquad (\boldsymbol{\varepsilon}：微小定数ベクトル) \tag{7.132}$$

として，a番目の質点の位置ベクトル$\boldsymbol{x}_a$の変化分は

$$\delta\boldsymbol{x}_a = \{\boldsymbol{x}_a, \boldsymbol{\varepsilon}\cdot\boldsymbol{P}\} = \boldsymbol{\varepsilon} \tag{7.133}$$

で与えられ，全ての質点に共通の$\boldsymbol{\varepsilon}$だけの空間並進を引き起こす．すなわち，

> 質点系において，運動量を母関数とする微小正準変換は微小空間並進を引き起こす．

7.9.4 Noetherの定理との関係

以上の三つの例で用いた微小正準変換の母関数，Hamiltonian（エネルギー），角運動量，運動量，は第3章において，それぞれ，時間並進，空間回転，空間並進の対称性に付随した保存量としてNoetherの定理から得られたものであった．上の例で見たことは，

> Noetherの定理から得られる保存量を母関数とする微小正準変換は，逆に，Lagrangianの対称性である元の微小変換を引き起こす．

ということである．

132

これは上に挙げた三つの例だけでなく，一般的に成り立つ．すなわち，微小変換 (3.2) に対応した保存量 Q^A (3.6) を Hamilton 形式で考えよう：

$$Q^A(q,p) = p_i F_i^A(q, \dot{q}(q,p)) - Y^A(q, \dot{q}(q,p)) \qquad (7.134)$$

ここに，$\dot{q}(q,p)$ は (6.1) で与えたものである．この Q^A に対して

$$\{q_i, Q^A(q,p)\} = F_i^A(q, \dot{q}(q,p)) \qquad (7.135)$$

が成り立つ．

[証明]
(6.61) を用いると

$$\{q_i, Q^A\} = \frac{\partial Q^A(q,p)}{\partial p_i} = F_i^A + \left(p_j \frac{\partial F_j^A(q,\dot{q})}{\partial \dot{q}_k} - \frac{\partial Y^A(q,\dot{q})}{\partial \dot{q}_k}\right) \frac{\partial \dot{q}_k(q,p)}{\partial p_i} \qquad (7.136)$$

となるが，この最後の項はゼロである．実際，微小変換 $\delta q_i = F_i^A(q,\dot{q})\varepsilon_A$ に対する Lagrangian の変化分 δL として恒等式

$$\frac{\partial L}{\partial q_i} F_i^A \varepsilon_A + \frac{\partial L}{\partial \dot{q}_i}\left(\frac{d}{dt} F_i^A(q,\dot{q})\right)\varepsilon_A = \frac{d}{dt} Y^A(q,\dot{q})\varepsilon_A \qquad (7.137)$$

が成り立つが，この両辺の $\ddot{q}_k$ の係数を比較することで

$$\frac{\partial L}{\partial \dot{q}_i}\frac{\partial F_i^A(q,\dot{q})}{\partial \dot{q}_k} - \frac{\partial Y^A(q,\dot{q})}{\partial \dot{q}_k} = 0 \qquad (7.138)$$

を得る．

∎

§7.10 正準変換の合成と群構造

ここでは正準変換の数学的な構造を議論しよう．

7.10.1 正準変換の合成

まずは，二つの正準変換を引き続き行うこと（合成）に関する次の事実である：

第7章　正準変換

> 　二つの正準変換を引き続き行った結果は，一つの正準変換と見なすことができる．すなわち，正準変換 I と II，
>
> $$\text{I}: (q,p) \mapsto (Q,P), \qquad \text{II}: (Q,P) \mapsto (Q',P')$$
>
> を合成した変換 III : $(q,p) \mapsto (Q',P')$ も正準変換である．

[証明]
「元の変数 (q,p) について Hamilton の運動方程式が成り立つなら，新変数 (Q,P) についても Hamilton の運動方程式が成り立つ」を変換 $(q,p) \mapsto (Q,P)$ が正準変換であることの定義とするならば，合成変換 III が正準変換であることは自明である．しかし，7.1.3項で述べたように，この定義は広すぎるので，母関数に基づいた証明をしよう．

正準変換 I と II を表す母関数をそれぞれ $F_\text{I}(q,Q,t)$ および $F_\text{II}(Q,Q',t)$ とすると，(7.15)より

$$p_i dq_i - H(q,p,t)dt = P_i dQ_i - K(Q,P,t)dt + dF_\text{I}(q,Q,t)$$
$$P_i dQ_i - K(Q,P,t)dt = P'_i dQ'_i - K'(Q',P',t)dt + dF_\text{II}(Q,Q',t) \quad (7.139)$$

である．ここに，K' は変数 (Q',P') に対する Hamiltonian であり，(7.14)に対応して

$$P_i = \frac{\partial F_\text{II}(Q,Q',t)}{\partial Q_i}, \quad P'_i = -\frac{\partial F_\text{II}(Q,Q',t)}{\partial Q'_i}, \quad K' = K + \frac{\partial F_\text{II}(Q,Q',t)}{\partial t}$$
$$(7.140)$$

が成り立つ．そこで (7.139) の2式を辺々足すと

$$p_i dq_i - H(q,p,t)dt = P'_i dQ'_i - K'(Q',P',t)dt + dF_\text{III}(q,Q',t) \quad (7.141)$$

ここに，右辺の F_III は

$$F_\text{III}(q,Q',t) = F_\text{I}(q,Q,t) + F_\text{II}(Q,Q',t) \quad (7.142)$$

で与えられるが，

$$\left.\frac{\partial F_\text{III}}{\partial Q_i}\right|_{q,Q'} = \frac{\partial F_\text{I}(q,Q,t)}{\partial Q_i} + \frac{\partial F_\text{II}(Q,Q',t)}{\partial Q_i} = -P_i + P_i = 0 \quad (7.143)$$

§7.10 正準変換の合成と群構造

からわかるように F_{III} は変数 Q には依っていない．F_{III} を (q, Q', t) の関数として具体的に求めるには，(7.143)を Q について解いて $Q = Q(q, Q', t)$ と表し，(7.142)の右辺に代入する（次の例を参照）．(7.141)式は，合成変換 III が正準変換であり，その母関数は I と II の母関数の和 (7.142)で与えられることを意味する．

∎

例：(q, p) の回転変換の合成

7.2.2項で，1自由度系における (q, p) の回転 (7.21)に対応した母関数 $F(q, Q)$ (7.30)を与えた．この母関数に回転角 θ を明記して改めて

$$F_\theta(q, Q) = \frac{1}{\sin\theta}\left[qQ - \frac{1}{2}\cos\theta(q^2 + Q^2)\right] \tag{7.144}$$

と表そう．今，正準変換 I：$(q, p) \mapsto (Q, P)$ を角度 θ の回転，正準変換 II：$(Q, P) \mapsto (Q', P')$ を角度 θ' の回転とすると，I と II を引き続き行った合成変換 $(q, p) \mapsto (Q', P')$ は角度 $\theta + \theta'$ の回転

$$\begin{pmatrix} Q' \\ P' \end{pmatrix} = \begin{pmatrix} \cos\theta' & \sin\theta' \\ -\sin\theta' & \cos\theta' \end{pmatrix} \begin{pmatrix} \cos\theta & \sin\theta \\ -\sin\theta & \cos\theta \end{pmatrix} \begin{pmatrix} q \\ p \end{pmatrix}$$
$$= \begin{pmatrix} \cos(\theta + \theta') & \sin(\theta + \theta') \\ -\sin(\theta + \theta') & \cos(\theta + \theta') \end{pmatrix} \begin{pmatrix} q \\ p \end{pmatrix} \tag{7.145}$$

となる．これを母関数で見ると，(7.142)より

$$F_{\theta+\theta'}(q, Q') = F_\theta(q, Q) + F_{\theta'}(Q, Q') \tag{7.146}$$

が成り立つはずである．実際，(7.146) の右辺に (7.144)を用い，そこに現れる Q を (7.143) から得られる

$$\frac{\partial F_\theta(q, Q)}{\partial Q} + \frac{\partial F_{\theta'}(Q, Q')}{\partial Q} = 0 \;\Rightarrow\; Q = \frac{\sin\theta' q + \sin\theta\, Q'}{\sin(\theta + \theta')} \tag{7.147}$$

により q と Q' で表すことにより，(7.146)の左辺が導かれる．

7.10.2 正準変換としての有限時間発展

7.9.1項で，系の微小時間発展は Hamiltonian を母関数とする微小正準変換であることを見たが，正準変換の合成変換がまた正準変換であることから，

> 系の有限時間発展は正準変換と見なすことができる.

が導かれる.これは,有限時間 T だけの時間発展は,M を整数として時間 T/M だけの微小時間発展を M 回繰り返したものの $M \to \infty$ 極限により実現できるからである.

7.10.3 正準変換の群構造

正準変換についてさらに次のことが示される:

> 正準変換 $T:(q,p) \mapsto (Q,P)$ の逆変換 $T^{-1}:(Q,P) \mapsto (q,p)$ もまた正準変換である.前者の母関数を $F_T(q,Q,t)$ とすると,後者の母関数 $F_{T^{-1}}(Q,q,t)$ は $F_{T^{-1}}(Q,q,t) = -F_T(q,Q,t)$ で与えられる.

これは,母関数 $F(q,Q,t)$ の定義式 (7.15) より明らかである.

以上のことから,正準変換は**群**を成すことがわかる.すなわち,$\mathcal{G}$ をある系における正準変換全体から成る集合とすると,任意の二つの正準変換 $T_1, T_2 \in \mathcal{G}$ に対してその積 $T_2 T_1 \in \mathcal{G}$ が,変換 $T_1 : (q,p) \mapsto (Q,P)$ と $T_2 : (Q,P) \mapsto (Q',P')$ の合成変換 $T_2 T_1 : (q,p) \mapsto (Q',P')$ として定義され,次の三つからなる群の性質を満たす:

1. 任意の $T_1, T_2, T_3 \in \mathcal{G}$ に対して結合則 $(T_3 T_2)T_1 = T_3(T_2 T_1)$ が成り立つ.すなわち,三つの変換の積は,積をとる順序に依らない.
2. 任意の $T \in \mathcal{G}$ に対して,$IT = TI = T$ を満足する単位元 $I \in \mathcal{G}$ が存在する.
3. 任意の $T \in \mathcal{G}$ に対して,$T^{-1}T = TT^{-1} = I$ を満足する T の逆元 T^{-1} が存在する.

まず,1. の結合則は「変換の合成」としての積の定義から自明である.2. の単位元 I は恒等変換 (7.6) で与えられる.最後に,3. の逆元の存在は既に上で見た.

§7.11 Liouville の定理

ここでは，統計力学などで重要な役割をもつ **Liouville**（リウヴィル）の定理について述べる．まず，正準変換のもとで不変な量として Poisson bracket と Lagrange bracket があることを見たが，第3の不変量を与えよう：

> 位相空間の積分体積要素は正準変換で不変である．すなわち，正準変換でつながった2組の正準変数 (q, p) と (Q, P) に対して
> $$dq_1 \cdots dq_n dp_1 \cdots dp_N = dQ_1 \cdots dQ_N dP_1 \cdots dP_N \qquad (7.148)$$
> が成り立つ．

[証明]
変数変換でつながった二つの積分体積要素は Jacobian（ヤコビアン）J で関係している：

$$\prod_{i=1}^{N} dQ_i dP_i = |J| \prod_{i=1}^{N} dq_i dp_i \qquad (7.149)$$

ここに J は

$$J = \frac{\partial(Q_1, \ldots, Q_N, P_1, \ldots, P_N)}{\partial(q_1, \ldots, q_N, p_1, \ldots, p_N)} = \det V \qquad (7.150)$$

であり，行列 V は

$$V = \begin{pmatrix} \frac{\partial Q_i}{\partial q_j} & \frac{\partial Q_i}{\partial p_j} \\ \frac{\partial P_i}{\partial q_j} & \frac{\partial P_i}{\partial p_j} \end{pmatrix} \qquad (7.151)$$

で与えられる $2N \times 2N$ 行列である．(7.151)は 2×2 行列のように表したが，その各要素が (i, j) の足をもった $N \times N$ 行列である（$N \times N$ ブロックと呼ぶ）．たとえば，$N = 2$ の場合に V を具体的に与えると

$$V = \begin{pmatrix} \frac{\partial Q_1}{\partial q_1} & \frac{\partial Q_1}{\partial q_2} & \vdots & \frac{\partial Q_1}{\partial p_1} & \frac{\partial Q_1}{\partial p_2} \\ \frac{\partial Q_2}{\partial q_1} & \frac{\partial Q_2}{\partial q_2} & \vdots & \frac{\partial Q_2}{\partial p_1} & \frac{\partial Q_2}{\partial p_2} \\ \cdots\cdots\cdots & & & \cdots\cdots\cdots & \\ \frac{\partial P_1}{\partial q_1} & \frac{\partial P_1}{\partial q_2} & \vdots & \frac{\partial P_1}{\partial p_1} & \frac{\partial P_1}{\partial p_2} \\ \frac{\partial P_2}{\partial q_1} & \frac{\partial P_2}{\partial q_2} & \vdots & \frac{\partial P_2}{\partial p_1} & \frac{\partial P_2}{\partial p_2} \end{pmatrix} \qquad (7.152)$$

である.

さて，$|J| = |\det V| = 1$ を示したいのであるが，以下では若干，技巧的な方法をとる．まず，V の転置行列 V^{T} の左右に

$$C = \begin{pmatrix} 0 & 1 \\ -1 & 0 \end{pmatrix} = \begin{pmatrix} 0 & \delta_{ij} \\ -\delta_{ij} & 0 \end{pmatrix}, \quad C^T = \begin{pmatrix} 0 & -1 \\ 1 & 0 \end{pmatrix} \tag{7.153}$$

を掛けることで

$$CV^{\mathrm{T}}C^T = \begin{pmatrix} \dfrac{\partial P_j}{\partial p_i} & -\dfrac{\partial Q_j}{\partial p_i} \\ -\dfrac{\partial P_j}{\partial q_i} & \dfrac{\partial Q_j}{\partial q_i} \end{pmatrix} \tag{7.154}$$

を得る．この右辺の各 $N \times N$ ブロックにおいても i が左足，j が右足である．次に，(7.154)の両辺に左からさらに V を掛けると Poisson bracket で表すことができ，さらに(7.79)を用いることで

$$\begin{aligned} VCV^{\mathrm{T}}C^T &= \begin{pmatrix} \dfrac{\partial Q_i}{\partial q_k} & \dfrac{\partial Q_i}{\partial p_k} \\ \dfrac{\partial P_i}{\partial q_k} & \dfrac{\partial P_i}{\partial p_k} \end{pmatrix} \begin{pmatrix} \dfrac{\partial P_j}{\partial p_k} & -\dfrac{\partial Q_j}{\partial p_k} \\ -\dfrac{\partial P_j}{\partial q_k} & \dfrac{\partial Q_j}{\partial q_k} \end{pmatrix} \\ &= \begin{pmatrix} \{Q_i, P_j\}_{q,p} & -\{Q_i, Q_j\}_{q,p} \\ \{P_i, P_j\}_{q,p} & -\{P_i, Q_j\}_{q,p} \end{pmatrix} = \begin{pmatrix} 1 & 0 \\ 0 & 1 \end{pmatrix} \end{aligned} \tag{7.155}$$

を得る．なお，この第2の表式における行列の積の計算は，まず 2×2 行列としての積をとり，次に，index k について足し上げればよい．

そこで，(7.155)の両辺の行列式を考えよう．任意の正方行列 A, B についての一般公式

$$\det(AB) = \det A \det B \tag{7.156}$$

$$\det A^{\mathrm{T}} = \det A \tag{7.157}$$

特に(7.153)の行列 C について

$$\det C \, \det C^T = \det(CC^{\mathrm{T}}) = \det \begin{pmatrix} 1 & 0 \\ 0 & 1 \end{pmatrix} = 1 \tag{7.158}$$

を用いると $(\det V)^2 = 1$，したがって，$|\det V| = 1$ を得る．

■

§7.11 Liouville の定理

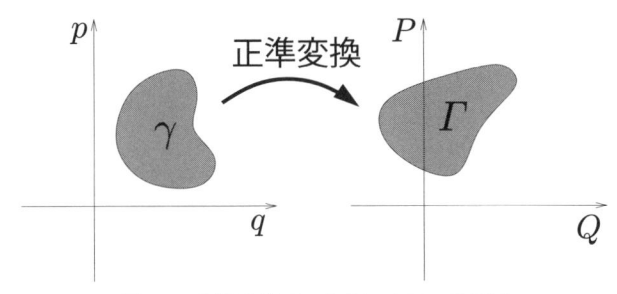

図 7.1 正準変換でつながった二つの領域

なお，(7.102)と同様に，(7.148)も微分形式を用いることで簡単に(7.15)の帰結と理解することができる（9.3節参照）．

今，証明した(7.148)から直ちに次のことが導かれる：

> 正準変換でつながった2組の正準変数 (q,p) と (Q,P) を考える．位相空間 (q,p) 内のある領域 γ が，正準変換 $(q,p) \mapsto (Q,P)$ により，位相空間 (Q,P) 内の領域 Γ に写像されるとすると，この二つの領域 γ と Γ の体積は等しい（図7.1参照）：
>
> $$\int \cdots \int_\gamma \prod_{i=1}^N dq_i dp_i = \int \cdots \int_\Gamma \prod_{i=1}^N dQ_i dP_i \tag{7.159}$$

特に，系の時間発展は正準変換と見なせること（7.10.2項）から，(7.159)は次の Liouville の定理を意味する：

> **Liouville の定理**
> ある時刻において位相空間内のある領域 γ_0 を考える．この領域内の各点は時間発展とともに Hamilton の運動方程式に従って位相空間内を移動して行き，元の領域 γ_0 は時間とともに移動・変形して別の領域 $\gamma(t)$ となる（図7.2参照）．しかし，$\gamma(t)$ の体積は時間 t に依らず一定である：
>
> $$\int \cdots \int_{\gamma(t)} \prod_{i=1}^N dq_i dp_i = 一定 \tag{7.160}$$

第7章　正準変換

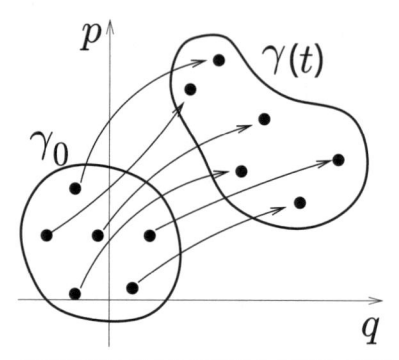

図 **7.2**　時間発展に伴う位相空間内の領域の移動・変形

§7 の章末問題

問題 1 正準変換である点変換 $Q_i = f_i(q,t)$ (7.46)を母関数 $F(q,Q,t)$ や $\Xi(p,P,t)$ で表現することはできない．この理由を述べよ．

問題 2 (7.81)などを用いて(7.82)を導け．

問題 3 (7.86)と(7.88)を導け．

問題 4 (7.107)式から任意の (u,v) に対する(7.102)を導け．

問題 5 1自由度系において (q,p) と (Q,P) が，実定数 (a,b,c,d) を用いて次式で関係しているとする：
$$\begin{pmatrix} Q \\ P \end{pmatrix} = \begin{pmatrix} a & b \\ c & d \end{pmatrix} \begin{pmatrix} q \\ p \end{pmatrix}$$
(1) この変換が正準変換であるために定数 (a,b,c,d) が満たすべき関係式を基本 Poisson bracket の不変性(7.79)から求めよ．
(2) (a,b,c,d) が(1)で求めた関係式を満たすとして，この正準変換を表す母関数 $F(q,Q)$ を (a,b,d) を用いて与えよ．なお，$b \neq 0$ としてよい．

問題 6 正準変換に対する Poisson bracket の不変性(7.77)を用いて，(q,p) に対する Hamilton の運動方程式(6.11)から (Q,P) に対する Hamilton の運動方程式(7.3)が導かれることを，特に時間に陽に依らない正準変換 $(q,p) \mapsto (Q(q,p),P(q,p))$ の場合に示せ．

問題 7 基本 Poisson bracket の正準変換に対する不変性(7.79)を微小正準変換(7.123)の場合に確認せよ．

問題 8 7.10.1項では二つの正準変換の合成を母関数 $F(q,Q,t)$ を用いて議論したが，これを母関数 $\Phi(q,P,t)$ で考えてみよう．
(1) 7.10.1項で考えた正準変換 I，II，およびそれらの合成である III を表す母関数 Φ_I，Φ_II，Φ_III の関係を与えよ．
(2) 正準変換 I，II として次の $\Phi_\mathrm{I,II}$ で表される点変換を考える：

第7章　正準変換

$$\Phi_{\mathrm{I}}(q,P) = f_i(q)P_i, \qquad \Phi_{\mathrm{II}}(Q,P') = g_i(Q)P'_i$$

上の (1) の結果を用いて，合成変換 III の母関数が

$$\Phi_{\mathrm{III}}(q,P') = g_i\bigl(f(q)\bigr)P'_i$$

で与えられることを示せ．もちろん，この結果は合成変換 III が $Q'_i = g_i(Q) = g_i\bigl(f(q)\bigr)$ なる点変換であることからも明らかである．

第8章 Hamilton-Jacobi 理論

Hamilton-Jacobi 理論とは，新 Hamiltonian がゼロになるような正準変換を考えることで運動方程式の解を得る手法である．この章では，Hamilton-Jacobi 理論，さらには，周期的な運動をする系を扱うのに便利な作用変数と角変数について，例を交えながら解説を行う．

§8.1 Hamilton-Jacobi 理論とは

この章では，正準変換を利用して運動方程式を解く手法の一つである，Hamilton-Jacobi 理論について述べる．この基本的な考え方は簡単であり，Hamilton の運動方程式の解を正準変換したものは，また，新しい Hamilton の運動方程式の解であることに基づいている（7.1節参照）．今，正準変数 (q,p) についての Hamilton の運動方程式 (6.11) を解くことを考える．これに対して，うまい正準変換 $(q,p) \mapsto (Q,P)$ を行って，新 Hamiltonian $K(Q,P,t)$ をゼロ，$K=0$，にできたとすると，(Q,P) に対する Hamilton の運動方程式は自明，

$$\dot{Q}_i = \frac{\partial K}{\partial P_i} = 0, \qquad \dot{P}_i = -\frac{\partial K}{\partial P_i} = 0 \tag{8.1}$$

であり，解は

$$Q_i(t) = 一定 = \beta_i \tag{8.2}$$

$$P_i(t) = 一定 = \alpha_i \tag{8.3}$$

と求まる．元の正準変数 (q,p) を (Q,P) で表すことにより，前者の運動方程式の解が得られる：

$$\begin{aligned}q_i(t) &= q_i(Q(t), P(t), t) = q_i(\beta, \alpha, t) \\ p_i(t) &= p_i(Q(t), P(t), t) = p_i(\beta, \alpha, t)\end{aligned} \tag{8.4}$$

定数 (β, α) は $(q(t), p(t))$ の初期条件により決まる．

§8.2 Hamilton-Jacobi 方程式

新 Hamiltonian $K(Q,P,t)$ をゼロとするような正準変換の母関数として $\Phi(q,P,t)$ (7.42)をとると，Φ に対する条件は

$$K = H(q,p,t) + \frac{\partial \Phi(q,P,t)}{\partial t} = 0 \tag{8.5}$$

である．H の中の p は (7.42)の

$$p_i = \frac{\partial \Phi(q,P,t)}{\partial q_i} \tag{8.6}$$

により (q,P) で表されることに注意．また，(8.3)で与えたように，$P = $ 一定である．

以下では，母関数の記号として $\Phi(q,P,t)$ の代わりに $S(q,P,t)$ を用い，これを **Hamilton の主関数** (Hamilton's principal function) と呼ぶ（記号 S を使う理由は後で述べる）．そこで，与えられた Hamiltonian $H(q,p,t)$ に対して，条件 (8.5)に (8.6)を用いた式を改めて書き下そう．これを **Hamilton-Jacobi 方程式**と呼ぶ：

Hamilton-Jacobi 方程式

$$H\left(q_1,\ldots,q_N,\frac{\partial S}{\partial q_1},\ldots,\frac{\partial S}{\partial q_N},t\right) + \frac{\partial S}{\partial t} = 0 \tag{8.7}$$

Hamilton-Jacobi 方程式から元の変数 (q,p) の運動方程式の解を求める手順をまとめると以下のとおりである：

1. Hamilton-Jacobi 方程式 (8.7)は未知関数 $S(q,t)$ に対する $N+1$ 個の変数 $(q_1,\ldots,q_N,t)$ についての1階偏微分方程式であり，解は $N+1$ 個の任意定数（積分定数）をもつ．しかし，(8.7)に主関数 S は微分された形でのみ現れることからわかるように，$N+1$ 個の積分定数のうちの一つは S に定数を加える自由度，$S + $ (定数)，である．以下に述べる解 $(q(t),p(t))$ の構成にも S は微分形でのみ現れるので，この積分定数は忘れてもよい．

2. 残る N 個の積分定数を α_i $(i=1,2,\ldots,N)$ として，Hamilton-Jacobi 方程式の一般解は

$$S = S(q_1,\ldots,q_N,\alpha_1,\ldots,\alpha_N,t) \tag{8.8}$$

§8.2 Hamilton-Jacobi 方程式

と与えられるが，この α_i を新運動量 $P_i = \alpha_i = $ 定数 として採用する．ここで，Hamilton-Jacobi 方程式 (8.7)自体は新運動量 P のとり方に対する制約を与えないことに注意しよう．また，(8.7)に現れる $\partial S/\partial q_i$ と $\partial S/\partial t$ は本来新運動量 $P(t)$ を固定した偏微分なので，(8.8)において新運動量 α_i を時間の関数 $\alpha_i(t)$ としたものも，Hamilton-Jacobi 方程式 (8.7)の解である．ここでは (8.3)を先取りして用いていることになる．

3. Hamilton-Jacobi 方程式 (8.7)の一般解 (8.8)が求まったら，元の正準変数 (q, p) に対する Hamilton の運動方程式 (6.11)の解は次のように得られる．まず，正準変換公式 (7.42)の $Q_i = \partial\Phi(q, P, t)/\partial P_i$ を今の記号で表し，(8.2)を用いた

$$\beta_i = \frac{\partial S(q, \alpha, t)}{\partial \alpha_i} \tag{8.9}$$

を q_i について解くことで，解 $q_i(t)$ は定数 β_i と α_i を用いて

$$q_i(t) = q_i(\beta, \alpha, t) \tag{8.10}$$

と得られる．次に，解 $p_i(t)$ は (8.6)を今の記号で表したものに (8.10)を代入して

$$p_i(t) = p_i(\beta, \alpha, t) = \left.\frac{\partial S(q, \alpha, t)}{\partial q_i}\right|_{q=q(\beta, \alpha, t)} \tag{8.11}$$

で与えられる．定数 (β, α) は与えられた初期条件から決まる．

8.2.1 補足

ここでいくつか補足を与える．

- Hamilton-Jacobi 方程式 (8.7)，およびその解 (8.8)においては q_i と t は独立な変数である．新 Hamiltonian $K = 0$ の帰結である $Q_i = $ 一定 $= \beta_i$ (8.2)を用いた (8.9)の段階で初めて q_i が t の関数として与えられる．
- 主関数に記号 S を用いる理由は以下のとおりである．運動方程式の解 $q(t)$ が得られたとして，それを (8.8) に代入した $S(q(t), \alpha, t)$ を時間 t について全微分すると

$$\begin{aligned}\frac{dS(q(t), \alpha, t)}{dt} &= \frac{\partial S(q(t), \alpha, t)}{\partial q_i(t)}\dot{q}_i(t) + \frac{\partial S(q(t), \alpha, t)}{\partial t}\\&= p_i(t)\dot{q}_i(t) - H(q(t), p(t), t) = L(q(t), \dot{q}(t), t)\end{aligned} \tag{8.12}$$

を得る．ここに，二つ目の等号において (8.11) と Hamilton-Jacobi 方程式 (8.7) を用い，最後の等号では Lagrangian と Hamiltonian の関係式 (6.39) を用いた．これより，S は Lagrangian の時間積分として与えられる：

$$S(q(t), \alpha, t) = \int dt\, L(q(t), \dot{q}(t), t) \tag{8.13}$$

この右辺は作用であるから，主関数の記号として作用と同じ記号 S が用いられるのである．しかし，(8.12) と (8.13) は，運動方程式の解 $q(t)$ を代入した場合にのみ成り立つ関係式であることに注意して欲しい．Hamilton-Jacobi 理論で運動方程式を解くために必要な主関数 $S(q, \alpha, t)$ においては，q_i と t は互いに独立な変数である．Lagrangian が与えられればそれを時間積分して主関数 $S(q, \alpha, t)$ が求まるというわけでは決してない．

8.2.2 Hamiltonian が時間に陽に依らない場合

Hamiltonian が時間に陽に依らない $H = H(q, p)$ の場合の Hamilton-Jacobi 方程式

$$H\left(q_i, p_i = \frac{\partial S}{\partial q_i}\right) + \frac{\partial S}{\partial t} = 0 \tag{8.14}$$

を考えよう．変数 (q, t) についての偏微分方程式 (8.14) は，q に関係した部分（左辺第 1 項）と t に関係した部分（左辺第 2 項）に分かれているので，**変数分離**という方法で簡単化することができる．すなわち，解 $S(q, t)$ が

$$S(q, t) = W(q) + Y(t) \tag{8.15}$$

という，q のみの関数 $W(q)$ と t のみの関数 $Y(t)$ の和の形で与えられると仮定して (8.14) に代入すると

$$\underbrace{H\left(q_i, p_i = \frac{\partial W(q)}{\partial q_i}\right)}_{t\text{に依らない}} = \underbrace{-\frac{dY(t)}{dt}}_{q\text{に依らない}} = 定数 = \alpha_1 = E \tag{8.16}$$

を得る．ここに，t と q のどちらにも依らない量は定数であることを用い，この定数を $\alpha_1 (= E)$ とした．今の場合，系のエネルギーは保存するが，(8.16) からわかるように α_1 はこのエネルギーの値であり，E とも表すことにする．

(8.16) より，まず $Y(t)$ は

$$\frac{dY(t)}{dt} = -\alpha_1 \;\Rightarrow\; Y(t) = -\alpha_1 t + (定数) \tag{8.17}$$

§8.2 Hamilton-Jacobi 方程式

と求まる．右辺の定数は主関数 S に定数を加える自由度に対応し，上で述べたように解の構成には寄与しないので無視する．残る $W(q)$ は，(8.16)より変数 q についての偏微分方程式

$$H\left(q_i, p_i = \frac{\partial W(q)}{\partial q_i}\right) = \alpha_1 \tag{8.18}$$

の解として決定される．(8.18)の解 $W(q)$ は，そこに陽に現れる定数 α_1 に依存するが，それに加えて変数 q の数 N だけの積分定数をもつ．この N 個の積分定数のうちの一つは W に定数を加える自由度であり，以前と同様の理由で無視する．残りの $N-1$ 個の積分定数を α_i $(i=2,\ldots,N)$ と表し，α_1 と合わせて $\alpha = (\alpha_1, \alpha_2, \ldots, \alpha_N)$ としよう．結局，主関数 S は

$$S(q, \alpha, t) = W(q, \alpha) - \alpha_1 t \tag{8.19}$$

と与えられる．関数 W は，**Hamilton の特性関数** (Hamilton's characteristic function) と呼ばれる．また，偏微分方程式 (8.18) を，以下では「特性関数に対する Hamilton-Jacobi 方程式」と呼ぶことにする．

後は，(8.9)–(8.11) の手続きに従って解 $(q(t), p(t))$ を求めればよい．まず，(8.9) を W で表すと

$$t + \beta_1 = \frac{\partial W(q, \alpha)}{\partial \alpha_1} \tag{8.20}$$

$$\beta_i = \frac{\partial W(q, \alpha)}{\partial \alpha_i} \qquad (i = 2, \ldots, N) \tag{8.21}$$

となる．これらを q_i $(i=1,\ldots,N)$ について解くことで運動方程式の解

$$q_i(t) = q_i(\widetilde{\beta}, \alpha, t + \beta_1) \tag{8.22}$$

が得られる．ここに，$\widetilde{\beta} = (\beta_2, \ldots, \beta_N)$ である．解 (8.22) は $2N$ 個の任意定数 α と $\beta = (\beta_1, \beta_2, \ldots, \beta_N)$ を含むが，このうち β_1 は時間の原点のとり方の任意性に対応しており，$t+\beta_1$ の形でのみ現れることに注意しよう．最後に，(8.11) より

$$p_i(t) = p_i(\widetilde{\beta}, \alpha, t + \beta_1) = \left.\frac{\partial W(q, \alpha)}{\partial q_i}\right|_{q = q(\widetilde{\beta}, \alpha, t + \beta_1)} \tag{8.23}$$

を得る．

§8.3　例1：調和振動子

Hamilton-Jacobi 理論に基づいて運動方程式の解を求める例として，まず，簡単な調和振動子 ($N=1$) を考えよう．この系の Hamiltonian は

$$H(q,p) = \frac{1}{2m}p^2 + \frac{m\omega^2}{2}q^2 \tag{8.24}$$

であり，Hamilton-Jacobi 方程式 (8.7) は

$$\frac{1}{2m}\left(\frac{\partial S}{\partial q}\right)^2 + \frac{m\omega^2}{2}q^2 + \frac{\partial S}{\partial t} = 0 \tag{8.25}$$

で与えられる．今の場合，Hamiltonian が時間に陽には依存しないので，8.2.2 項の特性関数 $W(q)$ による一般論を用いることにする．Hamiltonian (8.24) に対して $W(q)$ を決定する (8.18) は（α_1 の代わりに E を用いて）

$$\frac{1}{2m}\left(\frac{dW(q)}{dq}\right)^2 + \frac{m\omega^2}{2}q^2 = E \tag{8.26}$$

である．これより，

$$\frac{dW(q)}{dq} = m\omega\sqrt{\frac{2E}{m\omega^2} - q^2} \tag{8.27}$$

であり，$W(q)$ は

$$W(q,E) = m\omega \int dq \sqrt{\frac{2E}{m\omega^2} - q^2} \tag{8.28}$$

と不定積分で与えられる．ここに，W の変数として E も明記した．なお，以下では直接必要ではないが，(8.28) の q についての積分を陽に実行すると次式を得る：

$$W(q,E) = \frac{E}{\omega}\left\{\arcsin\left(\sqrt{\frac{m\omega^2}{2E}}q\right) + \sqrt{\frac{m\omega^2}{2E}}q\sqrt{1 - \frac{m\omega^2}{2E}q^2}\right\} \tag{8.29}$$

特性関数 $W(q,E)$ が得られたので，一般論の (8.20)–(8.23) より解 $(q(t), p(t))$ を求めよう．まず，(8.20) は今の場合

$$t + \beta_1 = \frac{\partial W(q,E)}{\partial E} = \frac{1}{\omega}\int \frac{dq}{\sqrt{\frac{2E}{m\omega^2} - q^2}} = \frac{1}{\omega}\arcsin\left(\sqrt{\frac{m\omega^2}{2E}}q\right) \tag{8.30}$$

となる．ここに，積分公式

$$\int \frac{dq}{\sqrt{a^2 - q^2}} = \arcsin\frac{q}{a} \tag{8.31}$$

§8.4 例2：平面上の中心力ポテンシャル下の質点

を用いた．今の1自由度系の場合，(8.21)は存在しない．そこで，(8.22)に対応して，(8.30)を q について解くことで解 $q(t)$ が

$$q(t) = \sqrt{\frac{2E}{m\omega^2}} \sin[\omega(t + \beta_1)] \tag{8.32}$$

と求まる．次に，$p(t)$ は一般論の (8.23) より

$$p(t) = \left.\frac{\partial W(q, E)}{\partial q}\right|_{q=q(t)} = m\omega\sqrt{\frac{2E}{m\omega^2} - q(t)^2} = \sqrt{2mE} \cos[\omega(t + \beta_1)] \tag{8.33}$$

と求まる．結局，(8.32)と (8.33) が Hamilton-Jacobi 理論から得られた運動方程式の解である．もちろん，これらは Hamilton の運動方程式を直接解くことで得られた解 (6.49)と（任意定数のとり方が違うだけで）本質的に同じものである．

§8.4　例2：平面上の中心力ポテンシャル下の質点

第2の例として，中心力ポテンシャル $U(r)$ のもと，平面上を運動する質点を考えよう．なお，既に力学で学んでいるように，より一般的に3次元空間内を運動する質点の場合も，角運動量保存により，結局，平面上の運動となる．

この系は，循環座標が現れる例として3.3.4項で扱った．図3.1の極座標 (r, θ) を用いて，この系の Lagrangian は (3.42)式で与えられ，また，Hamiltonian はエネルギー (3.45)を $(\dot{r}, \dot{\theta})$ の代わりに (p_r, p_θ) で表した

$$H(r, \theta, p_r, p_\theta) = p_r\dot{r} + p_\theta\dot{\theta} - L = \frac{1}{2m}\left(p_r^2 + \frac{p_\theta^2}{r^2}\right) + U(r) \tag{8.34}$$

である．3.3.4項で見たように，θ は循環座標であり，対応する運動量 p_θ（= 角運動量）は保存する．すなわち，L (3.42)と H (8.34)は θ には依らず，したがって，

$$\dot{p}_\theta = -\frac{\partial H}{\partial \theta} = 0 \Rightarrow p_\theta = \text{一定} \tag{8.35}$$

さて，この系に対して Hamilton-Jacobi 方程式 (8.7)は

$$\frac{1}{2m}\left[\left(\frac{\partial S}{\partial r}\right)^2 + \frac{1}{r^2}\left(\frac{\partial S}{\partial \theta}\right)^2\right] + U(r) + \frac{\partial S}{\partial t} = 0 \tag{8.36}$$

で与えられるが，Hamiltonian が時間に陽には依らない系なので，例1と同様に 8.2.2 項の特性関数による一般論を用いる．今の場合，特性関数は (r,θ) の関数 $W(r,\theta)$ であり，これを決定する偏微分方程式 (8.18) は

$$\frac{1}{2m}\left[\left(\frac{\partial W(r,\theta)}{\partial r}\right)^2 + \frac{1}{r^2}\left(\frac{\partial W(r,\theta)}{\partial \theta}\right)^2\right] + U(r) = E \tag{8.37}$$

となる．これを

$$r^2\left[\left(\frac{\partial W}{\partial r}\right)^2 + 2m(U(r)-E)\right] + \left(\frac{\partial W}{\partial \theta}\right)^2 = 0 \tag{8.38}$$

と変形すると，r に関係した部分と θ に関係した部分に分かれているので，変数分離の仮定

$$W(r,\theta) = W_r(r) + W_\theta(\theta) \tag{8.39}$$

をして (8.38) に代入すると

$$\underbrace{r^2\left[\left(\frac{dW_r}{dr}\right)^2 + 2m(U(r)-E)\right]}_{\theta に依らない} = \underbrace{-\left(\frac{dW_\theta}{d\theta}\right)^2}_{r に依らない} = 一定 = -\alpha_\theta^2 \tag{8.40}$$

となる．これより直ちに

$$W_\theta(\theta) = \alpha_\theta \theta \tag{8.41}$$

$$W_r(r) = \int dr \sqrt{2m(E-U(r)) - \frac{\alpha_\theta^2}{r^2}} \tag{8.42}$$

を得ることになり，特性関数 W は

$$W(r,\theta,E,\alpha_\theta) = W_r(r) + \alpha_\theta \theta \tag{8.43}$$

となる．

今は2自由度系なので，積分定数として $E(=\alpha_1)$ と α_θ の二つが現れた．(8.23) よりの

$$p_\theta = \frac{\partial W_\theta}{\partial \theta} = \alpha_\theta \tag{8.44}$$

から，α_θ は角運動量 p_θ（=保存量）であることがわかる．逆に，p_θ が保存量であることを最初から用いるなら，(8.44) より (8.41) が直接得られる．

最後に，一般論の (8.20) と (8.21) から質点の軌道を求めよう．まず，(8.20) より

$$t + \beta_1 = \frac{\partial W}{\partial E} = \frac{\partial W_r}{\partial E} = \int \frac{m \, dr}{\sqrt{2m(E - U(r)) - \frac{\alpha_\theta^2}{r^2}}} \tag{8.45}$$

を得る．ポテンシャル $U(r)$ が具体的に与えられれば，(8.45) から r が時間の関数として求まる．次に，(8.21) で $i = \theta$ とした

$$\beta_\theta = \frac{\partial W}{\partial \alpha_\theta} = \frac{\partial W_r}{\partial \alpha_\theta} + \theta \tag{8.46}$$

より得られる

$$\theta - \beta_\theta = -\frac{\partial W_r}{\partial \alpha_\theta} = \int \frac{\alpha_\theta \, dr}{r^2 \sqrt{2m(E - U(r)) - \frac{\alpha_\theta^2}{r^2}}} \tag{8.47}$$

から，r と θ の関係が求まる．(8.47) と (8.45) は，もちろん，力学において Newton の運動方程式を解いて得られるものと同じである．(8.47) において積分変数を $u = 1/r$ におき換えた表式

$$\theta - \beta_\theta = -\int \frac{\alpha_\theta \, du}{\sqrt{2m(E - U(1/u)) - \alpha_\theta^2 u^2}} \tag{8.48}$$

も便利である（章末問題 2）．

§8.5　Hamilton の特性関数再考

以上の Hamilton-Jacobi 理論は，新 Hamiltonian K をゼロとする正準変換を考えるものであった．しかし，7.3 節で述べたように，正準変換により新 Hamiltonian が新座標 Q に依らないように，すなわち $K = K(P)$ とできれば，(7.37) で与えたように (Q, P) の運動方程式は簡単に解くことができ，特に，Hamilton の運動方程式

$$\dot{P}_i = -\frac{\partial K(P)}{\partial Q_i} = 0 \tag{8.49}$$

より $P = $ 定数 $= (\alpha_1, \ldots, \alpha_N)$ となる．Hamilton の特性関数 $W(q, \alpha)$ は，Hamiltonian が時間に陽に依らない場合に，これを実現する $\Phi(q, P)$ 型の正準変換母関数である．

実際，母関数 $W(q,\alpha)$ による正準変換 $(q,p) \mapsto (Q,\alpha)$ は

$$p_i = \frac{\partial W(q,\alpha)}{\partial q_i}, \qquad Q_i = \frac{\partial W(q,\alpha)}{\partial \alpha_i} \tag{8.50}$$

であり，(8.18)式は特に $K = \alpha_1$ となるように $W(q,\alpha)$ を決定する方程式である．このとき，$Q_i(t)$ は Hamilton の運動方程式より

$$\dot{Q}_i = \frac{\partial K}{\partial \alpha_i} = \delta_{i,1} = \begin{cases} 1 & (i = 1) \\ 0 & (i \neq 1) \end{cases} \Rightarrow Q_i(t) = \delta_{i,1} t + \beta_i \quad (\beta_i : 定数) \tag{8.51}$$

と求まり，運動方程式の解 $q_i(t)$ は (8.50)の第2式に (8.51)の $Q_i(t)$ を代入した

$$\delta_{i,1} t + \beta_i = \frac{\partial W(q,\alpha)}{\partial \alpha_i} \tag{8.52}$$

から決まる．もちろん，以上は主関数 $S(q,\alpha,t)$ を用いた方法と等価であり，(8.52)は8.2.2項の (8.20)，および (8.21) と全く同じものである．

調和振動子の場合，特性関数 $W(q,E)$ (8.29)と 7.3 節の $F(q,Q)$ (7.31)は Legendre 変換でつながっており，同じ正準変換を生成する（章末問題3）．

§8.6 作用変数と角変数

Hamilton-Jacobi 理論において，新運動量 $P_i = \alpha_i$ (= 一定) のとり方には任意性がある．ここで導入する**作用変数** (action variable) は，周期的な運動をする系を扱うのに便利な新運動量である．以下では 8.3 節で扱った1次元調和振動子を例にとり説明しよう．

8.3 節で見たように，この系に対して Hamilton の主関数 S は特性関数 W と新運動量 α_1 (= E = エネルギー) により

$$S(q,\alpha_1,t) = W(q,\alpha_1) - \alpha_1 t \tag{8.53}$$

と表され，特性関数 W は

$$W(q,\alpha_1) = m\omega \int dq \sqrt{\frac{2\alpha_1}{m\omega^2} - q^2} \tag{8.54}$$

§8.6 作用変数と角変数

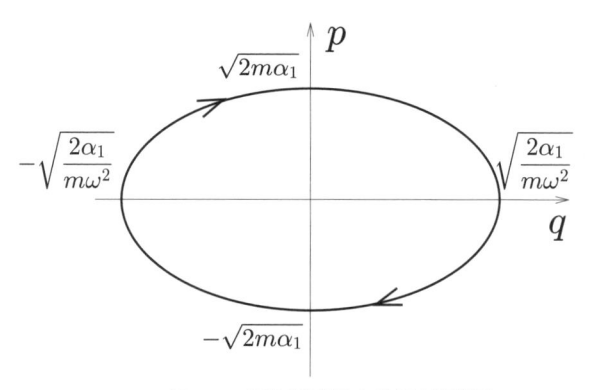

図 8.1 調和振動子の位相空間軌跡

で与えられた．さらに，運動量 p は (q, α_1) と

$$p = \frac{\partial S(q, \alpha_1, t)}{\partial q} = \frac{\partial W(q, \alpha_1)}{\partial q} = m\omega\sqrt{\frac{2\alpha_1}{m\omega^2} - q^2} \tag{8.55}$$

の関係にある．この関係式 (8.55) は，調和振動子の位相空間軌跡 (6.7.1 項)，すなわちエネルギー一定 $= \alpha_1$ を表す楕円

$$\frac{p^2}{2m\alpha_1} + \frac{q^2}{2\alpha_1/(m\omega^2)} = 1 \tag{8.56}$$

に他ならない．調和振動子の (q, p) は時間発展とともにこの楕円の上を時計回りに周期的に回転する（図 8.1）．(8.55) の右辺の平方根 $\sqrt{\cdots}$ には符号 $\pm$ の不定性があるが，図 8.1 にあるように，(q, p) が位相空間軌跡を移動して行くにつれて (8.55) 式の p はしかるべく符号を変化させるものとする．すなわち，q をパラメータ θ で

$$q = \sqrt{\frac{2\alpha_1}{m\omega^2}} \sin\theta, \qquad (0 \leq \theta \leq 2\pi) \tag{8.57}$$

と表せば，(8.55) は

$$p = \sqrt{2m\alpha_1} \cos\theta \tag{8.58}$$

となる．θ が 0 から 2π まで動く間に，この (q, p) は楕円を一周する．

そこで，（調和振動子系に限らず）Hamiltonian が時間に陽に依存せず，周期運動をする一般の 1 自由度系に対して，α_1 に代わる新運動量（＝定数）として作用変数 J を

第8章 Hamilton-Jacobi 理論

> **作用変数**
>
> $$J(\alpha_1) = \oint_{1\text{周期}} p\,dq = \oint_{1\text{周期}} \frac{\partial W(q,\alpha_1)}{\partial q}\,dq \qquad (8.59)$$
>
> ここに，積分は位相空間軌跡に沿った1周期分である．

で定義する．調和振動子系の場合，(8.57)と(8.58)を用いてθ積分で表し，

$$J(\alpha_1) = \int_{\theta=0}^{\theta=2\pi} \sqrt{2m\alpha_1}\cos\theta\,d\left(\sqrt{\frac{2\alpha_1}{m\omega^2}}\sin\theta\right) = \frac{2\alpha_1}{\omega}\int_0^{2\pi}\cos^2\theta\,d\theta = \frac{2\pi\alpha_1}{\omega} \qquad (8.60)$$

と与えられる．これは位相空間軌跡である楕円（図8.1）の面積に他ならない．

(8.59)により，α_1がJの関数$\alpha_1(J)$として与えられる．そこで次に，作用変数Jに対する**角変数** (angle variable) w を

> **角変数**
>
> $$w = \frac{\partial W(q,\alpha_1(J))}{\partial J} \qquad (8.61)$$

で定義する．角変数は特性関数Wを母関数とした正準変換において，新運動量Jに対応した新座標Qである（(8.50)においてαの代わりにJを用いて定義したQ）．(8.51)と同様に，角変数wの時間依存性は$K=H=\alpha_1(J)$を新Hamiltonian とする Hamilton の運動方程式

$$\dot{w} = \frac{\partial \alpha_1(J)}{\partial J} = \text{定数} = \nu \qquad (8.62)$$

より

$$w(t) = \nu t + \beta_J, \qquad (\beta_J : \text{定数}) \qquad (8.63)$$

と求まる．同じ式は，特性関数Wと主関数Sの関係式(8.19)からも得られる：

$$w(t) = \frac{\partial W(q(t),\alpha_1(J))}{\partial J} = \frac{\partial}{\partial J}\Big(\alpha_1(J)t + S(q(t),\alpha_1(J),t)\Big) = \nu t + \beta_J \qquad (8.64)$$

ここでは，定数β_Jは新運動量Jに対応した新座標（(8.9)参照）である：

$$\beta_J = \frac{\partial S(q(t),\alpha_1(J),t)}{\partial J} \qquad (8.65)$$

§8.6 作用変数と角変数

今は周期的な運動をする1自由度系，特に，1次元調和振動子系を考えているわけであるが，角変数の特徴は，

> 系の1周期の運動の間の角変数 w の変化分を Δw とすると
> $$\Delta w = 1 \tag{8.66}$$

である．実際，Δw は

$$\Delta w = \oint_{1\text{周期}} \frac{\partial w}{\partial q} dq \tag{8.67}$$

と表されるが，これに w の定義式 (8.61) を用いることで

$$\Delta w = \oint_{1\text{周期}} \frac{\partial W}{\partial q \partial J} dq = \frac{\partial}{\partial J} \oint_{1\text{周期}} \frac{\partial W}{\partial q} dq = \frac{\partial J}{\partial J} = 1 \tag{8.68}$$

を得る．ここに，第3の等号において J の定義式 (8.59) を用いた．したがって，(8.66) と (8.63) より次のことがわかる：

> q の周期運動の周期と振動数は
> $$\nu = \frac{\partial \alpha_1(J)}{\partial J} \tag{8.69}$$
> を用いて
> $$\text{周期} = \frac{1}{\nu}, \quad \text{振動数} = \nu \tag{8.70}$$
> で与えられる．

調和振動子系の場合，(8.60) より

$$\alpha_1(J) = \frac{\omega}{2\pi} J \tag{8.71}$$

であり，(8.69) から

$$\nu = \frac{\partial}{\partial J}\left(\frac{\omega J}{2\pi}\right) = \frac{\omega}{2\pi} \tag{8.72}$$

を得るが，これは確かに振動数である（ω は角振動数）．なお，調和振動子系において，角変数 w を q を用いて表すと

155

$$w = \frac{\partial W}{\partial J} = \frac{\partial W}{\partial \alpha_1}\frac{\partial \alpha_1(J)}{\partial J} = \frac{1}{\omega}\int \frac{dq}{\sqrt{\frac{2\alpha_1}{m\omega^2} - q^2}} \times \frac{\omega}{2\pi} = \frac{1}{2\pi}\arcsin\left(\sqrt{\frac{m\omega^2}{2\alpha_1}}\,q\right) \tag{8.73}$$

である．

8.6.1　変数分離型の W への拡張

以上は，1自由度系での作用変数・角変数の話であったが，多自由度系で各変数 q_i がそれぞれ周期運動をする場合への拡張は容易である．ここでは，特性関数が変数分離，すなわち各 q_i の特性関数の和

$$W(q,\alpha) = \sum_{i=1}^{N} W_i(q_i, \alpha_1, \ldots, \alpha_N) \tag{8.74}$$

の形で与えられる場合を考える．具体例は 8.4 節で扱った中心力ポテンシャルの系，あるいは Hamiltonian が

$$H(q,p) = \sum_{i=1}^{N}\left(\frac{1}{2m_i}p_i^2 + \frac{m_i\omega_i^2}{2}q_i^2\right) \tag{8.75}$$

で与えられる N 次元調和振動子の系である．(8.74)の形の W の場合，(8.50)より

$$p_i = \frac{\partial W_i(q_i, \alpha)}{\partial q_i} \quad (i = 1, \ldots, N) \tag{8.76}$$

であり，系は各部分位相空間 (q_i, p_i) の中で（一般には）異なった周期の周期運動をする．

各 q_i に対して，作用変数 J_i を

$$J_i = \oint_{1\,\text{周期}} p_i\, dq_i = \oint_{1\,\text{周期}} \frac{\partial W_i(q_i,\alpha)}{\partial q_i}\, dq_i \tag{8.77}$$

で定義しよう．ここに積分は部分位相空間 (q_i, p_i) での1周期分である．これを $\alpha = (\alpha_1, \ldots, \alpha_N)$ について解くことにより

$$\alpha_i = \alpha_i(J) = \alpha_i(J_1, \ldots, J_N) \tag{8.78}$$

を得る．次に，角変数 w_i を

$$w_i = \frac{\partial W(q, \alpha(J))}{\partial J_i} = \sum_{j=1}^{N}\frac{\partial W_j(q_j, \alpha(J))}{\partial J_i} \tag{8.79}$$

で定義する．今も Hamiltonian は $H = K = \alpha_1(J)$ で与えられており，w_i の時間依存性は Hamilton の運動方程式

$$\dot{w}_i = \frac{\partial \alpha_1(J)}{\partial J_i} = \text{定数} = \nu_i \tag{8.80}$$

より

$$w_i(t) = \nu_i t + \beta_{J_i} \qquad (\beta_{J_i}：\text{定数}) \tag{8.81}$$

と与えられる．

そこで，変数 q_j が1周期分の運動をする間に角変数 w_i が受ける変化分を $\Delta_j w_i$ としよう：

$$\Delta_j w_i = \oint_{1\text{周期}} \frac{\partial w_i}{\partial q_j} dq_j \tag{8.82}$$

ここに，j は固定したものであり，積分は q_j の1周期分である．角変数 w_i の定義式 (8.79) を用いると次式を得る：

$$\Delta_j w_i = \oint_{1\text{周期}} \frac{\partial W_j(q_j, \alpha(J))}{\partial q_j \partial J_i} dq_j = \frac{\partial}{\partial J_i} \oint_{1\text{周期}} \frac{\partial W_j(q_j, \alpha(J))}{\partial q_j} dq_j = \frac{\partial J_j}{\partial j_i} = \delta_{ij} \tag{8.83}$$

すなわち，$w_i = w_i(q, J)$ (8.79) は，q のうちの q_i が1周期分の運動をした際には1だけ変化するが，他の q_j ($j \neq i$) が1周期分の運動をしても変化しない．このことと (8.81) より，変数 q_i の周期運動の周期と振動数は

$$\nu_i = \frac{\partial \alpha_1(J_1, \ldots, J_N)}{\partial J_i} \tag{8.84}$$

により

$$\text{周期} = \frac{1}{\nu_i}, \qquad \text{振動数} = \nu_i \tag{8.85}$$

で与えられることがわかる．(8.75) の N 次元調和振動子の場合，これは自明であろう．

§8.7 作用変数・角変数の例

ここでは，作用変数・角変数に対して二つの例を挙げる．

8.7.1 単振り子

1.4.2項で扱った単振り子の系 ($N = 1$) を考えよう．その位相空間軌跡は 6.7.2項で議論した．特性関数 $W(\theta, \alpha_1)$ が満たすべき Hamilton-Jacobi 方程式 (8.18)は，Hamiltonian (6.54)より

$$\frac{1}{2m\ell^2}\left(\frac{\partial W(\theta,\alpha_1)}{\partial\theta}\right)^2 + mg\ell(1-\cos\theta) = \alpha_1 \tag{8.86}$$

であり，これより作用変数 J (8.59)は

$$J = \oint_{1\text{周期}} \frac{\partial W(\theta,\alpha_1)}{\partial\theta} d\theta = \sqrt{2m}\,\ell \oint_{1\text{周期}} d\theta\, f(\theta,\alpha_1) \tag{8.87}$$

で与えられる．ここに関数 $f(\theta,\alpha_1)$ は

$$f(\theta,\alpha_1) = \sqrt{\alpha_1 - 2mg\ell\sin^2\frac{\theta}{2}} \tag{8.88}$$

である．(8.87)における1周期分の θ 積分は，6.7.2項で説明したように $\alpha_1(=E)$ の値に依存し，(6.56)で定義される $\theta_{\max} = \theta_{\max}(\alpha_1) = 2\arcsin\sqrt{\alpha_1/(2mg\ell)}$ を用いて

$$\oint_{1\text{周期}} d\theta = \begin{cases} 2\displaystyle\int_{-\theta_{\max}}^{\theta_{\max}} d\theta & (\alpha_1 < 2mg\ell) \\ \displaystyle\int_{-\pi}^{\pi} d\theta & (\alpha_1 > 2mg\ell) \end{cases} \tag{8.89}$$

である．すなわち J は，$\alpha_1 < 2mg\ell$ の場合は図6.4の **A** の閉曲線で囲まれた面積であり，$\alpha_1 > 2mg\ell$ の場合は同図の **B** の曲線と θ 軸で囲まれた $-\pi < \theta < \pi$ の区間の面積である．

次に振動数 ν (8.61)を求めるために，(8.87)の両辺を J で微分すると

$$1 = \frac{\partial\alpha_1(J)}{\partial J}\frac{\sqrt{2m}\,\ell}{2}\oint_{1\text{周期}}\frac{d\theta}{f(\theta,\alpha_1)} \tag{8.90}$$

を得る．なお，$\alpha_1 < 2mg\ell$ の場合，(8.90)の右辺には (8.89) の積分の端点 $\pm\theta_{\max}(\alpha_1)$ の J 微分に由来する

$$2\sqrt{2m}\,\ell\bigl[f(\theta_{\max},\alpha_1) + f(-\theta_{\max},\alpha_1)\bigr]\frac{\partial\alpha_1(J)}{\partial J}\frac{\partial\theta_{\max}(\alpha_1)}{\partial\alpha_1} \tag{8.91}$$

§8.7 作用変数・角変数の例

も加わるが，$f(\pm\theta_{\max}, \alpha_1) = 0$ なので寄与しない．結局，単振り子の周期 $T(\alpha_1)$ は

$$T(\alpha_1) = \frac{1}{\nu} = \left(\frac{\partial \alpha_1(J)}{\partial J}\right)^{-1} = \sqrt{\frac{m}{2}}\,\ell \oint_{1\text{周期}} \frac{d\theta}{f(\theta, \alpha_1)} \tag{8.92}$$

と求まる．この周期は，$\alpha_1 < 2mg\ell$ の場合は振り子の往復運動の周期であり，$\alpha_1 > 2mg\ell$ の場合は振り子の回転運動の周期である．(8.92)式は，もちろん，作用変数・角変数を用いずに，エネルギー保存の式から直接簡単に得ることもできる（章末問題4）．

まず，$\alpha_1 \ll 2mg\ell$ の場合，すなわち振り子のエネルギーが微小で非常に小さな振れの場合を考えよう．この場合は

$$\theta_{\max} \simeq \sqrt{\frac{2\alpha_1}{mg\ell}} \ll 1 \tag{8.93}$$

であって，$f(\theta, \alpha_1)$ (8.88) において $\sin^2(\theta/2) \simeq \theta^2/4$ と近似し

$$T(\alpha_1) \simeq \sqrt{2m}\,\ell \int_{-\sqrt{2\alpha_1/mg\ell}}^{\sqrt{2\alpha_1/mg\ell}} \frac{d\theta}{\sqrt{\alpha_1 - \frac{mg\ell}{2}\theta^2}} = 2\pi\sqrt{\frac{\ell}{g}} \tag{8.94}$$

という，よく知られた α_1 に依らない周期を得る（振り子の等時性）．

一般の α_1 に対する周期 (8.92) は，

$$K(x) = \int_0^{\pi/2} \frac{d\phi}{\sqrt{1 - x\sin^2\phi}} \tag{8.95}$$

で定義される（第1種完全）楕円積分 $K(x)$ と，無次元量 γ，

$$\gamma = \frac{\alpha_1}{2mg\ell} \tag{8.96}$$

を用いて

$$T(\alpha_1) = \begin{cases} 4\sqrt{\dfrac{\ell}{g}}\,K(\gamma) & (\alpha_1 < 2mg\ell) \\[2ex] 2\sqrt{\dfrac{\ell}{g}}\,\dfrac{1}{\sqrt{\gamma}}\,K\!\left(\dfrac{1}{\gamma}\right) & (\alpha_1 > 2mg\ell) \end{cases} \tag{8.97}$$

と表される（章末問題5）．なお，

- 楕円積分の Taylor 展開は

$$K(\gamma) = \frac{\pi}{2}\left(1 + \frac{1}{4}\gamma + \frac{9}{64}\gamma^2 + \cdots\right) \tag{8.98}$$

であり，単振り子のエネルギー α_1 が大きくなる，したがって振れが大きくなると等時性は破れてくる．

- $K(x \to 1)$ は発散する．したがって，$\alpha_1 \to 2mg\ell$ で周期は無限大となる．

8.7.2　平面上の $1/r$ ポテンシャル下の 1 質点系

次の例として，8.4 節で扱った中心力ポテンシャル下の質点の系で，特に引力ポテンシャル

$$U(r) = -\frac{k}{r} \qquad (k > 0) \tag{8.99}$$

の場合を考えよう．さらに，今は周期的な運動，すなわち楕円運動の場合に興味があるので，エネルギー $E = \alpha_1 < 0$ とする．この系の特性関数 W は変数分離の形 (8.39) で与えられており，8.6.1 項の議論を用いて r と θ の運動のそれぞれの周期を求める．

まず，角度変数 θ と $\theta + 2\pi$ は同一視されるので，位相空間 (θ, p_θ) は単振り子の場合と同じく θ 方向の周長 2π の円筒表面（図 6.5）である．したがって，作用変数 J_θ は定義式 (8.77) に $W_\theta(\theta)$ (8.41) を用いて

$$J_\theta = \oint_{1\text{周期}} \frac{\partial W_\theta(\theta, \alpha)}{\partial \theta}\,d\theta = \alpha_\theta \oint_{1\text{周期}} d\theta = 2\pi \alpha_\theta \tag{8.100}$$

となる．ここに，$p_\theta = \alpha_\theta$ は角運動量（保存量）であった．

次に，位相空間 (r, p_r) における位相空間軌跡は，$W_r(r)$ (8.42) より

$$p_r = \frac{\partial W_r(r, \alpha)}{\partial r} = \sqrt{2m(\alpha_1 - U(r)) - \frac{\alpha_\theta^2}{r^2}} = \sqrt{2m\alpha_1 + \frac{2mk}{r} - \frac{\alpha_\theta^2}{r^2}} \tag{8.101}$$

で与えられる曲線である．ここに，右辺の平方根は正負どちらの値もとる．具体的な形は図 8.2 に与えられたものであり，そこにおける r_+ と r_- は $p_r = 0$ となる r，すなわち 2 次方程式

$$r^2 + \frac{k}{\alpha_1}r - \frac{\alpha_\theta^2}{2m\alpha_1} = 0 \tag{8.102}$$

の解 $(0 < r_- < r_+)$ である．作用変数 J_r は図 8.2 の閉曲線で囲まれた部分の

§8.7 作用変数・角変数の例

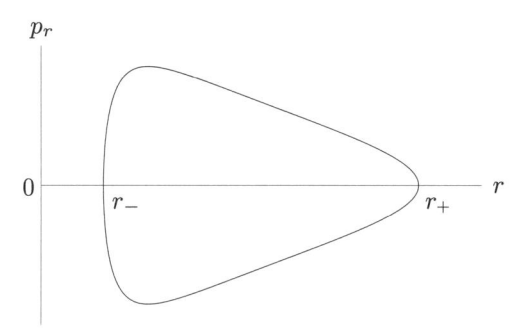

図 8.2 位相空間 (r, p_r) における軌跡

面積であり，

$$J_r = \oint_{1\text{周期}} \frac{\partial W_r(r, \alpha)}{\partial r}\, dr = 2\sqrt{-2m\alpha_1} \int_{r_-}^{r_+} \frac{dr}{r} \sqrt{(r_+ - r)(r - r_-)}$$

$$= 2\sqrt{-2m\alpha_1} \times \frac{\pi}{2} \left(\sqrt{r_+} - \sqrt{r_-}\right)^2 = -2\pi\alpha_\theta + \pi k \sqrt{\frac{2m}{-\alpha_1}} \quad (8.103)$$

と与えられる．ここに，(8.102) よりの

$$r_+ + r_- = -\frac{k}{\alpha_1}, \quad r_+ r_- = -\frac{\alpha_\theta^2}{2m\alpha_1} \quad (8.104)$$

を用いた．

さて，得られた J_θ (8.100) と J_r (8.103) より，エネルギー α_1 は (J_r, J_θ) を用いて

$$\alpha_1(J_r, J_\theta) = -\frac{2\pi^2 m k^2}{(J_r + J_\theta)^2} \quad (8.105)$$

と表される．これを一般公式 (8.84) に用いて，r の周期運動の振動数 ν_r は

$$\nu_r = \frac{\partial \alpha_1(J_r, J_\theta)}{\partial J_r} = \frac{4\pi^2 m k^2}{(J_r + J_\theta)^3} \quad (8.106)$$

と求まり，周期 T_r はエネルギー α_1 の関数として

$$T_r(\alpha_1) = \frac{1}{\nu_r} = \pi k \sqrt{\frac{m}{-2\alpha_1^3}} \quad (8.107)$$

と与えられる．今の場合，変数 θ の振動数 ν_θ は r のそれと一致する：

$$\nu_\theta = \frac{\partial \alpha_1(J_r, J_\theta)}{\partial J_\theta} = \nu_r \quad (8.108)$$

したがって，平面上の質点の軌道は質点の原点まわりの一周で（すなわち，θ の 2π だけの変化で）閉じる．運動方程式の解である軌道が必ず閉じる中心力ポテンシャルは，$1/r$ 型のポテンシャル (8.99)，あるいは，等方調和振動子ポテンシャル

$$U(r) = ar^2, \quad (a > 0) \tag{8.109}$$

に限られることが知られている．

§8 の章末問題

問題 1 8.3 節で扱った調和振動子の解 $q(t)$ に対して，Hamilton の主関数 S と Lagrangian の時間積分の関係式 (8.13) を確認せよ．

問題 2 $U(r) = -k/r\ (k > 0)$ の場合に (8.48) の積分を実行し，質点の軌道を求めよ．

問題 3 7.3 節で正準変換を利用して調和振動子の運動方程式を解いたが，その際に用いた母関数 $F(q, Q)$ (7.31) がこの章の $W(q, E)$ (8.29) を母関数 $\Phi(q, P = E/\omega)$ と見なしたものと Legendre 変換でつながっていることを示せ．

問題 4 単振り子の周期の表式 (8.92) を，エネルギー保存の式から直接導出せよ．

問題 5 単振り子の周期 $T(\alpha_1)$ (8.92) が楕円関数 K (8.95) を用いて (8.97) で与えられることを示せ．

第8章 Hamilton-Jacobi 理論

■益川コラム　Hamilton-Jacobi 方程式と摂動論

　一般の三体問題ではなく，太陽と惑星の二体問題にもう一つ惑星が影響する，いわゆる三体問題を考える場合，その考えの中心になるのが，天体力学における正準理論であり，それを定式化するのが Hamilton-Jacobi 方程式であるといえる．

　三体問題では，惑星が太陽からの引力を受けるだけでなく，まわりの惑星から影響を受ける場合の軌道のずれを摂動論的に扱う．正準理論，特に正準変換と天体力学の摂動論は密接に関係している．今，太陽のまわりを運行する惑星の運動を考えると，惑星には太陽からの引力以外に他の惑星からの引力の影響を受ける．一般には後者は前者に比べて十分小さいので，摂動力 (perturbation force) として扱える．

　このように摂動力が存在すると，楕円軌道からずれを生じることになる．すなわち，Hamilton-Jacobi 方程式 ((8.7) 式)，

$$H(t, \boldsymbol{r}, \nabla S) + \frac{\partial S}{\partial t} = 0$$

で，Hamiltonian を元の Hamiltonian H_0 に摂動的な項を $H = H_0 + \varepsilon H_1 + \cdots$（$\varepsilon$ は微小なパラメータ）のように付け加えたものとすると，主関数 S も $S = S_0 + \varepsilon S_1 + \cdots$ のように展開される．

　これより摂動展開で解を求めることで，軌道からのずれを理論的に計算することができる．

　例えば，萩原雄祐『天体力学の基礎〈第1上 第1編〉序論と変換論』（河出書房，1947年），荒木俊馬『天体力学』（恒星社厚生閣，1980年）のような専門書があり，この中で古典力学，解析力学と正準変換（接触変換）の関係が，詳説されている．これらに書かれていることを隅々まで理解することは容易ではないが，ロケット技術などにいまだ古典力学が重視されることを考えれば，Hamilton-Jacobi 方程式の基礎的価値の高さを再認識できる．

《益川敏英》

第 9 章 微分形式を用いた記述

この章では微分形式と呼ばれる数学を用いて，第 6 章の Hamilton 形式や第 7 章の正準変換を再考する．これにより，Poisson bracket の Jacobi identity，その正準変換のもとでの不変性などが非常に簡単に導かれることを見る．

§9.1 微分形式

この節では，解析力学への応用のための微分形式の数学をまとめる．ただし，数学的な厳密性は求めず，物理への実用的な応用のためのまとめである．微分形式を既習の読者は，この節を飛ばして，9.2 節に進んでいただきたい．

今，n 次元空間 M の上に座標系 $(x^i) = (x^1, x^2, \ldots, x^n)$ が与えられているとする．M 上の（微分可能な）実関数 $f : M \mapsto \mathbb{R}$ の全体を $F^0(M)$ で表す．すなわち，$f \in F^0(M)$ なら $f(x) \in \mathbb{R}$ であって，$f(x)$ は x^i について（無限回）微分可能である．

9.1.1 ベクトル場

まず，ベクトル場 (vector field) という概念を導入する．M 上のベクトル場 X とは，ある関数 $X^i(x)$ $(i = 1, 2, \ldots, n)$ を用いて

$$X = X^i(x) \frac{\partial}{\partial x^i} \tag{9.1}$$

と表される（微分）演算子のことである[1]．以下では M 上のベクトル場全体を $\mathcal{V}(M)$ で表す．ベクトル場は $F^0(M)$ から $F^0(M)$ への写像である．つまり，$X \in \mathcal{V}(M)$ は $^\forall f \in F^0(M)$ に作用して $Xf \in F^0(M)$ を与える：

$$(Xf)(x) = X^i(x) \frac{\partial f(x)}{\partial x^i} \tag{9.2}$$

この写像は線型写像，すなわち任意定数 a, b と $^\forall f, g \in F^0(M)$ に対して

$$X(af + bg) = aXf + bXg \tag{9.3}$$

---
[1] 物理学では，$X^i(x)$ のことを（反変）ベクトル場と呼ぶ．

165

が成り立ち，Leibniz 則

$$X(fg) = (Xf)g + f(Xg) \tag{9.4}$$

を満たす．さらに，二つのベクトル場 $X, Y \in \mathcal{V}(M)$ の間の**交換子** (commutator) $[X, Y]$ を

$$[X, Y] = XY - YX \tag{9.5}$$

で定義すると，$[X, Y]$ もまたベクトル場であり，具体的には (9.1)式の X と $Y = Y^i(x)(\partial/\partial x^i)$ に対して

$$[X, Y] = \left(X^j \frac{\partial Y^i}{\partial x^j} - Y^j \frac{\partial X^i}{\partial x^j} \right) \frac{\partial}{\partial x^i} \tag{9.6}$$

である．

逆に，線型性 (9.3)と Leibniz 則 (9.4)を満たす $F^0(M)$ から $F^0(M)$ への写像[2] X は必ず (9.1)のように表すことができる．これを理解するために，まず，(9.4)式において $f = g = 1$ とおくことで，X が定数に作用したものはゼロであることが導ける：

$$X(\text{定数}) = 0 \tag{9.7}$$

次に，$^\forall f \in F^0(M)$ の任意の点 $x = x_0$ まわりの Taylor 展開を考える：

$$f(x) = f(x_0) + a_i(x - x_0)^i + \frac{1}{2} b_{ij}(x - x_0)^i (x - x_0)^j + \cdots \tag{9.8}$$

ここに，定数 a_i, b_{ij} は

$$a_i = \left. \frac{\partial f(x)}{\partial x^i} \right|_{x=x_0}, \qquad b_{ij} = \left. \frac{\partial^2 f(x)}{\partial x^i \partial x^j} \right|_{x=x_0} (= b_{ji}) \tag{9.9}$$

などである．(9.8)の両辺に X を作用させ，線型性 (9.3)，Leibniz 則 (9.4)および (9.7)を用いることで

$$\begin{aligned}(Xf)(x) &= a_i X(x - x_0)^i + b_{ij}(x - x_0)^i X(x - x_0)^j + \cdots \\ &= a_i (Xx^i) + b_{ij}(x - x_0)^i (Xx^j) + O((x - x_0)^2)\end{aligned} \tag{9.10}$$

---

[2] むしろこれがベクトル場の通常の定義であるが，ここではより実用的な表式 (9.1)から出発した．

§9.1 微分形式

を得る. ここで, $x = x_0$ とおくと右辺の第2項以降はゼロとなり

$$(Xf)(x_0) = a_i(Xx^i)\big|_{x=x_0} = (Xx^i)\frac{\partial f(x)}{\partial x^i}\bigg|_{x=x_0} \qquad (9.11)$$

ここで x_0 は任意なので, $X^i(x) = Xx^i$ として (9.1)式が成り立つことがわかる.

9.1.2 1-form

次に, $\mathcal{V}(M)$ から $F^0(M)$ への線型写像, すなわちベクトル場 X に対して M 上の関数を対応させる線型写像を **1-form** (1次微分形式) と呼ぶ. 1-form 全体を $F^1(M)$ で表す. (9.1)によれば任意のベクトル場は, 各点 x で $(\partial/\partial x^i)$ の線型和として与えられる. そこで, $(\partial/\partial x^i)$ に対して, 1-form dx^i $(i = 1, 2, \ldots, n)$ を

$$dx^i\left(\frac{\partial}{\partial x^j}\right) = \delta^i_j \qquad (9.12)$$

を満足するものとして定義する. dx^i は 1-form の基底を成し, 一般の 1-form $\alpha \in F^1(M)$ は関数 $\alpha_i(x)$ を用いて

$$\alpha = \alpha_i(x)\,dx^i \qquad (9.13)$$

と表される[3]. (9.1)の $X \in \mathcal{V}(M)$ に対しては

$$\alpha(X) = \alpha_i(x)\,dx^i\left(X^j(x)\frac{\partial}{\partial x^j}\right) = \alpha_i(x)X^j(x)\,dx^i\left(\frac{\partial}{\partial x^j}\right) = \alpha_i(x)X^i(x) \qquad (9.14)$$

となる.

9.1.3 p-form

p-form (p 次微分形式) とは, p 個のベクトル場から $F^0(M)$ への反対称な p 重線型写像である. p-form の全体を $F^p(M)$ で表すと, $\alpha \in F^p(M)$ は $\forall X_a \in \mathcal{V}(M)$ $(a = 1, \ldots, p)$ に対して反対称性

$$\alpha\big(X_{\sigma(1)}, X_{\sigma(2)}, \ldots, X_{\sigma(p)}\big) = \operatorname{sgn}(\sigma)\,\alpha(X_1, X_2, \ldots, X_p) \qquad (9.15)$$

---

[3] 関数 $\alpha_i(x)$ を共変ベクトル場と呼ぶ.

を満たす．ここに，$\sigma(\in S_p)$ は p 次置換群 S_p の任意の要素，すなわち $(\sigma(1), \sigma(2), \ldots, \sigma(p))$ は $(1, 2, \ldots, p)$ の並べ替えであり，$\mathrm{sgn}(\sigma)$ は

$$\mathrm{sgn}(\sigma) = \begin{cases} 1 & (\sigma : 偶置換) \\ -1 & (\sigma : 奇置換) \end{cases} \tag{9.16}$$

で定義される符号因子である．さらに，${}^\forall Y_a \in \mathcal{V}(M)$ と任意定数 c, d に対して線型性

$$\alpha(X_1, \ldots, cX_a + dY_a, \ldots, X_p) = c\,\alpha(X_1, \ldots, X_a, \ldots, X_p)$$
$$+ d\,\alpha(X_1, \ldots, Y_a, \ldots, X_p) \tag{9.17}$$

が各 $a = 1, \ldots, p$ について成り立つ．

9.1.4 外積

外積 (wedge product) とは，p-form と q-form から $(p+q)$-form をつくり出す積演算 $\wedge$ である．具体的には，$\alpha \in F^p(M)$ と $\beta \in F^q(M)$ に対して，外積 $\alpha \wedge \beta \in F^{p+q}(M)$ を

$$\begin{aligned}&(\alpha \wedge \beta)(X_1, \ldots, X_{p+q}) \\ &= \frac{1}{p!\,q!} \sum_{\sigma \in S_{p+q}} \mathrm{sgn}(\sigma)\,\alpha(X_{\sigma(1)}, \ldots, X_{\sigma(p)})\,\beta(X_{\sigma(p+1)}, \ldots, X_{\sigma(p+q)})\end{aligned} \tag{9.18}$$

で定義する．和は $(p+q)$ 次の置換 $\sigma \in S_{p+q}$ についてである．特に，0-form $f \in F^0(M)$ に対しては，外積は単に掛け算であるとする：

$$f \wedge \alpha = \alpha \wedge f = f\alpha \tag{9.19}$$

外積は結合律，すなわち任意の微分形式 α, β, γ に対して

$$(\alpha \wedge \beta) \wedge \gamma = \alpha \wedge (\beta \wedge \gamma) \tag{9.20}$$

を満たす．したがって，(9.20)を単に $\alpha \wedge \beta \wedge \gamma$ と表す．(9.18)式より，一般に $\alpha_{p_a} \in F^{p_a}(M)$ $(a = 1, 2, \ldots, m)$ に対して

$$(\alpha_{p_1} \wedge \alpha_{p_2} \wedge \cdots \wedge \alpha_{p_m})(X_1, \ldots, X_{p_1 + \cdots + p_m}) = \frac{1}{\prod_{a=1}^m p_a!} \sum_{\sigma \in S_{p_1 + \cdots + p_m}} \mathrm{sgn}(\sigma)$$

§9.1 微分形式

$$\times \alpha_{p_1}(X_{\sigma(1)}, \ldots, X_{\sigma(p_1)}) \, \alpha_{p_2}(X_{\sigma(p_1+1)}, \ldots, X_{\sigma(p_1+p_2)}) \cdots$$
$$\times \alpha_{p_m}(X_{\sigma(p_1+\cdots+p_{m-1}+1)}, \ldots, X_{\sigma(p_1+\cdots+p_m)}) \tag{9.21}$$

が示される．また，外積は符号を除いて可換である．すなわち，$\alpha \in F^p(M)$ と $\beta \in F^q(M)$ に対して，定義式 (9.18) より

$$\alpha \wedge \beta = (-1)^{pq} \beta \wedge \alpha \tag{9.22}$$

が成り立つ．

1-form の基底として dx^i を導入したが，この p 個の外積からつくられる

$$dx^{i_1} \wedge dx^{i_2} \wedge \cdots \wedge dx^{i_p} \tag{9.23}$$

が p-form の基底を成す．完全反対称性

$$dx^{i_{\sigma(1)}} \wedge dx^{i_{\sigma(2)}} \wedge \cdots \wedge dx^{i_{\sigma(p)}} = \mathrm{sgn}(\sigma) \, dx^{i_1} \wedge dx^{i_2} \wedge \cdots \wedge dx^{i_p} \tag{9.24}$$

から独立な基底の個数は $_nC_p$ である．(9.21) より，ベクトル場の基底 $(\partial/\partial x^i)$ に対する作用は

$$(dx^{i_1} \wedge \cdots \wedge dx^{i_p})\left(\frac{\partial}{\partial x^{j_1}}, \ldots, \frac{\partial}{\partial x^{j_p}}\right) = \sum_{\sigma \in S_p} \mathrm{sgn}(\sigma) \, \delta^{i_{\sigma(1)}}_{j_1} \cdots \delta^{i_{\sigma(p)}}_{j_p} \tag{9.25}$$

で与えられる．

一般の p-form $\alpha \in F^p(M)$ は，基底 (9.23) と係数となる関数 $\alpha_{i_1 i_2 \cdots i_p}(x)$ を用いて

$$\alpha = \frac{1}{p!} \alpha_{i_1 i_2 \cdots i_p}(x) \, dx^{i_1} \wedge dx^{i_2} \wedge \cdots \wedge dx^{i_p} \tag{9.26}$$

と表される．基底の完全反対称性 (9.24) から，(9.26) の和には $\alpha_{i_1 i_2 \cdots i_p}$ の完全反対称部分しか寄与しない．したがって，$\alpha_{i_1 i_2 \cdots i_p}$ は完全反対称

$$\alpha_{i_{\sigma(1)} i_{\sigma(2)} \cdots i_{\sigma(p)}}(x) = \mathrm{sgn}(\sigma) \, \alpha_{i_1 i_2 \cdots i_p}(x) \tag{9.27}$$

として一般性を失わない．また，(9.26) では各 i_a について独立に 1 から n までの和をとっているが，

$$\alpha = \sum_{i_1 < i_2 < \cdots < i_p} \alpha_{i_1 i_2 \cdots i_p}(x) \, dx^{i_1} \wedge dx^{i_2} \wedge \cdots \wedge dx^{i_p} \tag{9.28}$$

とも表される[4].

(9.26)の $\alpha \in F^p(M)$ と

$$\beta = \frac{1}{q!}\beta_{i_1 i_2 \cdots i_q}(x)\, dx^{i_1} \wedge dx^{i_2} \wedge \cdots \wedge dx^{i_q} \tag{9.29}$$

で与えられる $\beta \in F^q(M)$ に対して，それらの外積は

$$\alpha \wedge \beta = \frac{1}{p!q!}\alpha_{i_1 \cdots i_p}(x)\beta_{i_{p+1} \cdots i_{p+q}}(x)\, dx^{i_1} \wedge \cdots \wedge dx^{i_p} \wedge dx^{i_{p+1}} \wedge \cdots \wedge dx^{i_{p+q}}$$

$$= \frac{1}{(p+q)!}(\alpha \wedge \beta)_{i_1 \cdots i_{p+q}}(x)\, dx^{i_1} \wedge \cdots \wedge dx^{i_{p+q}} \tag{9.30}$$

となる．ここに，係数関数 $(\alpha \wedge \beta)_{i_1 \cdots i_{p+q}}(x)$ は

$$(\alpha \wedge \beta)_{i_1 \cdots i_{p+q}}(x) = \frac{1}{p!q!}\sum_{\sigma \in S_{p+q}} \mathrm{sgn}(\sigma)\, \alpha_{i_{\sigma(1)} \cdots i_{\sigma(p)}}(x)\, \beta_{i_{\sigma(p+1)} \cdots i_{\sigma(p+q)}}(x) \tag{9.31}$$

である．

例：3次元空間での三つの 1-form の外積

3次元空間において $\alpha = \alpha_i dx^i$, $\beta = \beta_i dx^i$, $\gamma = \gamma_i dx^i$ の三つの 1-form の外積は

$$\alpha \wedge \beta \wedge \gamma = \alpha_i \beta_j \gamma_k\, dx^i \wedge dx^j \wedge dx^k = \epsilon^{ijk}\alpha_i \beta_j \gamma_k\, dx^1 \wedge dx^2 \wedge dx^3 \tag{9.32}$$

となる．ここに，

$$dx^i \wedge dx^j \wedge dx^k = \epsilon^{ijk}\, dx^1 \wedge dx^2 \wedge dx^3 \quad (n=3\text{ の場合}) \tag{9.33}$$

を用いた．$\epsilon^{ijk}\alpha_i \beta_j \gamma_k = \boldsymbol{\alpha} \cdot (\boldsymbol{\beta} \times \boldsymbol{\gamma})$ は3つのベクトル $\boldsymbol{\alpha} = (\alpha_i)$, $\boldsymbol{\beta} = (\beta_i)$, $\boldsymbol{\gamma} = (\gamma_i)$ の成す平行六面体の体積である．

9.1.5 外微分

外微分 (exterior derivative) とは，p-form α に作用して $(p+1)$-form $d\alpha$ をつくり出す演算 d のことであり，次の性質を満たすものとする：

$$d(a\,\alpha + b\,\beta) = a\, d\alpha + b\, d\beta \tag{9.34}$$

---

[4] $\alpha_{i_1 i_2 \cdots i_p}(x)$ を p 階（完全反対称）共変テンソル場と呼ぶ．

§9.1 微分形式

$$d^2 = 0 \tag{9.35}$$

$$d(\alpha \wedge \beta) = (d\alpha) \wedge \beta + (-1)^{|\alpha|} \alpha \wedge (d\beta) \tag{9.36}$$

$$df(x) = \frac{\partial f(x)}{\partial x^i} dx^i \quad \text{for} \quad {}^\forall f \in F^0(M) \tag{9.37}$$

ここに，α と β は任意の微分形式，a と b は任意定数，また，(9.36)において $|\alpha|$ は α の次数，すなわち α は $|\alpha|$-form であるとする．(9.34)は外微分の線型性であり，(9.35)は外微分の冪零性 (nilpotency) と呼ばれ，(9.36)は外積に対する外微分の Leibniz 則である．

補足事項をいくつか述べる：

- 1-form の基底 dx^i は関数 $x^i \in F^0(M)$ に外微分が作用したものと見なし，(9.35)より

$$d(dx^i) = 0 \tag{9.38}$$

とする．

- 関数 (0-form) $f \in F^0(M)$ と p-form α の積 $f\alpha$ に対しては，(9.19)と(9.36)より

$$d(f\alpha) = d(f \wedge \alpha) = (df) \wedge \alpha + f \, d\alpha \tag{9.39}$$

- (9.36)式と(9.37)式は，外微分の冪零性(9.35)と無矛盾，すなわちそれぞれの右辺にさらに d を作用させると消えることに注意しよう．まず，(9.36)の右辺に d を作用させると，(9.36)と(9.35)を用いて

$$(-1)^{|d\alpha|}(d\alpha) \wedge (d\beta) + (-1)^{|\alpha|}(d\alpha) \wedge (d\beta) = 0 \tag{9.40}$$

となる．ここに，$|d\alpha| = |\alpha| + 1$ を用いた．次に，(9.37)の右辺に d を作用させると，(9.39)式の f と α をそれぞれ $\partial f/\partial x^i$，および dx^i としたものを用い，さらに(9.37)と(9.38)を用いて

$$d\left(\frac{\partial f(x)}{\partial x^i} dx^i\right) = \frac{\partial^2 f(x)}{\partial x^j \partial x^i} dx^j \wedge dx^i = 0 \tag{9.41}$$

を得る．ここで最後に，反対称性

$$dx^i \wedge dx^j = -dx^j \wedge dx^i \tag{9.42}$$

を用いた．

さて，(9.26)で与えられる p-form α に対して $d\alpha$ は，(9.39)と(9.37)より

$$d\alpha = \frac{1}{p!} d\alpha_{i_1 i_2 \cdots i_p}(x) \wedge dx^{i_1} \wedge \cdots \wedge dx^{i_p} + \frac{1}{p!} \alpha_{i_1 i_2 \cdots i_p}(x) \, d\bigl(dx^{i_1} \wedge \cdots \wedge dx^{i_p}\bigr)$$

$$= \frac{1}{p!} \partial_j \alpha_{i_1 i_2 \cdots i_p}(x) \, dx^j \wedge dx^{i_1} \wedge \cdots \wedge dx^{i_p} \tag{9.43}$$

となる．ここに，(9.36)および(9.38)から得られる

$$d\bigl(dx^{i_1} \wedge \cdots \wedge dx^{i_p}\bigr) = 0 \tag{9.44}$$

および略記号

$$\partial_j = \frac{\partial}{\partial x^j} \tag{9.45}$$

を用いた．(9.43)式をさらに標準形(9.26)で表すと

$$d\alpha = \frac{1}{(p+1)!} (d\alpha)_{i_1 i_2 \cdots i_p i_{p+1}}(x) \, dx^{i_1} \wedge dx^{i_2} \wedge \cdots \wedge dx^{i_p} \wedge dx^{i_{p+1}} \tag{9.46}$$

となる．ここで完全反対称な係数関数 $(d\alpha)_{i_1 i_2 \cdots i_{p+1}}$ は

$$(d\alpha)_{i_1 i_2 \cdots i_{p+1}}(x) = \sum_{a=1}^{p+1} (-1)^{a-1} \partial_{i_a} \alpha_{i_1 \cdots i_{a-1} i_{a+1} \cdots i_{p+1}}(x) \tag{9.47}$$

で与えられる[5]．たとえば，1-form $\alpha = \alpha_i \, dx^i$ に対して

$$d\alpha = \frac{1}{2} \left(\partial_i \alpha_j - \partial_j \alpha_i \right) dx^i \wedge dx^j \tag{9.48}$$

である．

なお，操作的には外微分は

$$d = dx^i \frac{\partial}{\partial x^i} \tag{9.49}$$

すなわち p-form α (9.26)に対して

$$d\alpha = dx^i \wedge \frac{\partial \alpha}{\partial x^i} \tag{9.50}$$

と表される．ここに右辺の $\partial/\partial x^i$ は p-form の係数関数に対する微分演算子である：

$$\frac{\partial \alpha}{\partial x^i} = \frac{1}{p!} \frac{\partial \alpha_{i_1 \cdots i_p}(x)}{\partial x^i} dx^{i_1} \wedge \cdots \wedge dx^{i_p} \tag{9.51}$$

---

[5] (9.47)の右辺の和において，$a = 1$ の項は $\partial \alpha_{i_2 \cdots i_{p+1}}(x) / \partial x^{i_1}$，$a = p+1$ の項は $(-1)^p \partial \alpha_{i_1 \cdots i_p}(x) / \partial x^{i_{p+1}}$ である．

§9.1 微分形式

(9.49)の表現を用いると (9.34)–(9.37)は自動的に成り立つ．特に冪零性 (9.35) は

$$d^2 = dx^i \wedge dx^j \frac{\partial^2}{\partial x^i \partial x^j} = 0 \tag{9.52}$$

と成り立つ．ここに，反対称性 (9.42)と微分の可換性 $\partial^2/(\partial x^i \partial x^j) = \partial^2/(\partial x^j \partial x^i)$ を用いた．

9.1.6 内部積

内部積 (interior product) は，与えられたベクトル場 Y に対して定義された，p-form から $(p-1)$-form をつくり出す線型演算であり，$i(Y)$ で表す．$\alpha \in F^p(M)$ $(p \geq 1)$ に対して $i(Y)\alpha \in F^{p-1}(M)$ は

$$(i(Y)\alpha)(X_1, \ldots, X_{p-1}) \equiv \alpha(Y, X_1, \ldots, X_{p-1}) \tag{9.53}$$

で定義される．また，0-form に対する内部積はゼロであるとする：

$$i(Y)f = 0 \quad \text{for} \quad {}^{\forall}f \in F^0(M) \tag{9.54}$$

(9.26)で与えられた α と $Y = Y^i(x)(\partial/\partial x^i)$ に対しては

$$i(Y)\alpha = \frac{1}{(p-1)!} Y^j(x) \alpha_{j i_1 i_2 \cdots i_{p-1}}(x) dx^{i_1} \wedge dx^{i_2} \wedge \cdots \wedge dx^{i_{p-1}} \tag{9.55}$$

である．特に，1-form $\alpha = \alpha_i(x)dx^i$ に対しては

$$i(Y)\alpha = Y^i(x)\alpha_i(x) = \alpha(Y) \tag{9.56}$$

となる．内部積の重要な性質として次の三つがある（章末問題 1）：

$$i(aX + bY) = a\, i(X) + b\, i(Y) \tag{9.57}$$

$$i(X)\, i(Y) = -i(Y)\, i(X) \tag{9.58}$$

$$i(Y)(\alpha \wedge \beta) = (i(Y)\alpha) \wedge \beta + (-1)^{|\alpha|} \alpha \wedge (i(Y)\beta) \tag{9.59}$$

9.1.7 Lie 微分

与えられたベクトル場 X に対して，p-form から p-form への線型写像である **Lie**（リー）**微分** (Lie derivative) $\mathcal{L}_X$ を外微分 d と内部積 $i(X)$ を用いて

$$\mathcal{L}_X = d\, i(X) + i(X)\, d \tag{9.60}$$

で定義する．例を挙げると

- 0-form f に対して $\mathcal{L}_X f$ は,(9.54),(9.37),(9.56)を用いて

$$\mathcal{L}_X f = i(X)df = X^i \partial_i f = X(f) \tag{9.61}$$

- 1-form $\alpha = \alpha_i(x)dx^i$ に対しては,まず (9.56)と (9.37)より得られる

$$d\,i(X)\alpha = d(X^i \alpha_i) = \partial_j(X^i \alpha_i)\,dx^j \tag{9.62}$$

と,(9.48)と (9.55)よりの

$$i(X)d\alpha = X^j\left(\partial_j \alpha_i - \partial_i \alpha_j\right)dx^i \tag{9.63}$$

を用いて

$$\mathcal{L}_X \alpha = \left((\partial_i X^j)\alpha_j + X^j \partial_j \alpha_i\right)dx^i \tag{9.64}$$

を得る.

- (9.26)で与えられる一般の p-form α に対しては,$\mathcal{L}_X \alpha$ は

$$\mathcal{L}_X \alpha = \frac{1}{p!}\left(\mathcal{L}_X \alpha\right)_{i_1 \cdots i_p} dx^{i_1} \wedge \cdots \wedge dx^{i_p} \tag{9.65}$$

ただし,

$$\left(\mathcal{L}_X \alpha\right)_{i_1 \cdots i_p} = \sum_{a=1}^{p} (\partial_{i_a} X^j)\, \alpha_{i_1 \cdots \overset{a}{j} \cdots i_p} + X^j \partial_j \alpha_{i_1 \cdots i_p} \tag{9.66}$$

となる.ここに,$\alpha_{i_1 \cdots \overset{a}{j} \cdots i_p}$ は a 番目の index i_a が j におき換えられたものである.

Lie 微分は次の三つの重要な性質をもっている:

$$\mathcal{L}_{aX+bY} = a\mathcal{L}_X + b\mathcal{L}_Y \tag{9.67}$$

$$\mathcal{L}_X(\alpha \wedge \beta) = (\mathcal{L}_X \alpha) \wedge \beta + \alpha \wedge (\mathcal{L}_X \beta) \tag{9.68}$$

$$[\mathcal{L}_X, \mathcal{L}_Y] = \mathcal{L}_{[X,Y]} \tag{9.69}$$

$\mathcal{L}_X$ の X についての線型性 (9.67)は,Lie 微分の定義 (9.60)と内部積の性質 (9.57)より明らかである.外積に対する Leibniz 則 (9.68)は,外微分と内部積の Leibniz 則 (9.36)と (9.59)を用いて示すことができる.(9.69)式は Lie 微分の交換子がまた Lie 微分になる(Lie 微分が交換子について閉じている)ことを

§9.1 微分形式

意味する. 例として (9.69) の左辺を 0-form f に作用させてみよう. (9.61) の結果を用いると

$$[\mathcal{L}_X, \mathcal{L}_Y]f = \mathcal{L}_X(Y^i \partial_i f) - \mathcal{L}_Y(X^i \partial_i f) = X^j \partial_j(Y^i \partial_i f) - Y^j \partial_j(X^i \partial_i f)$$
$$= (X^j \partial_j Y^i - Y^j \partial_j X^i)\partial_i f = \mathcal{L}_{[X,Y]}f \tag{9.70}$$

となり,確かに (9.69) が成り立っている. なお, (9.70) の最後の等号において (9.6) を用いた. (9.69) 式が一般の p-form に作用した場合に成り立っていることは, 公式 (9.65) を用いて示すことができる（章末問題 3).

さらに, Lie 微分は外微分と交換するという性質をもっている:

$$[\mathcal{L}_X, d] = 0 \tag{9.71}$$

これは, Lie 微分の定義 (9.60), および外微分の冪零性 (9.35) から直ちに導かれる.

9.1.8 座標変換

今, 座標系 (x^i) から

$$x^i = x^i(\widetilde{x}) = x^i(\widetilde{x}^1, \widetilde{x}^2, \ldots, \widetilde{x}^n) \qquad (i = 1, 2, \ldots, n) \tag{9.72}$$

あるいは逆に $\widetilde{x}^i = \widetilde{x}^i(x)$ で関係した別の座標系 $(\widetilde{x}^i)$ に移ることを考えよう. まず, 二つの座標系におけるベクトル場の基底 (= 微分演算子) $(\partial/\partial x^i)$ と $(\partial/\partial \widetilde{x}^i)$ は

$$\frac{\partial}{\partial x^i} = \frac{\partial \widetilde{x}^j}{\partial x^i} \frac{\partial}{\partial \widetilde{x}^j}, \qquad \frac{\partial}{\partial \widetilde{x}^i} = \frac{\partial x^j}{\partial \widetilde{x}^i} \frac{\partial}{\partial x^j} \tag{9.73}$$

で関係している. ベクトル場 X (9.1) 自体は座標系のとり方に依らず定義されており

$$X = \widetilde{X}^i(\widetilde{x}) \frac{\partial}{\partial \widetilde{x}^i} \tag{9.74}$$

と基底 $(\partial/\partial \widetilde{x}^i)$ で表した係数 $\widetilde{X}^i(\widetilde{x})$ は (9.1) の係数と

$$\widetilde{X}^i(\widetilde{x}) = \frac{\partial \widetilde{x}^i}{\partial x^j} X^j(x) \tag{9.75}$$

で関係している.

次に，二つの座標系における 1-form の基底 dx^i と $d\widetilde{x}^i$ の関係は

$$dx^i = \frac{\partial x^i}{\partial \widetilde{x}^j} d\widetilde{x}^j, \qquad d\widetilde{x}^i = \frac{\partial \widetilde{x}^i}{\partial x^j} dx^j \tag{9.76}$$

で与えられる．実際，(9.12)から

$$d\widetilde{x}^i \left(\frac{\partial}{\partial \widetilde{x}^j}\right) = \frac{\partial \widetilde{x}^i}{\partial x^k} \frac{\partial x^\ell}{\partial \widetilde{x}^j} dx^k \left(\frac{\partial}{\partial x^\ell}\right) = \frac{\partial \widetilde{x}^i}{\partial x^k} \frac{\partial x^k}{\partial \widetilde{x}^j} = \frac{\partial \widetilde{x}^i}{\partial \widetilde{x}^j} = \delta^i_j \tag{9.77}$$

が得られる．p-form も座標系に依らず定義されているが，(9.26) で与えられる p-form α を基底 $d\widetilde{x}^i$ を用いて表すと

$$\alpha = \frac{1}{p!}\widetilde{\alpha}_{i_1 i_2 \cdots i_p}(\widetilde{x})\, d\widetilde{x}^{i_1} \wedge d\widetilde{x}^{i_2} \wedge \cdots \wedge d\widetilde{x}^{i_p} \tag{9.78}$$

ただし，

$$\widetilde{\alpha}_{i_1 i_2 \cdots i_p}(\widetilde{x}) = \frac{\partial x^{j_1}}{\partial \widetilde{x}^{i_1}} \frac{\partial x^{j_2}}{\partial \widetilde{x}^{i_2}} \cdots \frac{\partial x^{j_p}}{\partial \widetilde{x}^{i_p}} \alpha_{j_1 j_2 \cdots j_p}(x) \tag{9.79}$$

となる．

そこで，微小関数 $\varepsilon^i(x)$ を用いて次式で与えられる微小座標変換を考えよう：

$$\widetilde{x}^i = x^i - \varepsilon^i(x) \tag{9.80}$$

この場合

$$\frac{\partial \widetilde{x}^i}{\partial x^j} = \delta^i_j - \partial_j \varepsilon^i(x), \qquad \frac{\partial x^j}{\partial \widetilde{x}^i} = \delta^j_i + \partial_i \varepsilon^j(x) + O(\varepsilon^2) \tag{9.81}$$

である．例として 1-form (9.13)の係数 $\alpha_i(x)$ の変換を考えよう．変換則 (9.79) より，微小量 $\varepsilon^i(x)$ の 2 次以上を無視して

$$\widetilde{\alpha}_i(\widetilde{x}) = \frac{\partial x^j}{\partial \widetilde{x}^i}\alpha_j(x) = \alpha_i(x) + \partial_i \varepsilon^j(x)\,\alpha_j(x) \tag{9.82}$$

である．そこで，見かけ同じ点 x における差 $\widetilde{\alpha}_i(x) - \alpha_i(x)$ を計算すると

$$\widetilde{\alpha}_i(x) - \alpha_i(x) = \widetilde{\alpha}_i(\widetilde{x} + \varepsilon) - \alpha_i(x) = \widetilde{\alpha}_i(\widetilde{x}) + \varepsilon^j \partial_j \widetilde{\alpha}_i(\widetilde{x}) - \alpha_i(x)$$
$$= \partial_i \varepsilon^j(x)\,\alpha_j(x) + \varepsilon^j \partial_j \alpha(x) \tag{9.83}$$

となるが，これは (9.64)からわかるように，ちょうどベクトル場 $X = \varepsilon^i(x)(\partial/\partial x^i)$ の Lie 微分の作用 $\mathcal{L}_X \alpha$ の係数にほかならない．以上は 1-form に対する例であったが，一般に，p-form α (9.26)に対して (9.80)の微小座標変換を考えると，X をベクトル場 $X = \varepsilon^i(x)(\partial/\partial x^i)$ として，$\varepsilon^i(x)$ の 2 次以上を無視する近似で

$$\widetilde{\alpha}_{i_1 \cdots i_p}(x) - \alpha_{i_1 \cdots i_p}(x) = (\mathcal{L}_X \alpha)_{i_1 \cdots i_p} \tag{9.84}$$

が成り立つ．ここに右辺は (9.66)で与えられる．

9.1.9 積分

n 次元空間 M 上の n-form の基底 $dx^1 \wedge dx^2 \wedge \cdots \wedge dx^n$ は M 上の積分体積要素ともみなされる．すなわち，0-form $f \in F^0(M)$ と M 内の領域 V に対して

$$\int_V f\, dx^1 \wedge dx^2 \wedge \cdots \wedge dx^n = \int_V f(x)\, dx^1 dx^2 \cdots dx^n \tag{9.85}$$

すなわち，関数 $f(x)$ の領域 V における体積積分であるとする．

なお，座標変換 (9.72) のもとで

$$d\widetilde{x}^1 \wedge d\widetilde{x}^2 \wedge \cdots \wedge d\widetilde{x}^n = \frac{\partial \widetilde{x}^1}{\partial x^{i_1}} \frac{\partial \widetilde{x}^2}{\partial x^{i_2}} \cdots \frac{\partial \widetilde{x}^n}{\partial x^{i_n}} dx^{i_1} \wedge dx^{i_2} \wedge \cdots \wedge dx^{i_n} \tag{9.86}$$

であるが，

$$dx^{i_1} \wedge dx^{i_2} \wedge \cdots \wedge dx^{i_n} = \epsilon^{i_1 i_2 \cdots i_n} dx^1 \wedge dx^2 \wedge \cdots \wedge dx^n \tag{9.87}$$

$$\epsilon^{i_1 i_2 \cdots i_n} = \begin{cases} 1 & : (i_1, i_2, \ldots, i_n)\ \text{が}\ (1, 2, \ldots, n)\ \text{の偶置換} \\ -1 & : (i_1, i_2, \ldots, i_n)\ \text{が}\ (1, 2, \ldots, n)\ \text{の奇置換} \\ 0 & : \text{それ以外} \end{cases} \tag{9.88}$$

$$\epsilon^{i_1 i_2 \cdots i_n} \frac{\partial \widetilde{x}^1}{\partial x^{i_1}} \frac{\partial \widetilde{x}^2}{\partial x^{i_2}} \cdots \frac{\partial \widetilde{x}^n}{\partial x^{i_n}} = \det\left(\frac{\partial \widetilde{x}^i}{\partial x^j}\right) \tag{9.89}$$

より

$$d\widetilde{x}^1 \wedge d\widetilde{x}^2 \wedge \cdots \wedge d\widetilde{x}^n = \det\left(\frac{\partial \widetilde{x}^i}{\partial x^j}\right) dx^1 \wedge dx^2 \wedge \cdots \wedge dx^n \tag{9.90}$$

が成り立つ．これは積分体積要素の座標変換（変数変換）のもとでの変換則に他ならない．

§9.2　Hamilton 形式への応用

9.1 節の微分形式，およびそれに対するさまざまな演算を解析力学，特に Hamilton 形式に応用しよう．以下では，一般の N 自由度系を考え，9.1 節の空間 M として $n = 2N$ 次元位相空間 (q_i, p_i) をとる．この場合，ベクトル場の

第9章 微分形式を用いた記述

基底は $(\partial/\partial q_i, \partial/\partial p_i)$, 1-form の基底は (dq_i, dp_i) である．また，位相空間上の 0-form $f(q,p)$ に対する外微分の作用は ((9.37)参照)

$$df = \frac{\partial f}{\partial q_i}dq_i + \frac{\partial f}{\partial p_i}dp_i \tag{9.91}$$

で与えられる．

9.2.1 Symplectic form

位相空間 M 上に，symplectic form と呼ばれる次の 2-form $\omega(q,p)$ を導入する [6]：

$$\omega(q,p) = \sum_{i=1}^{N} dp_i \wedge dq_i = \frac{1}{2}\sum_{i=1}^{N}(dp_i \wedge dq_i - dq_i \wedge dp_i) \tag{9.92}$$

定義から明らかなように，ω に外微分を作用させると消える：

$$d\omega(q,p) = 0 \tag{9.93}$$

ω の k 個の外積を，以下では簡単のために単に ω^k で表す：

$$\omega^k = \underbrace{\omega \wedge \omega \wedge \cdots \wedge \omega}_{k\,個} \tag{9.94}$$

9.2.2 Poisson bracket

6.8節において Poisson bracket (6.57)を定義したが，symplectic form を用いることにより，二つの 0-form $f(q,p)$ と $g(q,p)$ の Poisson bracket $\{f,g\}$ を次式で与えることができる：

$$Ndf \wedge dg \wedge \omega^{N-1} = -\{f,g\}\omega^N \tag{9.95}$$

[証明]
まず，

$$\omega^N = N!\,dp_1 \wedge dq_1 \wedge dp_2 \wedge dq_2 \wedge \cdots \wedge dp_N \wedge dq_N \tag{9.96}$$

---

[6] 位相空間の座標を ξ_I (6.70)で表すと，ω_{IJ} (6.72)を用いて symplectic form は $\omega = (1/2)\omega_{IJ}d\xi_J \wedge d\xi_I$ で与えられる．

§9.2 Hamilton 形式への応用

$$\omega^{N-1} = (N-1)! \sum_{i=1}^{N} dp_1 \wedge dq_1 \wedge \cdots \overline{\wedge dp_i \wedge dq_i} \wedge \cdots \wedge dp_N \wedge dq_N \quad (9.97)$$

である.なお,(9.97)の右辺において,バツ印は $\wedge dp_i \wedge dq_i$ の部分が無いことを意味する.これらと,

$$\begin{aligned} df \wedge dg &= \left(\frac{\partial f}{\partial q_i} dq_i + \frac{\partial f}{\partial p_i} dp_i \right) \wedge \left(\frac{\partial g}{\partial q_j} dq_j + \frac{\partial g}{\partial p_j} dp_j \right) \\ &= -\sum_{i=1}^{N} \left(\frac{\partial f}{\partial q_i} \frac{\partial g}{\partial p_i} - \frac{\partial f}{\partial p_i} \frac{\partial g}{\partial q_i} \right) dp_i \wedge dq_i \\ &\quad + \sum_{i \neq j} dp_i \wedge dq_j \text{項} + \sum_{i,j} dq_i \wedge dq_j \text{項} + \sum_{i,j} dp_i \wedge dp_j \text{項} \end{aligned} \quad (9.98)$$

および 1-form の反対称性 (9.42) (x^i は今の場合 q_i,あるいは p_i) から (9.95) が導かれる.特に同一の 1-form どうしの外積が消えること,

$$dq_i \wedge dq_i = dp_i \wedge dp_i = 0 \quad (\text{各 } i \text{ について}) \quad (9.99)$$

から (9.98) の最後の 3 項が (9.95) の左辺に寄与しないことに注意しよう. ∎

Poisson bracket には (6.63)–(6.67) の性質があるが,これらは (9.95) からも理解できる.たとえば,(6.63) は $df \wedge dg = -dg \wedge df$ より明らか.(6.66) は $d(fg) = (df)g + f(dg)$ の帰結である.

さらに,Poisson bracket は Jacobi identity (6.69) という重要な恒等式を満たす.6.8.2 項に与えた証明はかなり複雑であったが,微分形式の理論を用いると簡単に証明することができる.そのために,$f \in F^0(M)$ に対応したベクトル場 X_f を

$$X_f g = \{f, g\} \quad \text{for} \quad {}^\forall g \in F^0(M) \quad (9.100)$$

で定義しよう.X_f を位相空間 M のベクトル場の基底 $(\partial/\partial q_i, \partial/\partial p_i)$ で表すと,

$$X_f = \frac{\partial f}{\partial q_i} \frac{\partial}{\partial p_i} - \frac{\partial f}{\partial p_i} \frac{\partial}{\partial q_i} \quad (9.101)$$

である.ベクトル場 X_f の Lie 微分 $\mathcal{L}_{X_f}$ は symplectic form を消すという基本的な性質をもっている[7]:

$$\mathcal{L}_{X_f} \omega = 0 \quad (9.102)$$

---
[7] $\mathcal{L}_X \omega = 0$ を満たすベクトル場 X は Hamiltonian ベクトル場と呼ばれる.

[(9.102) の証明]
まず，内部積の公式 (9.55) を X_f (9.101)，および ω (9.92) に適用して

$$i(X_f)\omega = \frac{\partial f}{\partial q_i}dq_i + \frac{\partial f}{\partial p_i}dp_i = df \tag{9.103}$$

が得られる．これと (9.93)，さらに d の冪零性 (9.35) を用いることで

$$\mathcal{L}_{X_f}\omega = \bigl(d\,i(X_f) + i(X_f)\,d\bigr)\omega = d^2 f = 0$$

を得る． ∎

そこで，0-form h に対応した Lie 微分 $\mathcal{L}_{X_h}$ を (9.95) の両辺に作用させよう．Leibniz 則 (9.68) と性質 (9.71) および (9.102) を用いると

$$N\Bigl[(d\mathcal{L}_{X_h}f) \wedge dg + df \wedge (d\mathcal{L}_{X_h}g)\Bigr] \wedge \omega^{N-1} = -\bigl(\mathcal{L}_{X_h}\{f,g\}\bigr)\omega^N \tag{9.104}$$

を得るが，これに (9.61) と (9.100) からの $\mathcal{L}_{X_h}f = X_h f = \{h,f\}$，さらに再び (9.95) を用いると

$$-(\{\{h,f\},g\} + \{f,\{h,g\}\})\omega^N = -\{h,\{f,g\}\}\omega^N \tag{9.105}$$

となる．両辺の ω^N の係数が等しくなければならないことと，(6.63) を用いることで Jacobi identity (6.69) を得る．

なお，Jacobi identity は

$$[X_f, X_g] = X_{\{f,g\}} \tag{9.106}$$

と等価である．実際，(9.106) の両辺を $h \in F^0(M)$ に作用させると Jacobi identity (6.69) が得られる．(9.106) を直接示すことも Jacobi identity の証明法の一つである（章末問題 4）．

§9.3 正準変換

第 7 章で正準変換を導入し，それがもつさまざまな性質を議論した．$F(q, Q, t)$ を母関数とする正準変換 $(q_i, p_i) \mapsto (Q_i, P_i)$ は (7.15) 式で定義さ

§9.3 正準変換

れたが，そこにおける dq_i, dQ_i, dt はこの章における 1-form と見なしてよい．すなわち，

$$\mathcal{A}(q,p,t;H) = \sum_{i=1}^{N} p_i dq_i - H(q,p,t)dt \tag{9.107}$$

で定義された $\mathcal{A}(q,p,t;H)$ を用いて，正準変換は

$$\mathcal{A}(Q,P,t;K) = \mathcal{A}(q,p,t;H) + \widehat{d}F(q,Q,t) \tag{9.108}$$

を満足するものとして与えられる．ただし，今は座標 (q_i, p_i)，あるいは (Q_i, P_i) をもった位相空間 M とは別に時間座標 $t \in \mathbb{R}$ も含め，拡張された $(2N+1)$ 次元位相空間 $\widehat{M} = M \times \mathbb{R}$ を考えている．外微分 $\widehat{d}$ は $\widehat{M}$ 上の外微分であって位相空間 M 上の外微分 d と

$$\widehat{d} = d + dt \frac{\partial}{\partial t} \tag{9.109}$$

の関係にある（(9.49)参照）．(9.108)と冪零性 $\widehat{d}^2 = 0$ より

$$\widehat{d}\mathcal{A}(Q,P,t;K) = \widehat{d}\mathcal{A}(q,p,t;H) \tag{9.110}$$

が成り立つが，その両辺は

$$\begin{aligned}\widehat{d}\mathcal{A}(q,p,t;H) &= dp_i \wedge dq_i - \left(\frac{\partial H}{\partial q_i}dq_i + \frac{\partial H}{\partial p_i}dp_i + \frac{\partial H}{\partial t}dt\right) \wedge dt \\ &= \left(dp_i + \frac{\partial H}{\partial q_i}dt\right) \wedge \left(dq_i - \frac{\partial H}{\partial p_i}dt\right)\end{aligned} \tag{9.111}$$

および

$$\widehat{d}\mathcal{A}(Q,P,t;K) = \left(dP_i + \frac{\partial K}{\partial Q_i}dt\right) \wedge \left(dQ_i - \frac{\partial K}{\partial P_i}dt\right) \tag{9.112}$$

である．

さて，(9.110)は時間 t も含めた拡張された位相空間 $\widehat{M}$ 上の関係式であるが，これを（ある時刻 t における）元の位相空間 M に制限した式も成り立つ．すなわち

$$\widehat{d}\mathcal{A}(Q,P,t;K)\big|_{dt=0} = \widehat{d}\mathcal{A}(q,p,t;H)\big|_{dt=0} \tag{9.113}$$

ところが，(9.111)と(9.112)からこの両辺は symplectic form $\omega(q,p)$ と $\omega(Q,P)$ であり，次の重要な性質が導かれる：

第9章 微分形式を用いた記述

> **symplectic form の正準変換に対する不変性**
> 正準変換でつながった 2 組の正準変換 (q,p) と (Q,P) の symplectic form は等しい．すなわち，
> $$\omega(q,p) = \omega(Q,P) \tag{9.114}$$
> が成り立つ．

9.3.1 正準変換のもとでの Poisson bracket の不変性

7.5 節と 7.6 節において，Poisson bracket がそれを定義する正準変数 (q,p) に対する正準変換のもとで不変であること，すなわち (7.77) 式が成り立つことを見た．しかし，その証明はかなり複雑であった．ここでは，微分形式を用いることでより簡単な証明を与えよう．

まず，symplectic form により Poisson bracket を与える式 (9.95) を，正準変数 (q,p) を明記して

$$N\, df \wedge dg \wedge \omega(q,p)^{N-1} = -\{f,g\}_{q,p}\, \omega(q,p)^N \tag{9.115}$$

と表そう．この左辺において df と dg は正準変数 (q,p) のとり方に依らない量である．ところが (9.114) のように，symplectic form も正準変換に対して不変である．このことから直ちに (7.77) が得られる．

9.3.2 正準変換のもとでの位相空間の積分体積要素の不変性

7.11 節で位相空間の積分体積要素が正準変換のもとで不変であること ((7.148)式) を証明し，このことから Liouville の定理 (7.160) が導かれた．微分形式の理論においては，位相空間の積分体積要素は $2N$-form $dq_1 \wedge \cdots \wedge dq_N \wedge dp_1 \wedge \cdots \wedge dp_N$ で与えられる (9.1.9 項)．ところが，これは (符号を除いて) symplectic form を用いて次のように表される:

$$dq_1 \wedge dp_1 \wedge dp_2 \wedge dq_2 \wedge \cdots \wedge dp_N \wedge dq_N = \frac{1}{N!}\omega(q,p)^N \tag{9.116}$$

この積分体積要素が正準変換で不変であることは，symplectic form の不変性 (9.114) の帰結である．

―――――――――――― §9 の章末問題 ――――――――――――

問題 1 内部積の性質 (9.57)–(9.59) を示せ.

問題 2 Lie 微分の定義 (9.60) から一般の p-form α に対する (9.66) 式を導け.

問題 3 Lie 微分の性質 (9.69) を示せ.

問題 4 任意の 0-form f と g に対して (9.106) が成り立つことを示せ. なお, 位相空間の座標を ξ_I (6.70) で表し, ω_{IJ} (6.72) および ∂_I (6.75) の記号を用いた X_f の表式

$$X_f = \omega_{IJ}(\partial_I f)\,\partial_J$$

が便利である.

第10章 場の理論：連続無限個の力学変数の系

この章では連続無限個の自由度をもった系である場の理論を考える．これは空間の各点に力学変数が存在する系であり，具体例として弾性体と電磁場を記述する理論を考える．素粒子の世界も場の理論と相対性理論，そして次章で触れる量子力学に基づいた相対論的場の量子論と呼ばれるもので記述される．

§10.1 場の理論

これまで考えてきた系は，いずれも，有限個の力学変数 $q_i(t)$ ($i = 1, 2, \ldots, N$) をもったものであった．この章で扱う**場の理論**とは，空間の各点 $\boldsymbol{x}$ に対してそれに対応した力学変数 $\varphi(\boldsymbol{x}, t)$ をもつ系のことである．この $\varphi(\boldsymbol{x}, t)$ を**場**と呼ぶ．すなわち，$q_i(t)$ の index i として連続無限個の値をとる空間座標 $\boldsymbol{x}$ としたものが場 $\varphi(\boldsymbol{x}, t)$ である．したがって，場の理論は特に無限個の自由度 ($N = \infty$) をもつ系である．また，場の理論における空間座標 $\boldsymbol{x}$ は力学変数ではなく，力学変数を識別する index であることに注意しよう．

多くの場の理論は有限自由度の系から $N \to \infty$ の極限として得られる．簡単な例として 5.5 節で扱った N 自由度の連成振動子の系を考えよう．i 番目の質点の平衡位置からのずれ x_i をここでは q_i で表すと，この系の Lagrangian (5.49) は

$$L = \sum_{i=1}^{N} \frac{1}{2} m \dot{q}_i^2 - \sum_{i=1}^{N-1} \frac{1}{2} k (q_{i+1} - q_i)^2, \tag{10.1}$$

で与えられる．5.5 節では，図 5.2 のように円環状の連成振動子を考えたが，ここでは両端が離れているとし，(10.1) の右辺第 2 項の和は $i = N - 1$ までとした．全ての質点が静止した平衡状態において隣り合う質点の間隔が a であるとし，各 i に対して 1 次元の空間座標

$$x = (i - 1)a \quad (i = 1, 2, \ldots, N) \tag{10.2}$$

を対応させ，

$$q_i(t) = \varphi(x, t) \tag{10.3}$$

第10章 場の理論：連続無限個の力学変数の系

とする．そこで，間隔 a をゼロにする極限 $(a \to 0)$ を考えよう．ただし，今の連成振動子の総幅

$$L = (N-1)a \tag{10.4}$$

を一定に保つように，$a \to 0$ とすると同時に $N \to \infty$ の極限もとる．この極限で，

$$q_{i+1} - q_i = \varphi(x+a, t) - \varphi(x, t) \to a\frac{\partial \varphi(x, t)}{\partial x} \tag{10.5}$$

$$\sum_{i=1}^{N} \to \frac{1}{a}\int_0^L dx \tag{10.6}$$

であることを用いると，Lagrangian (10.1) は

$$L = \int_0^L dx \left\{\frac{1}{2}\mu\left(\frac{\partial \varphi(x, t)}{\partial t}\right)^2 - \frac{1}{2}\kappa\left(\frac{\partial \varphi(x, t)}{\partial x}\right)^2\right\} \tag{10.7}$$

となる．ここに，μ と κ は

$$\mu = \frac{m}{a}, \quad \kappa = ka \tag{10.8}$$

で与えられるが，$a \to 0$ の極限でこれらの量が有限となるように $m \to 0$，$k \to \infty$ とする．特に，μ は単位長さ当たりの質量である．(10.7)式が力学変数として場 $\varphi(x, t)$ をもつ空間1次元の場の理論の Lagrangian の例であり，具体的には1次元的にのみ伸び縮みする弾性体を記述する．場 $\varphi(x, t)$ は点 x における変位を表す．

最後に，この場の理論の Euler-Lagrange 方程式を求めよう．このために作用 $S = \int_{t_1}^{t_2} L$ の場 $\varphi(x, t)$ についての変分をとると

$$\begin{aligned}\delta S &= \int_{t_1}^{t_2} dt \int_0^L dx \left\{\mu\frac{\partial \varphi}{\partial t}\frac{\partial \delta\varphi}{\partial t} - \kappa\frac{\partial \varphi}{\partial x}\frac{\partial \delta\varphi}{\partial x}\right\} \\ &= \mu\int_0^L dx \left[\frac{\partial \varphi}{\partial t}\delta\varphi\right]_{t=t_1}^{t=t_2} - \kappa\int_{t_1}^{t_2} dt \left[\frac{\partial \varphi}{\partial x}\delta\varphi\right]_{x=0}^{x=L} \\ &\quad + \int_{t_1}^{t_2} dt \int_0^L dx \left\{-\mu\frac{\partial^2 \varphi}{\partial t^2} + \kappa\frac{\partial^2 \varphi}{\partial x^2}\right\}\delta\varphi \end{aligned} \tag{10.9}$$

を得る．ここで2種類の表面項が現れるが，これらはいずれもゼロとなる．まず，時間 t についての表面項が消えるのは，両端の時刻における場 $\varphi(x, t = t_1, t_2)$ を（各 x で）固定していることから，(1.16)と同じく

$$\delta\varphi(x, t_1) = \delta\varphi(x, t_2) = 0 \tag{10.10}$$

であることに依る．次に，空間 x についての表面項は，両端 $x = 0, L$ において

$$\text{固定端条件：} \quad \delta\varphi(x=0, L, t) = 0 \tag{10.11}$$

$$\text{自由端条件：} \quad \left.\frac{\partial \varphi(x,t)}{\partial x}\right|_{x=0, L} = 0 \tag{10.12}$$

のいずれかを課すことにより消える．結局，(10.9)が任意の変分 $\delta\varphi(x,t)$ についてゼロとなるべきことから，Euler-Lagrange 方程式として

$$\mu \frac{\partial^2 \varphi(x,t)}{\partial t^2} - \kappa \frac{\partial^2 \varphi(x,t)}{\partial x^2} = 0 \tag{10.13}$$

を得る．これは連成振動子の段階での運動方程式 (5.52) の力学変数 $x_i(t)$ を $q_i(t) = \varphi(x,t)$ におき換えたものにおいて，$a \to 0$ の極限をとることによっても得られる．

§10.2 電磁場の作用

もう一つの，そして重要な場の理論の例として電磁場の理論を考えよう．電場 $\boldsymbol{E}(\boldsymbol{x},t)$ と磁場 $\boldsymbol{B}(\boldsymbol{x},t)$ は "場" の典型例であるが，電磁場の理論は電場と磁場を直接に力学変数としてとるのではなく，それらを

$$\boldsymbol{E} = -\boldsymbol{\nabla}\phi - \frac{\partial}{\partial t}\boldsymbol{A}, \qquad \boldsymbol{B} = \boldsymbol{\nabla} \times \boldsymbol{A} \tag{10.14}$$

と表現するスカラーポテンシャル（スカラー場）$\phi(\boldsymbol{x},t)$，およびベクトルポテンシャル（ベクトル場）$\boldsymbol{A}(\boldsymbol{x},t)$ を力学変数としてとることで定式化される．さて，真空中の電磁場の Lagrangian は次式で与えられる：

$$L_{\text{EM}}(\boldsymbol{A}, \phi, \dot{\boldsymbol{A}}) = \frac{1}{2}\int d^3x \left(\varepsilon_0 \boldsymbol{E}(\boldsymbol{x},t)^2 - \frac{1}{\mu_0}\boldsymbol{B}(\boldsymbol{x},t)^2\right) \tag{10.15}$$

ここに，$\boldsymbol{E}$ と $\boldsymbol{B}$ は (10.14) 式により $(\phi, \boldsymbol{A})$ で表されたものであり，ε_0 と μ_0 は真空中の誘電率，および透磁率である．また，(10.15)における空間積分は無限の全空間についてのものであるとする．本書では詳しくは説明しないが，(10.15)の形の Lagrangian は，ゲージ変換 (2.57) に対する不変性と Lorentz 変換に対する不変性の要求から決まる最も簡潔なものである．また，Lagrangian (10.15)の被積分関数は，電磁場のエネルギー密度 $(1/2)\varepsilon_0 \boldsymbol{E}^2 + 1/(2\mu_0)\boldsymbol{B}^2$ の

"ポテンシャルエネルギー項"である $1/(2\mu_0)\boldsymbol{B}^2$ の符号をマイナスに変えたものでもある．

さて，L_EM が電磁場の運動方程式である Maxwell 方程式を再現することを確認しよう．まず，今，$\boldsymbol{E}$ と $\boldsymbol{B}$ は (10.14) で与えられているので，Maxwell 方程式のうち，(2.54) の二つは自動的に成り立つことに注意しよう．次に，電磁場の作用

$$S_\text{EM} = \int_{t_1}^{t_2} dt\, L_\text{EM} \tag{10.16}$$

を $(\phi, \boldsymbol{A})$ について変分すると

$$\begin{aligned}
\delta S_\text{EM} &= \int_{t_1}^{t_2} dt \int d^3 x \left\{ \varepsilon_0 \boldsymbol{E} \cdot \left(-\boldsymbol{\nabla}\delta\phi - \frac{\partial}{\partial t}\delta\boldsymbol{A} \right) - \frac{1}{\mu_0} \boldsymbol{B} \cdot (\boldsymbol{\nabla} \times \delta\boldsymbol{A}) \right\} \\
&= \int_{t_1}^{t_2} dt \int d^3 x \left\{ \varepsilon_0 (\boldsymbol{\nabla} \cdot \boldsymbol{E}) \delta\phi + \left(\varepsilon_0 \frac{\partial \boldsymbol{E}}{\partial t} - \frac{1}{\mu_0} \boldsymbol{\nabla} \times \boldsymbol{B} \right) \cdot \delta\boldsymbol{A} \right\}
\end{aligned} \tag{10.17}$$

を得る．ここで，最後の表式を得る際に時間と空間について部分積分を行い，表面項

$$-\int d^3 x \left[\varepsilon_0 \boldsymbol{E} \cdot \delta\boldsymbol{A} \right]_{t=t_1}^{t=t_2} - \int_{t_1}^{t_2} dt \int_{S_\infty} d\boldsymbol{S} \cdot \left(\varepsilon_0 \boldsymbol{E}\delta\phi - \frac{1}{\mu_0} \boldsymbol{B} \times \delta\boldsymbol{A} \right) \tag{10.18}$$

を全て落とした．特に，空間積分については任意のスカラー場 f とベクトル場 $\boldsymbol{F}$，および $\boldsymbol{G}$ に対する公式

$$\boldsymbol{\nabla} \cdot (f\boldsymbol{F}) = \boldsymbol{F} \cdot (\boldsymbol{\nabla}f) + f(\boldsymbol{\nabla} \cdot \boldsymbol{F}) \tag{10.19}$$

$$\boldsymbol{\nabla} \cdot (\boldsymbol{F} \times \boldsymbol{G}) = (\boldsymbol{\nabla} \times \boldsymbol{F}) \cdot \boldsymbol{G} - \boldsymbol{F} \cdot (\boldsymbol{\nabla} \times \boldsymbol{G}) \tag{10.20}$$

と Gauss（ガウス）の定理 (A.29) を用いた．(10.18) の $\int_{S_\infty} d\boldsymbol{S}$ は空間の無限遠 S_∞ での表面積分であるが，無限遠で場の変分 $(\delta\phi, \delta\boldsymbol{A})$ はゼロであるとして落とした．作用 S_EM の変分 (10.17) が任意の $(\delta\phi, \delta\boldsymbol{A})$ についてゼロであるべきことから

$$\boldsymbol{\nabla} \cdot \boldsymbol{E} = 0 \tag{10.21}$$

$$\boldsymbol{\nabla} \times \boldsymbol{B} - \varepsilon_0 \mu_0 \frac{\partial \boldsymbol{E}}{\partial t} = 0 \tag{10.22}$$

が導かれるが，これは電荷も電流も存在しない場合の Maxwell 方程式の残り二つである．

§10.2 電磁場の作用

電荷と電流がある場合の Maxwell 方程式を導くには，それらと電磁場の相互作用を表す Lagrangian を加えればよい．電磁場と相互作用する電荷 q をもった質点の Lagrangian はゲージ不変性の要求から決定した (2.58) 式で既に与えられている．そこでの質点の位置ベクトル $\boldsymbol{x}(t)$ を，場の変数である $\boldsymbol{x}$ と区別するため，$\boldsymbol{y}(t)$ で表すと，

$$L_{質点}(\boldsymbol{y}, \dot{\boldsymbol{y}}, \boldsymbol{A}, \phi) = \frac{1}{2} m \dot{\boldsymbol{y}}(t)^2 + q \boldsymbol{A}(\boldsymbol{y}(t), t) \cdot \dot{\boldsymbol{y}}(t) - q \phi(\boldsymbol{y}(t), t) \tag{10.23}$$

である．例として，$L = L_{\rm EM} + L_{質点}$ の系をとり，その Euler-Lagrange 方程式を考えよう．$S_{\rm EM}$ (10.16) の変分は既に (10.17) で与えられているので，

$$S_{質点} = \int_{t_1}^{t_2} dt \, L_{質点} \tag{10.24}$$

の $(\phi, \boldsymbol{A}, \boldsymbol{y})$ についての変分のみを新たに計算すればよい．適当な部分積分を行い，表面項を全て落とすと

$$\begin{aligned}
\delta S_{質点} &= \int dt \left\{ m \dot{y}_i \delta \dot{y}_i + q \left(\frac{\partial A_j(\boldsymbol{y},t)}{\partial y_i} \dot{y}_j \, \delta y_i + A_i(\boldsymbol{y},t) \delta \dot{y}_i - \frac{\partial \phi(\boldsymbol{y},t)}{\partial y_i} \delta y_i \right) \right. \\
&\quad \left. + q \, \delta A_i(\boldsymbol{y},t) \, \dot{y}_i - q \, \delta \phi(\boldsymbol{y},t) \right\} \\
&= \int dt \left\{ -m \ddot{y}_i + q \left(\frac{\partial A_j(\boldsymbol{y},t)}{\partial y_i} \dot{y}_j - \frac{d}{dt} A_i(\boldsymbol{y},t) - \frac{\partial \phi(\boldsymbol{y},t)}{\partial y_i} \right) \right\} \delta y_i \\
&\quad + q \int dt \left(\dot{\boldsymbol{y}}(t) \cdot \delta \boldsymbol{A}(\boldsymbol{y}(t),t) - \delta \phi(\boldsymbol{y}(t),t) \right) \\
&= \int dt \left\{ -m \ddot{\boldsymbol{y}} + q (\dot{\boldsymbol{y}} \times \boldsymbol{B} + \boldsymbol{E}) \right\} \cdot \delta \boldsymbol{y} \\
&\quad + q \int dt \int d^3x \, \delta^3(\boldsymbol{x} - \boldsymbol{y}(t)) \left\{ \dot{\boldsymbol{y}}(t) \cdot \delta \boldsymbol{A}(\boldsymbol{x},t) - \delta \phi(\boldsymbol{x},t) \right\}
\end{aligned} \tag{10.25}$$

を得る．ここに，最後の表式を得る際に

$$\frac{d}{dt} A_i(\boldsymbol{y},t) = \frac{\partial A_i(\boldsymbol{y},t)}{\partial y_j} \dot{y}_j + \frac{\partial A_i(\boldsymbol{y},t)}{\partial t} \tag{10.26}$$

および

$$\left(\frac{\partial A_j}{\partial y_i} - \frac{\partial A_i}{\partial y_j} \right) \dot{y}_j \delta y_i = [\dot{\boldsymbol{y}} \times (\boldsymbol{\nabla} \times \boldsymbol{A})] \cdot \delta \boldsymbol{y} \tag{10.27}$$

を用い，また，$\delta \boldsymbol{A}$ と $\delta \phi$ を含む項を，デルタ関数 $\delta^3(\boldsymbol{x} - \boldsymbol{y}(t))$ を用いて，わざと空間積分で表した．$\delta(S_{\rm EM} + S_{質点})$ の $\delta \phi$ と $\delta \boldsymbol{A}$ の係数がそれぞれゼロであるべきことから，

$$\boldsymbol{\nabla} \cdot \boldsymbol{E} = \frac{\rho}{\varepsilon_0} \tag{10.28}$$

第10章 場の理論：連続無限個の力学変数の系

$$\nabla \times \boldsymbol{B} - \varepsilon_0 \mu_0 \frac{\partial \boldsymbol{E}}{\partial t} = \mu_0 \boldsymbol{J} \tag{10.29}$$

を得る．ここに，右辺の ρ と $\boldsymbol{J}$ は質点のつくる電荷密度と電流密度であり

$$\rho(\boldsymbol{x},t) = q\,\delta^3(\boldsymbol{x}-\boldsymbol{y}(t)), \qquad \boldsymbol{J}(\boldsymbol{x},t) = q\,\delta^3(\boldsymbol{x}-\boldsymbol{y}(t))\dot{\boldsymbol{y}}(t) \tag{10.30}$$

で与えられる．これらは連続の方程式

$$\frac{\partial \rho(\boldsymbol{x},t)}{\partial t} + \nabla \cdot \boldsymbol{J}(\boldsymbol{x},t) = 0 \tag{10.31}$$

を満たす．(10.28)と(10.29)は Maxwell 方程式のうちの残る二つ，Gauss の法則と Ampère（アンペール）の法則に他ならない．また，$\delta(S_{\text{EM}} + S_{\text{質点}})$ の $\delta\boldsymbol{y}$ の係数がゼロであるべきことからは，質点の運動方程式

$$m\ddot{\boldsymbol{y}} = q\,(\dot{\boldsymbol{y}} \times \boldsymbol{B} + \boldsymbol{E}) \tag{10.32}$$

を得るが，これは(2.65)式と同じものである．

さて，(10.15)の L_{EM} から出発してその Hamilton 形式を展開しようとすると困難に遭遇する．それは，L_{EM} が力学変数であるスカラーポテンシャル ϕ の時間微分を含まず，したがって，ϕ に対応する一般化運動量がゼロとなることである（(3.33)参照）．これは，L_{EM} がゲージ不変性，すなわち(2.57)の変換に対する不変性をもっていることに依り，特別な取り扱いが必要となる．特に電磁場の理論を量子化した「量子電磁気学」においては重要な点であるが，詳細は場の量子論の専門書に譲ることにする．

---------- **§10 の章末問題** ----------

問題 1 Euler-Lagrange 方程式 (10.13) の一般解で次の境界条件を満たすものを求めよ.
(1) $x = 0$ と $x = L$ の両方で固定端条件の場合. $\varphi(x = 0, t) = \varphi_0$, $\varphi(x = L, t) = \varphi_L$ とする.
(2) $x = 0$ と $x = L$ の両方で自由端条件の場合.
(3) $x = 0$ で固定端条件 ($\varphi(x = 0, t) = \varphi_0$), $x = L$ で自由端条件の場合.

問題 2 (10.27) 式を示せ.

第11章　古典力学から量子力学へ

低温や原子・分子以下の微視的な物理を記述するには，実は，解析力学を越えた，量子力学と呼ばれる20世紀初頭に生まれたより新しい力学を必要とする．ここでは，量子力学誕生の契機の一つである固体の比熱の低温での振る舞いを中心にして，調和振動子の量子力学の初歩を説明する．なお，解析力学は量子力学を理解するためにも必要な基本体系である．

§11.1　古典力学の限界

解析力学はそれ自体何の矛盾もない完成された体系である．しかし，我々の自然界が解析力学で完全に記述されるのかは別問題である．実際，19世紀の終わり頃までは，自然界の現象は Newton 力学（より一般には，解析力学），および電磁気を記述する Maxwell 理論で完全に説明されるものと考えられていた．しかし，次第にこれらの理論とは矛盾するような現象が，より低温，あるいはより微視的な世界で発見されるようになってきた．その代表例が，固体の比熱の低温での振る舞いである．

固体（＝結晶）は，それを構成する原子が規則正しく並んで格子を形成したものであり，格子の頂点に位置する原子はそのまわりを振動運動をする．これは第5章で扱った連成振動子系の一種であり，振動する結晶格子はさまざまな振動数をもった調和振動子（基準振動）の集まりと見なすことができる．結晶が n 個の原子からできているとすると，この調和振動子の数 N は，各原子の並進の自由度の和 $3n$ から結晶全体としての並進（3個）と回転（3個）の自由度を引いた $N = 3n - 6$ 個である．

さて，比熱を議論するには統計力学の知識が必要であるが，以下の議論に必要な部分だけを簡単に説明する．Hamiltonian が $H(q,p)$ で与えられる系が絶対温度 T にあるとき，ある物理量 $A(q,p)$ の統計力学的期待値 $\langle A \rangle$ は位相空間での積分

$$\langle A \rangle = \frac{1}{Z} \int \prod_{i=1}^{N} dq_i dp_i \, A(q,p) \, e^{-H(q,p)/(k_\mathrm{B} T)} \tag{11.1}$$

で与えられる．ここに，Z は

$$Z = \int \prod_{i=1}^{N} dq_i dp_i \, e^{-H(q,p)/(k_B T)} \tag{11.2}$$

で与えられる分配関数であり，$k_B = 1.3806 \times 10^{-23}$ J/K は Boltzmann 定数である．系は熱浴を通じてさまざまな値のエネルギーをもつことができるが，(11.1)式の意味するところは，エネルギーが E である確率が $\exp(-E/(k_B T))$ に比例するということである．

上で述べたように，固体を N 個の調和振動子の集まりであると見なすと，その Hamiltonian は

$$H(q,p) = \sum_{i=1}^{N} \left(\frac{1}{2m_i} p_i^2 + \frac{m_i \omega_i^2}{2} q_i^2 \right) \tag{11.3}$$

で与えられ，その期待値 $\langle H \rangle$，すなわち固体の内部エネルギーはガウス積分公式

$$\int_{-\infty}^{\infty} dx \, e^{-ax^2} = \sqrt{\frac{\pi}{a}}, \quad (a > 0) \tag{11.4}$$

を用いて

$$\langle H \rangle = N k_B T \simeq 3n k_B T \tag{11.5}$$

となる．ここに，原子の数 n は非常に大きく，$N \simeq 3n$ と近似した．(11.5)の結果は，各 q_i と p_i の $\langle H \rangle$ への寄与が等しく $(1/2)k_B T$ ずつであることを意味し，**エネルギーの等分配則**と呼ばれる．比熱は $\langle H \rangle$ の温度 T による微分であり，(11.5)から温度に依らず一定であることがわかる．特に n をアボガドロ数 $N_A = 6.022 \times 10^{23}$ 個/mol とした場合の固体の比熱（モル比熱）は

$$C = \frac{\partial \langle H \rangle}{\partial T} = 3 N_A k_B = 24.94 \, \text{J}/(\text{K} \cdot \text{mol}) = 5.959 \, \text{cal}/(\text{K} \cdot \text{mol}) \tag{11.6}$$

で与えられる．

それでは，実際の固体のモル比熱は (11.6) で与えられる温度に依らない一定値なのだろうか．実験によると，亜鉛，アルミニウム，銀などのモル比熱は常温程度の温度では (11.6) に近いほぼ一定値をとるが，温度を下げて行くと急速に小さくなり，十分低温では T^3 に比例してゼロに近づく．すなわち，低温では上の (11.1)–(11.6) の議論が破れていることになる．この問題が，自然界を記述するより正しい力学，すなわち量子力学を産み出すきっかけの一つとなっ

た．結果として，Newton 力学を含む解析力学は自然界を記述する近似的な力学体系となり，量子力学に対して古典力学とも呼ばれる．

§11.2　量子力学へ

ここでは，量子力学の全てを紹介することはできないが，その重要なキーワードを挙げると以下のようなものがある：

- 粒子と波動の二重性
- 不確定性原理
- 確率解釈
- 離散的なエネルギー

これらのうち，最後のキーワードが固体の比熱の低温での振る舞いに直接関係している．すなわち，解析力学においては調和振動子のエネルギーは連続的な任意の値をとることができるが，量子力学においては決まった飛び飛びの値しかとることができないのである．以下では，調和振動子の量子力学に話題を絞り，どのようにして「離散的なエネルギー」という結論に至るのかを説明することにする．

自然界は正しくは古典力学（解析力学）ではなく量子力学により記述されるのであるから，量子力学から古典力学を"近似理論"として導くことはできるが，その逆，すなわち古典力学から量子力学を自動的に導くことは不可能である．そうであるからこそ，20 世紀初頭に行われた量子力学の構築には若い物理学者たちの独創的な発想を必要としたのである．したがって，解析力学を学んだ者にとって，量子力学を始めるには論理的には説明のできない"ジャンプ"が必要である．

解析力学と量子力学が最も異なるのは，解析力学では正準変数 (q, p) は実数に値をとる時間の関数であったが，量子力学ではこれらが正方行列[1]．特にエルミート行列となる点である[2]．次に，解析力学では正準変数は基本 Poisson bracket (6.62) を満足したが，これが量子力学では**正準交換関係**と呼ばれるも

---

[1] より一般的には，量子力学において (q, p) はあるヒルベルト空間（状態ベクトル空間）に作用する線型演算子となる．

[2] エルミート行列の定義やその性質については数学補足 A.2 節を参照．

のに代わる. そこでまず, 二つの正方行列 A と B に対して, それらの**交換子** (commutator) $[A, B]$ を

$$[A, B] \equiv AB - BA \tag{11.7}$$

で定義すると, 量子力学の基本原理は次のように与えられる:

量子力学における正準変数

量子力学において, 正準変数 q_i と p_i は**正準交換関係**

$$[\widehat{q}_i, \widehat{p}_j] = i\hbar \delta_{ij}\mathbf{1}, \qquad [\widehat{q}_i, \widehat{q}_j] = 0, \qquad [\widehat{p}_i, \widehat{p}_j] = 0 \tag{11.8}$$

を満足するエルミート行列 $\widehat{q}_i$ と $\widehat{p}_i$ になる. ここに $\hbar$ は**換算 Planck 定数** (reduced Planck constant) と呼ばれる定数

$$\hbar = 1.054 \times 10^{-34}\,\text{J} \cdot \text{s} \tag{11.9}$$

であり, (11.8)の右辺の $\mathbf{1}$ は単位行列である.

補足をいくつか与えておく:

- 解析力学における正準変数 (q, p) と区別するため, 行列である量子力学における正準変数には hat を付けて $(\widehat{q}, \widehat{p})$ で表すことにする.
- 正準交換関係 (11.8) は, $\widehat{q}_i$ と $\widehat{p}_j$ がエルミート, すなわち † をエルミート共役演算として

$$\widehat{q}_i^\dagger = \widehat{q}_i, \qquad \widehat{p}_i^\dagger = \widehat{p}_i$$

であることと無矛盾であることに注意しよう. すなわち, (11.8)の両辺のエルミート共役はそれぞれにマイナス符号を付けたものになる.

- 元々, 量子力学の基本定数として **Planck 定数** $h = 6.626 \times 10^{-34}\,\text{J} \cdot \text{s}$ が導入されたが, これは換算 Planck 定数 $\hbar$ ("エイッチバー" と発音) と $\hbar = h/(2\pi)$ の関係にある.
- 量子力学は, $\hbar$ をゼロに近づけた極限 $\hbar \to 0$ で解析力学 (古典力学) に移行することが示される. この極限で, 交換子を $i\hbar$ で割ったものが Poisson bracket となる:

$$\frac{1}{i\hbar}[f(\widehat{q},\widehat{p}), g(\widehat{q},\widehat{p})] \underset{\hbar \to 0}{\to} \{f(q,p), g(q,p)\} \tag{11.10}$$

§11.2 量子力学へ

もちろん，この式において左辺は行列であり，右辺は普通の数なので，その意味は正確に与える必要があるが，ここではその詳細には触れない．

- 正方行列 $\hat{q}_i$ と $\hat{p}_i$ は実は ∞ 行 ∞ 列，すなわち無限に大きな行列であるが，これは次のように理解される．今，各 $\hat{q}_i$ と $\hat{p}_i$ が M 行 M 列の有限行列であるとすると，正準交換関係 (11.8) の両辺のトレースをとり，$\mathrm{tr}\mathbf{1} = M$ を用いて

$$\mathrm{tr}\,[\hat{q}_i, \hat{p}_j] = i\hbar \delta_{ij} M$$

を得る．しかし，左辺は任意の有限行列 A と B に対するトレースの性質

$$\mathrm{tr}AB = \mathrm{tr}BA \tag{11.11}$$

を用いるとゼロとなり矛盾が発生する．したがって $M = \infty$ でなければならない．（無限行列に対して公式 (11.11) がどのように破れるかはここでは触れない．）

さて，上で述べたように量子力学における正準変数 $(\hat{q}, \hat{p})$ はそれぞれがエルミート行列である．したがって，正準変数を用いて与えられるエネルギーなどの物理量もエルミート行列となる．たとえば，固体の調和振動子系の Hamiltonian (11.3) は，量子力学においては

$$\hat{H} = \sum_{i=1}^{N} \left(\frac{1}{2m_i} \hat{p}_i^2 + \frac{m_i \omega_i^2}{2} \hat{q}_i^2 \right) \tag{11.12}$$

で与えられる行列 $\hat{H}$ である．$\hat{q}_i$ と $\hat{p}_i$ がエルミート行列なので，$\hat{H}$ も $\hat{H}^\dagger = \hat{H}$ を満たすエルミート行列である．このように，量子力学において正準変数や物理量がエルミート行列であることは，解析力学においてそれらが実数に値をとることに対応している．すなわち，エルミート行列の固有値は必ず実数であること，および，次の量子力学の第 2 の基本原理から必要となる：

> 量子力学では，正準変数やそれから構成される物理量（＝エルミート行列）の実際に観測される値はその固有値に限られる．

§11.3 調和振動子の量子力学

そこで，具体例として1次元調和振動子の量子力学，特に，そのエネルギーを考えよう．これは，11.1節で説明した低温での固体の比熱に関する古典力学の困難が量子力学においてどのように解決されるかを理解するためにも重要な例である．

11.2節において説明した量子力学の原理を今の1次元調和振動子の場合に復習すると次のとおりである：

調和振動子の量子力学において系がとり得るエネルギーの値は，その Hamiltonian

$$\widehat{H} = \frac{1}{2m}\widehat{p}^2 + \frac{m\omega^2}{2}\widehat{q}^2 \tag{11.13}$$

に対する固有値方程式

$$\widehat{H}\boldsymbol{v} = E\boldsymbol{v} \tag{11.14}$$

の固有値 E により与えられる（$\boldsymbol{v}$ は固有ベクトル）．ここに，正準変数 $\widehat{q}$ と $\widehat{p}$ は正準交換関係

$$[\widehat{q}, \widehat{p}] = i\hbar \mathbf{1} \tag{11.15}$$

を満足するエルミート行列である．

11.3.1　$\widehat{a}$ と $\widehat{a}^\dagger$ の導入

以下では，Hamiltonian $\widehat{H}$ に対する固有値方程式 (11.14) を解いてエネルギー固有値 E を求めよう[3]．そのためには，$\widehat{q}$ と $\widehat{p}$ を直接用いるのではなく，それらを（エルミートという制限のない）別の行列 $\widehat{a}$，およびそのエルミート共役 $\widehat{a}^\dagger$ により

$$\widehat{q} = F(\widehat{a} + \widehat{a}^\dagger), \qquad \widehat{p} = -iG(\widehat{a} - \widehat{a}^\dagger) \tag{11.16}$$

と表すのが便利である．ここに，F と G は実定数であり，また，(11.16) の2式の右辺がそれぞれエルミートであることに注意（任意行列 A に対して $(A^\dagger)^\dagger = A$）．定数 F と G は以下のように定める．まず，Hamiltonian (11.13)

---

[3] 以下では固有値方程式 (11.14) を代数的に解くが，解析的に解く別の方法については章末問題2を参照．

§11.3 調和振動子の量子力学

に (11.16) の表式を代入すると

$$\widehat{H} = \frac{m^2\omega^2 F^2 - G^2}{2m}(\widehat{a}^2 + (\widehat{a}^\dagger)^2) + \frac{m^2\omega^2 F^2 + G^2}{2m}(\widehat{a}^\dagger\widehat{a} + \widehat{a}\widehat{a}^\dagger) \tag{11.17}$$

となるが,この右辺の $(\widehat{a}^2 + (\widehat{a}^\dagger)^2)$ の係数がゼロであること,すなわち,

$$m^2\omega^2 F^2 - G^2 = 0 \tag{11.18}$$

を要請しよう.なお,(11.17) を得る際には,$\widehat{a}$ と $\widehat{a}^\dagger$ は行列であり,勝手に交換できないこと $(\widehat{a}\widehat{a}^\dagger \neq \widehat{a}^\dagger\widehat{a})$ に注意しよう.次に,(11.16) と等価な

$$\widehat{a} = \frac{1}{2}\left(\frac{1}{F}\widehat{q} + \frac{i}{G}\widehat{p}\right), \qquad \widehat{a}^\dagger = \frac{1}{2}\left(\frac{1}{F}\widehat{q} - \frac{i}{G}\widehat{p}\right) \tag{11.19}$$

と正準交換関係 (11.15) から,$\widehat{a}$ と $\widehat{a}^\dagger$ の交換子が

$$[\widehat{a}, \widehat{a}^\dagger] = \frac{1}{4F^2}[\widehat{q},\widehat{q}] + \frac{1}{4G^2}[\widehat{p},\widehat{p}] - \frac{i}{4FG}([\widehat{q},\widehat{p}] - [\widehat{p},\widehat{q}]) = \frac{\hbar}{2FG}\mathbf{1} \tag{11.20}$$

と単位行列に比例するが,比例係数が 1 であることを要求する:

$$\frac{\hbar}{2FG} = 1 \tag{11.21}$$

以上の二つの条件式 (11.18) と (11.21) から定数 F と G は(共通の符号因子を除いて)

$$F = \sqrt{\frac{\hbar}{2m\omega}}, \qquad G = \sqrt{\frac{m\omega\hbar}{2}} \tag{11.22}$$

と定まる.結局,

調和振動子の量子力学における Hamiltonian は

$$\widehat{H} = \frac{1}{2}\hbar\omega(\widehat{a}^\dagger\widehat{a} + \widehat{a}\widehat{a}^\dagger) = \hbar\omega\left(\widehat{a}^\dagger\widehat{a} + \frac{1}{2}\mathbf{1}\right) \tag{11.23}$$

で与えられる.ここに,行列 $\widehat{a}$ と $\widehat{a}^\dagger$ は交換関係

$$[\widehat{a}, \widehat{a}^\dagger] = \mathbf{1} \tag{11.24}$$

を満足する.

なお,(11.23) の最後の表式を得る際には (11.24) を用いた.

(11.23)式より，Hamiltonian に対する固有値方程式 (11.14) を解くには，エルミート行列 $\widehat{A} = \widehat{a}^\dagger \widehat{a}$ に対する固有値方程式

$$\widehat{A} \boldsymbol{v}_\lambda = \lambda \boldsymbol{v}_\lambda \qquad (\widehat{A} \equiv \widehat{a}^\dagger \widehat{a}) \tag{11.25}$$

を解けばよいことがわかる．ここに，λ が固有値であり，$\boldsymbol{v}_\lambda$ が対応する固有ベクトルである．この $\boldsymbol{v}_\lambda$ は元の固有値方程式 (11.14) の固有ベクトルでもあり，エネルギー固有値 E は

$$E = \hbar\omega \left(\lambda + \frac{1}{2} \right) \tag{11.26}$$

で与えられる．

11.3.2 　固有値方程式 (11.25) の最小固有値

固有値方程式 (11.25) を解くために重要な関係式が次式である：

$$\widehat{A} \widehat{a} = \widehat{a}(\widehat{A} - \mathbf{1}) \tag{11.27}$$

これは，(11.24) よりの $\widehat{A} = \widehat{a}\widehat{a}^\dagger - \mathbf{1}$ を左辺に用いることで直ちに得られる．そこで，(11.27) の両辺に右から $\boldsymbol{v}_\lambda$ を掛け，(11.25) を用いることで

$$\widehat{A} \widehat{a} \boldsymbol{v}_\lambda = (\lambda - 1)\widehat{a}\boldsymbol{v}_\lambda \tag{11.28}$$

が導かれる．これの意味するところは，

1. $\widehat{A}$ に固有値 λ が存在する，すなわち (11.25) を満たす固有ベクトル $\boldsymbol{v}_\lambda \neq 0$ が存在するならば，$\lambda - 1$ もまた $\widehat{A}$ の固有値であり，対応する固有ベクトルは $\widehat{a}\boldsymbol{v}_\lambda$ で与えられる．（ただし，$\widehat{a}\boldsymbol{v}_\lambda = 0$ の場合はこの限りではない．）

ところで，任意のベクトル $\boldsymbol{v}$ に対してそのノルム $\|\boldsymbol{v}\|^2 = \boldsymbol{v}^\dagger \boldsymbol{v}$ が非負であること，および，$\boldsymbol{v}_\lambda^\dagger \widehat{A} \boldsymbol{v}_\lambda$ に対して (11.25) を用いる場合と $\widehat{A} = \widehat{a}^\dagger \widehat{a}$ を用いる場合の二通りを等置して $\lambda\|\boldsymbol{v}_\lambda\|^2 = \|\widehat{a}\boldsymbol{v}_\lambda\|^2$ が成り立つことから次が言える：

2. $\widehat{A} = \widehat{a}^\dagger \widehat{a}$ の固有値は非負 ($\lambda \geq 0$) である．

この **2.** によれば，$\widehat{A}$ には非負の最小固有値が存在する．これに対応する固有ベクトルを $\boldsymbol{v}_0$ とすると，

$$\widehat{a}\boldsymbol{v}_0 = 0 \tag{11.29}$$

§11.3　調和振動子の量子力学

が成り立つ必要がある．何故なら，もしも $\hat{a}v_0 \neq 0$ ならば，上の **1.** により最小固有値よりも 1 だけ小さな固有値が存在することになるからである．さらに，(11.29) に左から $\hat{a}^\dagger$ を掛けることにより

$$\hat{A}v_0 = 0 \tag{11.30}$$

すなわち，

3. $\hat{A}$ の最小固有値はゼロである．

がわかる．

11.3.3　固有値方程式 (11.25) の一般の固有値

次に，$\hat{A}$ の一般の固有値を考えよう．そのために，(11.24) より導かれる次の関係式が役に立つ：

$$\hat{A}\hat{a}^\dagger = \hat{a}^\dagger(\hat{A}+\mathbf{1}) \tag{11.31}$$

この両辺に右から v_λ を掛け，(11.25) を用いることで

$$\hat{A}\hat{a}^\dagger v_\lambda = (\lambda+1)\hat{a}^\dagger v_\lambda \tag{11.32}$$

を得るが，これは次のことを意味する：

4. $\hat{A}$ に固有値 λ が存在するならば，$\lambda+1$ もまた $\hat{A}$ の固有値であり，$\hat{a}^\dagger v_\lambda$ が対応する固有ベクトルである．

したがって，$\hat{A}$ の固有値ゼロに対応した固有ベクトル v_0 を用いて

$$v_n = (\hat{a}^\dagger)^n v_0 \quad (n=0,1,2,\ldots) \tag{11.33}$$

で与えられる v_n は $\hat{A}$ の固有値 n の固有ベクトルである：

$$\hat{A}v_n = nv_n \tag{11.34}$$

なお，(11.33) 式の v_n はゼロではない．実際，(11.24) を繰り返し用いることで

$$\|v_n\|^2 = n!\,\|v_0\|^2 \;(\neq 0) \tag{11.35}$$

が示される（章末問題 1）．

$\widehat{A}$ が (11.34) の非負の整数以外の固有値をもつことはない．何故なら，もしも $\widehat{A}$ が非整数 $\lambda(>0)$ の固有値をもつならば (11.28)，あるいは **1.** の性質から $\widehat{a}^m \boldsymbol{v}_\lambda\ (m=1,2,3,\ldots)$ は $\widehat{A}$ の固有値 $\lambda - m$ の固有ベクトルであるが，整数 m を十分大きくとれば固有値 $\lambda - m$ が負となり，上の **3.** の性質と矛盾するからである．（今 λ は非整数なので，$\widehat{a}^m \boldsymbol{v}_\lambda = 0$ となることはない．何故なら，これは $\widehat{A}\widehat{a}^{m-1}\boldsymbol{v}_\lambda = 0$，すなわち $\lambda - (m-1) = 0$ を意味するからである．）結局，

5. $\widehat{A}$ の固有値は非負の整数 $n=0,1,2,3,\ldots$ で尽くされる．

が示された．したがって，

> 調和振動子の量子力学において，Hamiltonian (11.23) の固有値は
> $$E_n = \hbar\omega\left(n+\frac{1}{2}\right) = \frac{1}{2}\hbar\omega,\ \frac{3}{2}\hbar\omega,\ \frac{5}{2}\hbar\omega,\ \ldots \quad (n=0,1,2,\ldots) \quad (11.36)$$
> で与えられる．$\hbar\omega$ を単位とした離散的な値をとる．また，最低エネルギーはゼロではなく $(1/2)\hbar\omega$ である．

という古典力学とは著しく異なる結論を得る．

§11.4 固体の比熱の量子力学的扱い

量子力学においては，調和振動子のエネルギーが (11.36) で与えられる離散的な値をとることがわかったが，これから固体の比熱が低温ではゼロに近づくことが理解される．まず，直観的な理由は以下のとおりである．11.1 節でも述べたように，統計力学では系のある状態（エネルギー E）の統計平均への寄与は $e^{-E/(k_{\mathrm{B}}T)}$ に比例する．調和振動子の最低エネルギー状態 $(n=0)$ と最初の励起状態 $(n=1)$ の寄与の比は

$$e^{-E_0/(k_{\mathrm{B}}T)} : e^{-E_1/(k_{\mathrm{B}}T)} = 1 : e^{-\hbar\omega/(k_{\mathrm{B}}T)} \quad (11.37)$$

したがって，$\hbar\omega \gg k_{\mathrm{B}}T\ (e^{-\hbar\omega/(k_{\mathrm{B}}T)} \ll 1)$ の低温では，調和振動子の励起は比熱に寄与できなくなり，自由度が見かけ減ったように見える．すなわち比熱が小さくなる．

§11.5 零点エネルギー

次に比熱を具体的に計算してみよう．調和振動子系の温度 T における平均エネルギーは

$$\langle E \rangle = \frac{\sum_{n=0}^{\infty} E_n e^{-E_n/(k_B T)}}{\sum_{n=0}^{\infty} e^{-E_n/(k_B T)}} = \hbar\omega \left(\frac{1}{e^{\hbar\omega/(k_B T)} - 1} + \frac{1}{2} \right)$$

$$\simeq \begin{cases} k_B T + \dfrac{1}{2}\hbar\omega & (\text{高温}: \hbar\omega \ll k_B T) \\ \hbar\omega \left(e^{-\hbar\omega/(k_B T)} + \dfrac{1}{2} \right) & (\text{低温}: \hbar\omega \gg k_B T) \end{cases} \quad (11.38)$$

で与えられる．ここで，次の公式を用いた：

$$\frac{\sum_{n=0}^{\infty} n e^{-nx}}{\sum_{n=0}^{\infty} e^{-nx}} = -\frac{d}{dx} \ln\left(\sum_{n=0}^{\infty} e^{-nx} \right) = \frac{d}{dx} \ln(1 - e^{-x}) = \frac{1}{e^x - 1} \quad (11.39)$$

低温では平均エネルギーはほとんど $E_0 = (1/2)\hbar\omega$ に等しいことに注意しよう．比熱は (11.38) を微分して

$$C = \frac{\partial \langle E \rangle}{\partial T} = k_B \left(\frac{\hbar\omega}{k_B T} \right)^2 \frac{e^{\hbar\omega/(k_B T)}}{\left(e^{\hbar\omega/(k_B T)} - 1 \right)^2}$$

$$\simeq \begin{cases} k_B = \text{一定} & (\text{高温}: \hbar\omega \ll k_B T) \\ k_B \left(\dfrac{\hbar\omega}{k_B T} \right)^2 e^{-\hbar\omega/(k_B T)} \ll 1 & (\text{低温}: \hbar\omega \gg k_B T) \end{cases} \quad (11.40)$$

となる．高温での比熱 $C \simeq k_B$ は古典力学での等分配則と一致する．他方，低温 ($T \to 0$) では比熱はゼロに近づくことがわかる．比熱 (11.40) を温度 T の関数として図示したのが図 11.1 である．なお，(11.40) は振動数 ω の調和振動子一つの比熱であり，実際の固体の比熱を議論するには，振動数 ω についての積分が必要である．これにより，低温で $C \propto T^3$ が導かれる．（なお，さらに低温では，ここでは考慮しなかった電子比熱が効いてきて $C \propto T$ となる．）

§11.5 零点エネルギー

低温で固体の比熱がゼロに近づくのは，調和振動子の量子力学においてエネルギー固有値が離散的な値をとることが原因であった．このエネルギー固有値

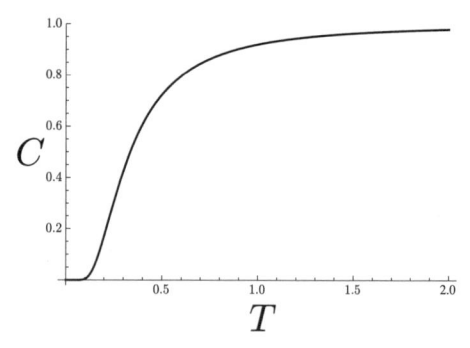

第 11 章 古典力学から量子力学へ

図 11.1 調和振動子の比熱 (11.40). 縦軸の単位は k_B であり，横軸の単位は $\hbar\omega/k_B$.

のもう一つの特徴は，最低エネルギー E_0 がゼロではない，すなわち量子力学的には調和振動子は決して静止することはない，ということである．この最低エネルギー $E_0 = (1/2)\hbar\omega$ を**零点エネルギー**，そして，最低エネルギー状態においても存在する振動を**零点振動**とそれぞれ呼ぶ．ここでは説明をしないが，零点振動は 11.2 節の最初に挙げた量子力学の重要キーワードである**不確定性原理**と密接な関係がある．

さて，零点エネルギー・振動は平均エネルギー (11.38) に対しては定数の底上げをするだけで，その温度微分である比熱 (11.40) には全く効かなかった．しかし，実は零点エネルギー・振動が物理に顔を出す場面はいくつもある．たとえば，

- ヘリウムは大気圧以下では零点振動のために絶対零度においても固体にはならない．
- 電磁気の量子力学（量子電磁気学）や素粒子の世界を記述する「場の量子論」は，空間の各点に質点のある連成振動子，すなわち無限個の調和振動子から成る系と見なすことができるが
  - 真空中に導体板を 2 枚平行に置くと引力がはたらくが，これは，零点エネルギーの値が導体板間の距離に依るためである．
  - 何もない真空も零点エネルギーのためにゼロではないエネルギー密度をもつ．この真空のエネルギーは，一般相対性理論における宇宙定数のはたらきをし，宇宙の膨張の仕方に関係する．

このように，量子力学は古典力学にはないさまざまな興味深い性質をもっ

§11.5 零点エネルギー

ており，特に微視的な世界の物理は量子力学で初めて理解されるものが多い．しかし，量子力学に関するこれ以上の説明は量子力学の教科書に譲ることとする．

―――――――――――― §11 の章末問題 ――――――――――――

問題 1 (11.35)式を示せ.

問題 2 11.3 節では，調和振動子の Hamiltonian の固有値問題を代数的に解いたが，この固有値問題を微分方程式に帰着させて解析的に解く方法もある．すなわち，正準交換関係 (11.15) を満足する $(\hat{q},\hat{p})$ として次のものをとる：

$$\hat{q} = q, \qquad \hat{p} = -i\hbar\frac{d}{dq} \quad \cdots\cdots\cdots\cdots \quad (A)$$

ここに q は（行列ではなく）普通の変数であり，d/dq はそれについての微分である．この $\hat{q}$ と $\hat{p}$ が (11.15) を満たすことは，任意の関数 $f(q)$ に対して

$$[\hat{q},\hat{p}]\,f(q) = q\left(-i\hbar\frac{d}{dq}\right)f(q) + i\hbar\underbrace{\frac{d}{dq}(qf(q))}_{f(q)+q(df(q)/dq)} = i\hbar f(q)$$

から理解される．以下の問いでは，$(\hat{q},\hat{p})$ は (A) 式で与えられたものとする．

(1) (11.19)式の $\hat{a}$ と $\hat{a}^\dagger$ を q と d/dq を用いて表せ．
(2) 最低エネルギーの固有ベクトル $\boldsymbol{v}_0$ は $\hat{a}\boldsymbol{v}_0 = 0$ (11.29)を満たした．今の (A) 式の $\hat{q}$ と $\hat{p}$ をとった場合，$\boldsymbol{v}_0$ に対応した q の関数（波動関数と呼ばれる）を $f_0(q)$ とする．(1) で与えた $\hat{a}$ の表式と，条件 $\hat{a}f_0(q) = 0$ から関数 $f_0(q)$ を求めよ．（$\hat{a}f_0(q) = 0$ は $f_0(q)$ に対する微分方程式であることに注意しよう．）
(3) Hamiltonian $\hat{H}$ (11.13)を q と d/dq を用いて表し，(2) で求めた $f_0(q)$ がこの $\hat{H}$ の固有関数となっていること，すなわち，

$$\hat{H}f_0(q) = E_0 f_0(q)$$

を示し，固有値 E_0 を求めよ．
(4) 最初の励起状態 $\boldsymbol{v}_1 = \hat{a}^\dagger \boldsymbol{v}_0$ に対応した q の関数 $f_1(q) = \hat{a}^\dagger f_0(q)$ を求めよ．

第 11 章 古典力学から量子力学へ

□益川コラム　Hamilton-Jacobi 方程式からシュレーディンガー方程式へ

前期量子論の黎明期，シュレーディンガーは，Hamilton-Jacobi 方程式が波動方程式，つまりシュレーディンガー方程式につながるものと考えた．これはすなわちHamilton-Jacobi 方程式での主関数を波動関数の対数とおいて得られる 2 次形式を全空間で積分した量が極値をとるべしとして変分原理を適用すると，波動関数に対するシュレーディンガー方程式が Euler-Lagrange 方程式として導出できる，というものである[4]．このことは，幾何光学と古典力学の類似は光線の進路を決めるフェルマーの原理とポテンシャルのもとでの質点の運動の軌跡を決めるモーペルチュイの原理との類似に対応する．同様に光の波としての性質を記述する波動光学に類似の物質（電子）の波動性を記述する基本方程式がシュレーディンガー方程式である．これをシュレーディンガーの考えに従って，古典力学の Hamilton-Jacobi 方程式による記述から波動力学を導く議論を以下で述べよう．

まず，第 8 章の (8.7) にあるように Hamilton-Jacobi 方程式は主関数を S とし，Hamiltonian を H とすると，運動量は $\bm{p} = \nabla S$（∇：ナブラ記号）と表されるので

$$H + \frac{\partial S}{\partial t} = 0 \quad \text{ここで,} H = \frac{1}{2m}(\nabla S)^2 + V(r)$$

と書き下せる．定常状態では主関数は $S = W - Et$（W：特性関数，E：定常状態のエネルギー）とおくことができるので ((8.19) 参照)，これを代入すると

$$\frac{1}{2m}(\nabla W)^2 + V(r) = E$$

を得る．ここで，波動関数 ψ を，$\psi = e^{W/K}$ すなわち $W = K \log \psi$（K は定数）とおいて，ψ の満たす方程式を求めると

$$(\nabla \psi)^2 - \frac{2m}{K^2}(E - V(r))\psi^2 = 0$$

となる．この方程式の解を求める代わりに，この左辺の空間積分が停留値をとる条件を求め，ψ に対する線形微分方程式を導く．

$$\delta \int dV \left((\nabla \psi)^2 - \frac{2m}{K^2}(E - V(r))\psi^2 \right) = 0$$

すなわちこの変分原理に対する Euler-Lagrange 方程式が

$$\nabla^2 \psi + \frac{2m}{K^2}(E - V(r))\psi = 0$$

§11 の章末問題

となって，ここで $K = \hbar$ とすれば，シュレーディンガー方程式が導かれる．しかしながら，これは問題を変分原理にすり替えて，ψ に対する線形の方程式を得るための便法のように思われる．

4) K. プルチブラム著，江沢洋訳・解説『波動力学形成史—シュレーディンガーの書簡と小伝—』，みすず書房． 《益川敏英》

付録A　数学補足

§A.1　Taylor展開

1変数関数 $f(x)$ の点 x における Taylor 展開は次式で与えられる：

$$f(x+\varepsilon) = f(x) + \sum_{n=1}^{\infty} \frac{1}{n!} \frac{d^n f(x)}{dx^n} \varepsilon^n$$

$$= f(x) + \frac{df(x)}{dx}\varepsilon + \frac{1}{2!}\frac{d^2 f(x)}{dx^2}\varepsilon^2 + \cdots \quad \text{(A.1)}$$

N 変数関数 $f(x_1, x_2, \ldots, x_N)$ の Taylor 展開は

$$f(x_1 + \varepsilon_1, x_2 + \varepsilon_2, \ldots, x_N + \varepsilon_N)$$

$$= f(x_1, x_2, \ldots, x_N) + \sum_{n=1}^{\infty} \frac{1}{n!} \left(\sum_{i=1}^{N} \varepsilon_i \frac{\partial}{\partial x_i} \right)^n f(x_1, x_2, \ldots, x_N)$$

$$= f(x_1, x_2, \ldots, x_N) + \sum_{i=1}^{N} \frac{\partial f(x_1, x_2, \ldots, x_N)}{\partial x_i} \varepsilon_i$$

$$+ \frac{1}{2!} \sum_{i=1}^{N} \sum_{j=1}^{N} \frac{\partial^2 f(x_1, x_2, \ldots, x_N)}{\partial x_i \partial x_j} \varepsilon_i \varepsilon_j + [\varepsilon_i \text{の3次以上}] \quad \text{(A.2)}$$

である．

§A.2　ベクトルと行列

転置，複素共役，エルミート共役

行列 A に対して，その転置 A^{T}，複素共役 A^*，エルミート共役 $A^\dagger = (A^*)^{\mathrm{T}}$ は

$$\left(A^{\mathrm{T}}\right)_{ij} = A_{ji}, \qquad \left(A^*\right)_{ij} = A_{ij}^*, \qquad \left(A^\dagger\right)_{ij} = A_{ji}^* \quad \text{(A.3)}$$

で定義される．たとえば 2×2 行列の場合，

$$A = \begin{pmatrix} A_{11} & A_{12} \\ A_{21} & A_{22} \end{pmatrix},\ A^{\mathrm{T}} = \begin{pmatrix} A_{11} & A_{21} \\ A_{12} & A_{22} \end{pmatrix},\ A^* = \begin{pmatrix} A_{11}^* & A_{12}^* \\ A_{21}^* & A_{22}^* \end{pmatrix},\ A^\dagger = \begin{pmatrix} A_{11}^* & A_{21}^* \\ A_{12}^* & A_{22}^* \end{pmatrix}$$

$$\text{(A.4)}$$

付録A 数学補足

である.

特に, N 成分縦ベクトル ($=N \times 1$ 行列) $\boldsymbol{v}$ に対して, その転置 $\boldsymbol{v}^{\mathrm{T}}$ とエルミート共役 $\boldsymbol{v}^\dagger$ は横ベクトルであり

$$\boldsymbol{v} = \begin{pmatrix} v_1 \\ v_2 \\ \vdots \\ v_N \end{pmatrix} \Rightarrow \boldsymbol{v}^{\mathrm{T}} = (v_1, v_2, \ldots, v_N), \quad \boldsymbol{v}^\dagger = (v_1^*, v_2^*, \ldots, v_N^*) \tag{A.5}$$

で与えられる.

行列の積に対するエルミート共役に対して次式が成り立つ:

$$(A_1 A_2 \cdots A_n)^\dagger = A_n^\dagger \cdots A_2^\dagger A_1^\dagger \tag{A.6}$$

エルミート共役を転置に置き換えた式も同様に成り立つ.

対称行列, エルミート行列

正方行列 A が対称行列, あるいはエルミート行列であるとは

$$\text{対称行列}: A^{\mathrm{T}} = A, \quad \text{エルミート行列}: A^\dagger = A \tag{A.7}$$

の条件を満たすことである.

固有値と固有ベクトル

正方行列 A に対して, 固有値方程式

$$A\boldsymbol{u} = \lambda \boldsymbol{u} \tag{A.8}$$

を満たす数 λ と縦ベクトル $\boldsymbol{u}(\neq 0)$ を, それぞれ, A の固有値, 固有ベクトルと呼ぶ. 固有値 λ は

$$\det(A - \lambda \mathbf{1}) = 0 \tag{A.9}$$

の解として得られる.

特に, A がエルミート行列の場合, 次の二つが成り立つ:

- 固有値 λ は全て実数である.
- 異なる二つの固有値 λ_1 と λ_2 ($\lambda_1 \neq \lambda_2$) に対応した固有ベクトル $\boldsymbol{u}_1$ と $\boldsymbol{u}_2$ は直交する ($\boldsymbol{u}_1^\dagger \boldsymbol{u}_2 = 0$ が成り立つ).

§A.3 Euler角

3次元空間における原点まわりの空間回転は，一般に Euler 角と呼ばれる三つの角度 (ϕ, θ, ψ) を用いて表現される．Euler 角の定義はいくつかあるが，たとえば，第3軸周りと第1軸周りの角度 ϕ の回転行列 $R_3(\phi)$ と $R_1(\phi)$,

$$R_3(\phi) = \begin{pmatrix} \cos\phi & -\sin\phi & 0 \\ \sin\phi & \cos\phi & 0 \\ 0 & 0 & 1 \end{pmatrix}, \quad R_1(\phi) = \begin{pmatrix} 1 & 0 & 0 \\ 0 & \cos\phi & -\sin\phi \\ 0 & \sin\phi & \cos\phi \end{pmatrix} \quad (A.10)$$

を用いて，一般の空間回転は

$$R(\phi, \theta, \psi) = R_3(\phi) R_1(\theta) R_3(\psi) \quad (A.11)$$

と表される．

§A.4 3次元極座標系

3次元極座標系 (r, θ, φ) は位置ベクトル $\boldsymbol{x}$ の長さ $r = |\boldsymbol{x}|$，および二つの角度 θ と φ （図 A.1 参照）により表され，デカルト座標系の成分と次式で関係している：

$$\begin{aligned} x_1 &= r\sin\theta\cos\varphi \\ x_2 &= r\sin\theta\sin\varphi \\ x_3 &= r\cos\theta \end{aligned} \quad (A.12)$$

なお，θ と φ の範囲は $0 \leq \theta \leq \pi$，および $0 \leq \varphi < 2\pi$ である．位置ベクトル $\boldsymbol{x}(t)$ が $(r(t), \theta(t), \varphi(t))$ で指定される質点に対して $\dot{\boldsymbol{x}}^2$ は

$$\dot{\boldsymbol{x}}^2 = \dot{r}^2 + r^2(\dot{\theta}^2 + \sin^2\theta\, \dot{\varphi}^2) \quad (A.13)$$

で与えられる．

§A.5 ベクトル解析

<u>スカラー積</u>

二つの3次元ベクトル $\boldsymbol{A} = (A_1, A_2, A_3)$ と $\boldsymbol{B} = (B_1, B_2, B_3)$ に対して，それ

付録A 数学補足

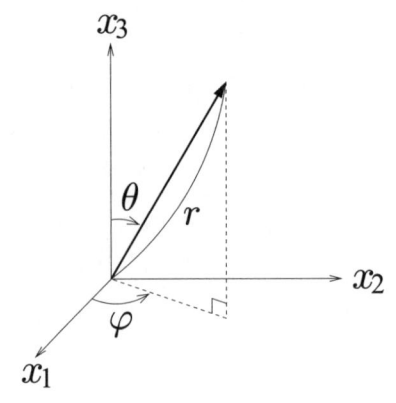

図 **A.1** 3次元極座標系 (r, θ, φ)

らのスカラー積（内積）$\boldsymbol{A} \cdot \boldsymbol{B}$ は

$$\boldsymbol{A} \cdot \boldsymbol{B} = A_i B_i = A_1 B_1 + A_2 B_2 + A_3 B_3 \tag{A.14}$$

で与えられる．

ベクトル積

二つの3次元ベクトル $\boldsymbol{A}$ と $\boldsymbol{B}$ のベクトル積 $\boldsymbol{A} \times \boldsymbol{B}$ は

$$(\boldsymbol{A} \times \boldsymbol{B})_i = \epsilon_{ijk} A_j B_k \tag{A.15}$$

で与えられるベクトルである．ここに，レビ・チビタの記号 (Levi-Civita symbol) ϵ_{ijk} は

$$\epsilon_{ijk} = \begin{cases} 1 & : (i,j,k) \text{ が } (1,2,3) \text{ の偶置換} \\ -1 & : (i,j,k) \text{ が } (1,2,3) \text{ の奇置換} \\ 0 & : \text{それ以外 } [(i,j,k) \text{ のうち少なくとも二つが同じ場合}] \end{cases} \tag{A.16}$$

で定義される3階完全反対称テンソルであり，次の性質を持つ：

$$\epsilon_{ijk} = -\epsilon_{ikj} = -\epsilon_{jik} = -\epsilon_{kji} \tag{A.17}$$

$$\epsilon_{ijk} = \epsilon_{jki} = \epsilon_{kij} \tag{A.18}$$

(A.17)はベクトル積の反対称性

$$\boldsymbol{A} \times \boldsymbol{B} = -\boldsymbol{B} \times \boldsymbol{A} \tag{A.19}$$

特に
$$A \times A = 0 \tag{A.20}$$
を，また (A.18) は $A \cdot (B \times C) = \epsilon_{ijk} A_i B_j C_k$ の巡回対称性
$$A \cdot (B \times C) = B \cdot (C \times A) = C \cdot (A \times B) \tag{A.21}$$
をそれぞれ意味する．また，ϵ_{ijk} の二つの積の和についての以下の公式も有用である：
$$\epsilon_{ijk}\epsilon_{i\ell m} = \delta_{j\ell}\delta_{km} - \delta_{jm}\delta_{k\ell} \tag{A.22}$$
$$\epsilon_{ijk}\epsilon_{ij\ell} = 2\delta_{k\ell} \tag{A.23}$$
$$\epsilon_{ijk}\epsilon_{ijk} = 3! = 6 \tag{A.24}$$
特に，(A.22) は四つのベクトルに対する次の関係式と等価である：
$$(A \times B) \cdot (C \times D) = (A \cdot C)(B \cdot D) - (A \cdot D)(B \cdot C) \tag{A.25}$$

§A.6　ベクトル場の微分と積分

3次元空間上に定義された，ベクトルに値をとる関数（ベクトル場）$A(x)$ に対して，その divergence（発散）$\nabla \cdot A(x)$ と rotation（回転）$\nabla \times A(x)$ をそれぞれ (A.14) と (A.15) に従い
$$\nabla \cdot A(x) = \frac{\partial A_i(x)}{\partial x_i} \tag{A.26}$$
$$(\nabla \times A(x))_i = \epsilon_{ijk} \frac{\partial A_k(x)}{\partial x_j} \tag{A.27}$$
で与える．また，関数 $f(x)$ に対して，その gradient（勾配）$\nabla f(x)$ はベクトル場であって次式で定義する：
$$(\nabla f(x))_i = \frac{\partial f(x)}{\partial x_i} \tag{A.28}$$

3次元空間上のベクトル場 $A(x)$ と3次元領域 V，そして，V の境界2次元面 S に対して次の Gauss の定理が成り立つ：
$$\int_V d^3x \, \nabla \cdot A(x) = \int_S dS \cdot A(x) \tag{A.29}$$

付録A 数学補足

ここに, $d\bm{S}$ は S の外向きの法線方向の面積要素である. また, 2次元面 S とその境界曲線 C に対して, 次の Stokes の定理が成り立つ：

$$\int_S d\bm{S} \cdot (\bm{\nabla} \times \bm{A}(\bm{x})) = \oint_C d\bm{s} \cdot \bm{A}(\bm{x}) \tag{A.30}$$

ここに, 右辺の $d\bm{s}$ は C の接線方向の線分要素であり, $d\bm{S}$ の向きと C の向きは右ねじの法則で関係するものとする.

なお, 微分形式を用いると, (A.29)と(A.30)はより一般に, 任意次元空間上の p-form α と $(p+1)$ 次元領域 M, そして, M の p 次元境界 ∂M に対する次の関係式として表される：

$$\int_M d\alpha = \int_{\partial M} \alpha \tag{A.31}$$

付録B　章末問題略解

第1章

問題1　Euler-Lagrange 方程式 (1.22)に代入し

$$\frac{1}{2}f'(q)\dot{q}^2 - U'(q) - \frac{d}{dt}(f(q)\dot{q}) = 0$$

より

$$f(q)\ddot{q} + \frac{1}{2}f'(q)\dot{q}^2 + U'(q) = 0$$

問題2　陽に計算するならば

$$\dot{q}_i = \frac{d}{dt}f_i(Q(t), t) = \frac{\partial f_i(Q, t)}{\partial Q_j}\dot{Q}_j + \frac{\partial f_i(Q, t)}{\partial t}$$

を用いて得られる

$$\frac{\partial L_Q(Q, \dot{Q}, t)}{\partial Q_i} = \frac{\partial L(q, \dot{q}, t)}{\partial q_j}\frac{\partial f_j(Q, t)}{\partial Q_i} + \frac{\partial L(q, \dot{q}, t)}{\partial \dot{q}_j}\left(\frac{d}{dt}\frac{\partial f_j(Q, t)}{\partial Q_i}\right)$$

$$\frac{\partial L_Q(Q, \dot{Q}, t)}{\partial \dot{Q}_i} = \frac{\partial L(q, \dot{q}, t)}{\partial \dot{q}_j}\frac{\partial f_j(Q, t)}{\partial Q_i}$$

からヒントの関係式が導かれる．あるいは，q と Q に対して

$$\delta q_i(t) = \frac{\partial f_i(Q, t)}{\partial Q_j}\delta Q_j(t)$$

で関係した等価な微小変形を行った際に，L と L_Q のそれぞれに対応した作用の変分が等しいこと，すなわち

$$\int_{t_1}^{t_2}dt\left(\frac{\partial L}{\partial q_i} - \frac{d}{dt}\frac{\partial L}{\partial \dot{q}_i}\right)\delta q_i(t) = \int_{t_1}^{t_2}dt\left(\frac{\partial L_Q}{\partial Q_i} - \frac{d}{dt}\frac{\partial L_Q}{\partial \dot{Q}_i}\right)\delta Q_i(t)$$

からも直ちに導かれる．

問題3　$\Delta L(q, \dot{q}, t)$ が (1.44)で与えられることと，二つの偏微分が交換可能なことを用いて

$$\frac{\partial \Delta L}{\partial q_i} = \frac{\partial^2 G(q, t)}{\partial q_i \partial q_j}\dot{q}_j + \frac{\partial^2 G(q, t)}{\partial q_i \partial t} = \frac{d}{dt}\frac{\partial G(q, t)}{\partial q_i}$$

を得る．また，(1.44) より
$$\frac{\partial \Delta L}{\partial \dot{q}_i} = \frac{\partial G(q,t)}{\partial q_i}$$
これらより直ちに目的の式が導かれる．

問題 4 この系では任意の微小変形 $\delta\boldsymbol{x}(t)$ に対して
$$S[\boldsymbol{x} + \delta\boldsymbol{x}] = S[\boldsymbol{x}] + \int_{t_1}^{t_2} dt \left(\frac{\partial L}{\partial x_i} - \frac{d}{dt}\frac{\partial L}{\partial \dot{x}_i} \right) \delta x_i + \int_{t_1}^{t_2} dt \frac{1}{2} m (\delta \dot{\boldsymbol{x}})^2$$
であり，1.6 節で調べた調和振動子の系において $\omega = 0$ とした場合に対応する．したがって，運動方程式の解は作用を極小にする．

問題 5 問題の指示どおりに行えばよい．

第 2 章

問題 1 いずれの場合も $\boldsymbol{x}_n(t)$ に対する Euler-Lagrange 方程式から
$$\frac{d}{dt}\frac{\partial L(\widetilde{\boldsymbol{x}}_n, \dot{\widetilde{\boldsymbol{x}}}_n, t)}{\partial \dot{\boldsymbol{x}}_m} = \frac{\partial L(\widetilde{\boldsymbol{x}}_n, \dot{\widetilde{\boldsymbol{x}}}_n, t)}{\partial \boldsymbol{x}_m}$$
が導かれる（1.5 節で見たように $(d/dt)G$ 項は効かない）．ここに $\widetilde{\boldsymbol{x}}$ と $\dot{\widetilde{\boldsymbol{x}}}$ およびそれらについての偏微分はそれぞれ以下のとおり：
(1) $\widetilde{\boldsymbol{x}} = \boldsymbol{x} + \boldsymbol{a}$, $\dot{\widetilde{\boldsymbol{x}}} = \dot{\boldsymbol{x}}$ であり，$\partial/\partial\widetilde{\boldsymbol{x}} = \partial/\partial\boldsymbol{x}$ および $\partial/\partial\dot{\widetilde{\boldsymbol{x}}} = \partial/\partial\dot{\boldsymbol{x}}$．
(2) $\widetilde{\boldsymbol{x}} = R\boldsymbol{x}$, $\dot{\widetilde{\boldsymbol{x}}} = R\dot{\boldsymbol{x}}$ であり，$\partial/\partial x_i = (\partial\widetilde{x}_j/\partial x_i)(\partial/\partial\widetilde{x}_j) = R_{ji}(\partial/\partial\widetilde{x}_j)$，すなわち $\partial/\partial\boldsymbol{x} = R^{\mathrm{T}}(\partial/\partial\widetilde{\boldsymbol{x}})$ および $\partial/\partial\dot{\boldsymbol{x}} = R^{\mathrm{T}}(\partial/\partial\dot{\widetilde{\boldsymbol{x}}})$ が成り立つ．
(3) $\widetilde{\boldsymbol{x}} = \boldsymbol{x} - \boldsymbol{V}t$, $\dot{\widetilde{\boldsymbol{x}}} = \dot{\boldsymbol{x}} - \boldsymbol{V}$ であり，$\partial/\partial\widetilde{\boldsymbol{x}} = \partial/\partial\boldsymbol{x}$ および $\partial/\partial\dot{\widetilde{\boldsymbol{x}}} = \partial/\partial\dot{\boldsymbol{x}}$．
したがって，上の式より (1) と (3) の場合は直接，(2) の場合は左から R を掛けることで
$$\frac{d}{dt}\frac{\partial L(\widetilde{\boldsymbol{x}}_n, \dot{\widetilde{\boldsymbol{x}}}_n, t)}{\partial \dot{\widetilde{\boldsymbol{x}}}_m} = \frac{\partial L(\widetilde{\boldsymbol{x}}_n, \dot{\widetilde{\boldsymbol{x}}}_n, t)}{\partial \widetilde{\boldsymbol{x}}_m}$$
を得る．

問題 2 (1) x_1, x_2, x_3 の Euler-Lagrange 方程式はそれぞれ次のとおり：
$$m\ddot{x}_1 = \frac{Kx_2}{x_1^2 + x_2^2}, \qquad m\ddot{x}_2 = -\frac{Kx_1}{x_1^2 + x_2^2}, \qquad m\ddot{x}_3 = 0$$

(2) x_1 と x_2 の Euler-Lagrange 方程式を $z = x_1 + ix_2$ で表すと

$$m\ddot{z} = -iK\frac{z}{|z|^2}$$

(3) $R_3(\phi)$ (2.17)の回転 $\boldsymbol{x} \to R_3(\phi)\boldsymbol{x}$, すなわち

$$\begin{pmatrix} x_1 \\ x_2 \end{pmatrix} \to \begin{pmatrix} \cos\phi & -\sin\phi \\ \sin\phi & \cos\phi \end{pmatrix} \begin{pmatrix} x_1 \\ x_2 \end{pmatrix}, \qquad x_3 \to x_3$$

の変換は, $z(t)$ に対する位相変換

$$z(t) \to e^{i\phi} z(t)$$

である. 上の (2) で与えた z の運動方程式の解 $z(t)$ に定数の位相変換をした $\tilde{z}(t) = e^{i\phi}z(t)$ は, $\ddot{\tilde{z}} = e^{i\phi}\ddot{z}$ と $|\tilde{z}|^2 = |z|^2$ より, 同じ運動方程式

$$m\ddot{\tilde{z}} = -iK\frac{\tilde{z}}{|\tilde{z}|^2}$$

を満たす.

問題 3 まず,

$$dt' = dt\frac{dt'}{dt}, \qquad \frac{dt'}{dt}\frac{d\boldsymbol{x}'(t')}{dt'} = \frac{d\boldsymbol{x}'(t')}{dt}$$

より

$$\int_{t_1'}^{t_2'} dt' \sqrt{1 - \frac{1}{c^2}\left(\frac{d\boldsymbol{x}'(t')}{dt'}\right)^2} = \int_{t_1}^{t_2} dt \sqrt{\left(\frac{dt'}{dt}\right)^2 - \frac{1}{c^2}\left(\frac{d\boldsymbol{x}'(t')}{dt}\right)^2}$$

これは, さらに

$$\frac{dt'}{dt} = \gamma\frac{d}{dt}\left(t - \frac{V}{c^2}x_1(t)\right) = \gamma\left(1 - \frac{V}{c^2}\dot{x}_1(t)\right)$$

$$\frac{dx_1'(t')}{dt} = \gamma\frac{d}{dt}\left(x_1(t) - Vt\right) = \gamma\left(\dot{x}_1(t) - V\right)$$

$$\frac{dx_i'(t')}{dt} = \frac{dx_i(t)}{dt} = \dot{x}_i(t) \quad (i = 2, 3)$$

を用いて

$$\int_{t_1}^{t_2} dt \sqrt{\gamma^2\left(1 - \frac{V}{c^2}\dot{x}_1(t)\right)^2 - \frac{1}{c^2}\left[\gamma^2\left(\dot{x}_1(t) - V\right)^2 + \dot{x}_2(t)^2 + \dot{x}_3(t)^2\right]}$$

$$= \int_{t_1}^{t_2} dt \sqrt{1 - \frac{1}{c^2}\left(\frac{d\boldsymbol{x}(t)}{dt}\right)^2}$$

となる．

問題4 二つのLagrangianの差が時間についての全微分項となっている：

$$L((\dot{\boldsymbol{y}}(t) + \boldsymbol{a}t)^2) = \frac{1}{2}m(\dot{\boldsymbol{y}}(t) + \boldsymbol{a}t)^2$$
$$= \frac{1}{2}m\dot{\boldsymbol{y}}(t)^2 - m\boldsymbol{a}\cdot\boldsymbol{y}(t) + \frac{d}{dt}\left[m\boldsymbol{a}\cdot\boldsymbol{y}(t)t + \frac{1}{6}m\boldsymbol{a}^2 t^3\right]$$

第3章

問題1 (3.22)を今の独立変数 $(\boldsymbol{y}_1, \ldots, \boldsymbol{y}_{N-1}, \boldsymbol{x}_N)$ で表すと

$$L(\boldsymbol{y}_n, \cancel{\boldsymbol{y}_N}, \dot{\boldsymbol{y}}_n, \dot{\boldsymbol{x}}_N) = \sum_{n=1}^{N-1}\frac{1}{2}m_n(\dot{\boldsymbol{y}}_n + \dot{\boldsymbol{x}}_N)^2 + \frac{1}{2}m_N\dot{\boldsymbol{x}}_N^2 - U(\boldsymbol{y}_1, \ldots, \boldsymbol{y}_{N-1})$$

したがって，循環座標 $\boldsymbol{x}_N$ に対応した運動量は

$$\left.\frac{\partial L(\boldsymbol{y}_n, \cancel{\boldsymbol{y}_N}, \dot{\boldsymbol{y}}_n, \dot{\boldsymbol{x}}_N)}{\partial \dot{\boldsymbol{x}}_N}\right|_{\boldsymbol{y}_n, \dot{\boldsymbol{y}}_n: \text{固定}} = \sum_{n=1}^{N-1} m_n \underbrace{(\dot{\boldsymbol{y}}_n + \dot{\boldsymbol{x}}_N)}_{\dot{\boldsymbol{x}}_n} + m_N\dot{\boldsymbol{x}}_N$$
$$= \sum_{n=1}^{N} m_n \dot{\boldsymbol{x}}_n = \boldsymbol{P}$$

問題2 Euler-Lagrange方程式は

$$m\ddot{\boldsymbol{x}} = -\frac{\partial U(r)}{\partial \boldsymbol{x}} = -\frac{\boldsymbol{x}}{r}\frac{dU(r)}{dr}$$

ここに，$r = |\boldsymbol{x}| = \sqrt{x_1^2 + x_2^2 + x_3^2}$ に対して

$$\frac{\partial r}{\partial \boldsymbol{x}} = \boldsymbol{\nabla} r = \frac{\boldsymbol{x}}{r}, \quad \text{成分では} \quad \frac{\partial r}{\partial x_i} = \frac{x_i}{r}$$

を用いた．これと $\boldsymbol{p} = m\dot{\boldsymbol{x}}$，および(A.20)より

$$\frac{d\boldsymbol{M}}{dt} = \frac{d}{dt}(\boldsymbol{x}\times\boldsymbol{p}) = \underbrace{\dot{\boldsymbol{x}}\times\boldsymbol{p}}_{=0} + \boldsymbol{x}\times\dot{\boldsymbol{p}} = -\boldsymbol{x}\times\frac{\boldsymbol{x}}{r}\frac{dU(r)}{dr} = 0$$

問題 3 ここでは保存量の一般公式 (3.6) を直接用いない導出を与える．無限小ガリレイ変換，

$$\delta \boldsymbol{x}_n(t) = -\boldsymbol{V}t, \quad \delta \dot{\boldsymbol{x}}_n(t) = -\boldsymbol{V}, \quad (\boldsymbol{V} : 無限小)$$

に対してポテンシャル項 U は不変であり，L の変化分は

$$\delta L = \sum_{n=1}^{N} m_n \dot{\boldsymbol{x}}_n \cdot \delta \dot{\boldsymbol{x}}_n = -\frac{d}{dt}\left(\sum_{n=1}^{N} m_n \boldsymbol{x}_n\right) \cdot \boldsymbol{V}$$

一方，δL は Euler-Lagrange 方程式を用いて，

$$\delta L = \frac{d}{dt}\left(\sum_{n=1}^{N} \frac{\partial L}{\partial \dot{\boldsymbol{x}}_n} \cdot \delta \boldsymbol{x}_n\right) = -\frac{d}{dt}(\boldsymbol{P}\,t)\cdot \boldsymbol{V}$$

とも表される．ここに $\boldsymbol{P} = \sum_n m_n \dot{\boldsymbol{x}}_n$ は N 個の質点の全運動量である．これら二つの δL を等置し，$\boldsymbol{V}$ が任意であることから

$$\sum_{n=1}^{N} m_n \boldsymbol{x}_n(t) - \boldsymbol{P}t$$

が保存量として得られる．これが保存することは，質点系の重心座標 $\sum_n m_n \boldsymbol{x}(t)/M$ $(M = \sum_n m_n)$ が一定の速度 $\boldsymbol{P}/M$ で運動することを意味する．

問題 4 (3.43) よりの $\dot{\theta} = p_\theta/(mr^2)$ を (3.45) に代入して

$$E = \frac{m}{2}\left[\left(\frac{dr}{dt}\right)^2 + \frac{p_\theta^2}{m^2 r^2}\right] + U(r)$$

これより

$$\frac{dr}{dt} = \pm\sqrt{\frac{2E}{m} - \frac{p_\theta^2}{m^2 r^2} - U(r)}$$

問題 5 L がもつ対称性と対応する保存量は以下のとおり：
- 時間並進対称性: $E = \frac{1}{2}m\dot{\boldsymbol{x}}^2 + mgx_3$
- 第 1, 2 軸方向への空間並進対称性：$p_i = m\dot{x}_i$ $(i = 1, 2)$
- 第 3 軸方向への空間並進対称性：$m\dot{x}_3 + mgt$
- 第 3 軸まわりの空間回転対称性：
  $M_3 = (\boldsymbol{x} \times \boldsymbol{p})_3 = x_1 p_2 - x_2 p_1 = m(x_1 \dot{x}_2 - x_2 \dot{x}_1)$

Galilei 不変性に付随する保存量もあるが，省略する．

第4章

問題1 (1) L は (4.47)と全く同じであり，$C(x,y) = \sqrt{x^2 + (\ell - y)^2} - \ell$
(2) (4.21)と (4.22)は今の場合以下のとおり：

$$m\ddot{x} = \lambda \frac{x}{\sqrt{x^2 + (\ell - y)^2}} = \lambda \frac{x}{\ell}$$

$$m\ddot{y} = -mg - \lambda \frac{\ell - y}{\sqrt{x^2 + (\ell - y)^2}} = -mg - \lambda \frac{\ell - y}{\ell}$$

(3) $C = 0$ からの $\ell - y = \ell\sqrt{1 - x^2/\ell^2} \simeq \ell(1 - x^2/(2\ell^2))$ より $y/\ell \simeq (1/2)(x/\ell)^2$ である．したがって，(2) で得た y の運動方程式において y と $\ddot{y}$ の項を無視して $\lambda \simeq -mg$．これを x の運動方程式に代入して，単振動の微分方程式 $\ddot{x} \simeq -(g/\ell)x$ を得る．

問題2 この問題における L と $C(x,y)$ は 4.3.3 項の (4.47)，および (4.48)と全く同一である．(4.52)に対応したエネルギー保存の関係式は今の場合

$$\frac{m}{2}(\dot{x}^2 + \dot{y}^2) + mgy = mga$$

であり，これを（今も成り立つ）(4.54)に用いることで

$$\lambda = \frac{3mg}{2a^2}\left(y - \frac{2}{3}a\right)$$

を得る．質点が輪から離れる点の y 座標は，$\lambda = 0$ より $y = (2/3)a$ である．

問題3 ここでの $\dot{\boldsymbol{x}}^2 = \dot{x}^2 + \dot{y}^2 + \dot{z}^2$ は，3次元座標系 (r, θ, φ) における公式 (A.13)において，r を $r = \ell$ に固定し，$\theta \to \pi - \theta$ とおき換えた場合に対応する．

第5章

問題1 (1) 振り子のおもりの位置ベクトルが $(x + \ell\sin\theta + 定数, -\ell\cos\theta)$ であることを用いて

$$L = \frac{1}{2}m\dot{x}^2 + \frac{1}{2}M(\dot{x}^2 + \ell^2\dot{\theta}^2 + 2\ell\cos\theta\,\dot{\theta}\dot{x}) - \frac{1}{2}kx^2 + Mg\ell\cos\theta$$

(2) 微小な θ に対して $\cos\theta \simeq 1-(1/2)\theta^2$ より
$$L \simeq \frac{1}{2}(m+M)\dot{x}^2 + \frac{1}{2}M\ell^2\dot{\theta}^2 + M\ell\dot{x}\dot{\theta} - \frac{1}{2}kx^2 - \frac{1}{2}Mg\ell\theta^2$$

(3) 力学変数 (x,θ) に対して, (5.1)式の行列 M と K は
$$M = \begin{pmatrix} m+M & M\ell \\ M\ell & M\ell^2 \end{pmatrix}, \qquad K = \begin{pmatrix} k & 0 \\ 0 & Mg\ell \end{pmatrix}$$
で与えられる. $M=m$ の場合, $\det(K-\omega^2 M)=0$ より
$$\omega^4 - \left(\frac{k}{m} + \frac{2g}{\ell}\right)\omega^2 + \frac{gk}{m\ell} = 0$$
であって, その解は
$$\omega_\pm^2 = \frac{k}{2m} + \frac{g}{\ell} \pm \sqrt{\frac{k^2}{4m^2} + \frac{g^2}{\ell^2}}$$
の二つである. それぞれに対応した $(K-\omega_\pm^2 M)\boldsymbol{\alpha}_\pm = 0$ の解 $\boldsymbol{\alpha}_\pm$ は
$$\boldsymbol{\alpha}_\pm = \begin{pmatrix} \ell \\ \dfrac{k\ell}{2mg} - 1 \mp \sqrt{\left(\dfrac{k\ell}{2mg}\right)^2 + 1} \end{pmatrix}$$
これらを用いて, 運動方程式の一般解は
$$\begin{pmatrix} x(t) \\ \theta(t) \end{pmatrix} = C_+ \boldsymbol{\alpha}_+ \cos(\omega_+ t + \delta_+) + C_- \boldsymbol{\alpha}_- \cos(\omega_- t + \delta_-)$$
ここに, $C_\pm$ と $\delta_\pm$ は任意定数である.

問題 2 (1) バネの伸びが $\sqrt{a^2+y_1^2}-\ell$ などであることから
$$L = \frac{1}{2}m(\dot{y}_1^2 + \dot{y}_2^2) - \frac{1}{2}k\left\{\left(\sqrt{a^2+y_1^2}-\ell\right)^2 \right.$$
$$\left. + \left(\sqrt{a^2+(y_1-y_2)^2}-\ell\right)^2 + \left(\sqrt{a^2+y_2^2}-\ell\right)^2\right\}$$

(2) $\sqrt{a^2+y_1^2} \simeq a + y_1^2/(2a)$ などを用いて
$$L_{\text{連成振動子}} = \frac{1}{2}m(\dot{y}_1^2 + \dot{y}_2^2) - \frac{(a-\ell)k}{2a}\left[y_1^2 + (y_1-y_2)^2 + y_2^2\right]$$

付録 B　章末問題略解

問題 3　(1)　$x = Vy$ の回転行列 V に対して

$$V^{\mathrm{T}}MV = M, \qquad V^{\mathrm{T}}KV = k\begin{pmatrix} 2 - \sin 2\theta & -\cos 2\theta \\ -\cos 2\theta & 2 + \sin 2\theta \end{pmatrix}$$

であり

$$\begin{aligned} L &= \frac{1}{2}\dot{y}^{\mathrm{T}}V^{\mathrm{T}}MV\dot{y} - \frac{1}{2}y^{\mathrm{T}}V^{\mathrm{T}}KVy \\ &= \frac{1}{2}m(\dot{y}_1^2 + \dot{y}_2^2) - \frac{1}{2}k\left[(2-\sin 2\theta)y_1^2 + (2+\sin 2\theta)y_2^2 - 2\cos 2\theta\, y_1 y_2\right] \end{aligned}$$

(2) $\cos 2\theta = 0$ となるように $\theta = \pi/4$ にとると

$$L_1 = \frac{1}{2}m\dot{y}_1^2 - \frac{1}{2}ky_1^2, \qquad L_2 = \frac{1}{2}m\dot{y}_2^2 - \frac{3}{2}ky_2^2$$

(3) L_1 と L_2 はそれぞれが調和振動子の Lagrangian であるから，一般解は

$$y_1(t) = C_1 \cos(\omega_1 t + \delta_1), \qquad y_2(t) = C_2 \cos(\omega_2 t + \delta_2)$$

ここに，$\omega_1 = \sqrt{k/m}$, $\omega_2 = \sqrt{3k/m}$ であり，C_1, C_2 と δ_1, δ_2 は任意実定数である．これより

$$\begin{aligned} \begin{pmatrix} x_1(t) \\ x_2(t) \end{pmatrix} &= \begin{pmatrix} 1/\sqrt{2} & -1/\sqrt{2} \\ 1/\sqrt{2} & 1/\sqrt{2} \end{pmatrix} \begin{pmatrix} y_1(t) \\ y_2(t) \end{pmatrix} \\ &= \frac{C_1}{\sqrt{2}}\begin{pmatrix} 1 \\ 1 \end{pmatrix}\cos(\omega_1 t + \delta_1) - \frac{C_2}{\sqrt{2}}\begin{pmatrix} 1 \\ -1 \end{pmatrix}\cos(\omega_2 t + \delta_2) \end{aligned}$$

これは本文で与えた一般解 (5.41) と実質的に同じものである．

第 6 章

問題 1　省略．

問題 2　(6.58) を用いて得られる

$$\frac{d}{dt}\frac{\partial f}{\partial q_i} = \left\{\frac{\partial f}{\partial q_i}, H\right\} + \frac{\partial^2 f}{\partial t \partial q_i}$$

および

$$\frac{\partial}{\partial q_i}\frac{df}{dt} = \frac{\partial}{\partial q_i}\left(\{f,H\} + \frac{\partial f}{\partial t}\right) = \left\{\frac{\partial f}{\partial q_i}, H\right\} + \left\{f, \frac{\partial H}{\partial q_i}\right\} + \frac{\partial^2 f}{\partial q_i \partial t}$$

の差をとればよい.

問題 3 (6.92)の導出は(6.88)と全く同様であり省略する. (6.93)については, まずその左辺が性質(6.66)と(6.88), (6.92)を用いて

$$\{M_i, M_j\} = \{\epsilon_{ik\ell} x_k p_\ell, M_j\} = \epsilon_{ik\ell}(\underbrace{\{x_k, M_j\}}_{\epsilon_{kjm} x_m} p_\ell + x_k \underbrace{\{p_\ell, M_j\}}_{\epsilon_{\ell jm} p_m})$$

$$= \underbrace{\epsilon_{k\ell i}\epsilon_{kjm}}_{\delta_{\ell j}\delta_{im} - \delta_{\ell m}\delta_{ij}} x_m p_\ell + \underbrace{\epsilon_{\ell ik}\epsilon_{\ell jm}}_{\delta_{ij}\delta_{km} - \delta_{im}\delta_{kj}} x_k p_m = x_i p_j - x_j p_i$$

と計算される. ここに, 公式(A.22)を用いた. 他方, (6.93)の右辺も

$$\epsilon_{ijk} M_k = \underbrace{\epsilon_{ijk}\epsilon_{k\ell m}}_{\delta_{i\ell}\delta_{jm} - \delta_{im}\delta_{j\ell}} x_\ell p_m = x_i p_j - x_j p_i$$

となり, (6.93)の両辺が等しいことがわかる.

問題 4 位相空間軌跡の方程式は

$$H = \frac{p^2}{2m} + mgq = 一定 = E$$

で表される放物線である. Hamiltonの運動方程式から得られる接ベクトル $(\dot{q}, \dot{p}) = (p/m, -mg)$ からわかるように, 系は時間とともに p が減少する向き ($\dot{p} < 0$) に放物線上を移動する (図の矢印の向き).

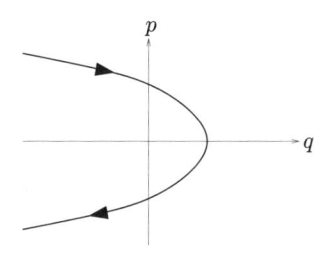

問題 5 (1) G の定義式の両辺の微分をとり, $dL = \dot{p}_i dq_i + p_i d\dot{q}_i$ を用いることで $dG = \dot{q}_i dp_i + q_i d\dot{p}_i$ を得る. これより, 求める運動方程式は

$$\dot{q}_i = \frac{\partial G(p,\dot{p})}{\partial p_i}, \qquad q_i = \frac{\partial G(p,\dot{p})}{\partial \dot{p}_i}$$

(2) Lagrangian が $L = (m/2)\dot{q}^2 - (k/2)q^2$ の調和振動子に対して, $p = \partial L/\partial \dot{q} = m\dot{q}$ と $\dot{p} = -\partial L/\partial q = -kq$ を用いて, G は

$$G(p,\dot{p}) = p\dot{q} + \dot{p}q - L = \frac{1}{2m}p^2 - \frac{1}{2k}\dot{p}^2$$

で与えられる. (1) で求めた運動方程式は今の場合

$$\dot{q} = \frac{\partial G(p,\dot{p})}{\partial p} = \frac{1}{m}p, \qquad q = \frac{\partial G(p,\dot{p})}{\partial \dot{p}} = -\frac{1}{k}\dot{p}$$

これらは既知の方程式であり, Euler-Lagrange 方程式とも等価である.

第 7 章

問題 1 母関数 $F(q, Q, t)$ の場合は (q, Q) を独立変数として考えるので, これらの間に関係を与える点変換はそもそも対象外である. あるいは, もしも母関数 $F(q, Q, t)$ で点変換を表現できたとすると, (7.14) より

$$p_i = \left.\frac{\partial F(q, Q, t)}{\partial q_i}\right|_{Q_j = f_j(q,t)}$$

が成り立たないといけないが, この式は元の正準変数 (q, p) の間の N 個の関係式を与えており, (q, p) が独立な変数であるという前提に反する.

次に, 母関数 $\Xi(p, P, t)$ が点変換を表現できたとすると, (7.74) の第 1 式と点変換における新旧運動量の関係式 (7.50) より

$$q_i = -\left.\frac{\partial \Xi(p, P, t)}{\partial p_i}\right|_{P_j = M_{jk}(q,t)p_k}$$

となるが, これも (q, p) の間の関係式を与えてしまう.

問題 2 省略.

問題 3 ここでの Poisson bracket は正準変数 (q,p) についてのものとする. (7.86)は (6.66)を繰り返し用いて得られる

$$\{P_i, P_j\} = \{M_{ik}p_k, M_{j\ell}p_\ell\} - \{M_{ik}, M_{j\ell}\}p_k p_\ell + M_{ik}\{p_k, M_{j\ell}\}p_\ell$$
$$+ M_{j\ell}\{M_{ik}, p_\ell\}p_k + M_{j\ell}M_{ik}\{p_k, p_\ell\} \tag{B.1}$$

に (7.85)よりの $\{M_{ik}, M_{j\ell}\} = 0$, 性質 (6.61), そして $\{p_k, p_\ell\} = 0$ を用いることで得られる. (7.88)の導出は省略.

問題 4
$$\frac{\partial}{\partial u} = \frac{\partial Q_i}{\partial u}\frac{\partial}{\partial Q_i} + \frac{\partial P_i}{\partial u}\frac{\partial}{\partial P_i}$$

および u を v におき換えた式を用いることで

$$\langle u, v \rangle_{q,p} = \frac{\partial Q_i}{\partial u}\frac{\partial Q_j}{\partial v}\langle Q_i, Q_j\rangle_{q,p} + \frac{\partial P_i}{\partial u}\frac{\partial P_j}{\partial v}\langle P_i, P_j\rangle_{q,p}$$
$$+ \left(\frac{\partial Q_i}{\partial u}\frac{\partial P_j}{\partial v} - \frac{\partial P_j}{\partial u}\frac{\partial Q_i}{\partial v}\right)\langle Q_i, P_j\rangle_{q,p}$$

を得る. これに対して (7.107)を用いると (7.102)を得る.

問題 5 (1) $1 = \{Q, P\}_{q,p} = \{aq + bp, cq + dp\}_{q,p} = ad - bc$, すなわち変換行列の行列式が1でなければならない.

(2) (p, P) を (q, Q) で表し, $F(q, Q)$ による正準変換の式に代入すると

$$\frac{\partial F(q,Q)}{\partial q} = p = \frac{1}{b}Q - \frac{a}{b}q, \quad \frac{\partial F(q,Q)}{\partial Q} = -P = \frac{ad-bc}{b}q - \frac{d}{b}Q$$

可積分条件は (1) の関係式 $ad - bc = 1$ と等価であることに注意しよう. これを用いて母関数 $F(q, Q)$ は

$$F(q, Q) = \frac{1}{2b}\left(2qQ - aq^2 - dQ^2\right)$$

と求まる.

問題 6 (q, p) に対する Hamilton の運動方程式を用いて導かれた (6.58) と (7.77)を用いて

$$\frac{d}{dt}Q_i(q, p) = \{Q_i, H\}_{q,p} = \{Q_i, H\}_{Q,P} = \frac{\partial H}{\partial P_i}$$

$$\frac{d}{dt}P_i(q,p) = \{P_i, H\}_{q,p} = \{P_i, H\}_{Q,P} = -\frac{\partial H}{\partial Q_i}$$

なお，今の時間に陽に依らない正準変換の場合は $K = H$ である．

問題 7
$$Q_i = q_i + \varepsilon\frac{\partial G}{\partial p_i}, \qquad P_i = p_i - \varepsilon\frac{\partial G}{\partial q_i}$$

より

$$\begin{aligned}\{Q_i, P_j\}_{q,p} &= \frac{\partial Q_i}{\partial q_k}\frac{\partial P_j}{\partial p_k} - \frac{\partial Q_i}{\partial p_k}\frac{\partial P_j}{\partial q_k} \\ &= \left(\delta_{ik} + \varepsilon\frac{\partial^2 G}{\partial q_k \partial p_i}\right)\left(\delta_{jk} - \varepsilon\frac{\partial^2 G}{\partial p_k \partial q_j}\right) - \varepsilon\frac{\partial^2 G}{\partial p_k \partial p_i}\varepsilon\frac{\partial^2 G}{\partial q_k \partial q_j} \\ &= \delta_{ij} + \varepsilon\left(\frac{\partial^2 G}{\partial q_j \partial p_i} - \frac{\partial^2 G}{\partial p_i \partial q_j}\right) + O(\varepsilon^2) = \delta_{ij} + O(\varepsilon^2)\end{aligned}$$

および

$$\begin{aligned}\{Q_i, Q_j\}_{q,p} &= \frac{\partial Q_i}{\partial q_k}\frac{\partial Q_j}{\partial p_k} - \frac{\partial Q_i}{\partial p_k}\frac{\partial Q_j}{\partial q_k} \\ &= \left(\delta_{ik} + \varepsilon\frac{\partial^2 G}{\partial q_k \partial p_i}\right)\varepsilon\frac{\partial^2 G}{\partial p_k \partial p_j} - \varepsilon\frac{\partial^2 G}{\partial p_k \partial p_i}\left(\delta_{jk} + \varepsilon\frac{\partial^2 G}{\partial q_k \partial p_j}\right) \\ &= \varepsilon\left(\frac{\partial^2 G}{\partial p_i \partial p_j} - \frac{\partial^2 G}{\partial p_j \partial p_i}\right) + O(\varepsilon^2) = O(\varepsilon^2)\end{aligned}$$

同様にして $\{P_i, P_j\}_{q,p} = O(\varepsilon^2)$ を得る．なお，Poisson bracket による表式

$$Q_i = q_i + \varepsilon\{q_i, G\}_{q,p}, \quad P_j = p_j + \varepsilon\{p_j, G\}_{q,p},$$

を用いる場合は，Jacobi identity (6.69) により同じ結果を得る．

問題 8 (1) $F_\mathrm{I}, F_\mathrm{II}, F_\mathrm{III}$ の間の関係式 (7.142) を (7.38) により $\Phi_\mathrm{I}, \Phi_\mathrm{II}, \Phi_\mathrm{III}$ で表すと，

$$\Phi_\mathrm{III}(q, P', t) = \Phi_\mathrm{I}(q, P, t) + \Phi_\mathrm{II}(Q, P', t) - Q_i P_i$$

となる．この右辺が (Q, P) に依らないことは，母関数 Φ による正準変換の公式 (7.42) を用いた

$$\left.\frac{\partial \Phi_\mathrm{III}}{\partial P_i}\right|_{q,P'} = \frac{\partial \Phi_\mathrm{I}(q,P,t)}{\partial P_i} - Q_i = 0$$

$$\left.\frac{\partial \Phi_{\mathrm{III}}}{\partial Q_i}\right|_{q,P'} = \frac{\partial \Phi_{\mathrm{II}}(Q,P',t)}{\partial Q_i} - P_i = 0$$

より理解される．Φ_{III} を (q,P,t) の関数として求めるには，この2式から $Q_i = Q_i(q,P',t)$，$P_i = P_i(q,P',t)$ と表し，最初の Φ_{III} の表式に代入する．

(2) 上の結果に点変換の $\Phi_{\mathrm{I}}, \Phi_{\mathrm{II}}$ を代入して

$$\Phi_{\mathrm{III}}(q,P') = f_i(q)P_i + g_i(Q)P'_i - Q_i P_i = g_i(f(q))P'_i$$

を得る．ここに，$Q_i = \partial \Phi_{\mathrm{I}}(q,P)/\partial P_i = f_i(q)$ を用いた．

第8章

問題1 ここでは $\alpha_1(=E)$ を用いる．調和振動子の解 $q(t)$ (8.32)を代入した主関数 S は，(8.19)と(8.28)より

$$S(q(t), \alpha_1, t) = W(q(t), \alpha_1) - \alpha_1 t = 2\alpha_1 \int dt \, \cos^2[\omega(t+\beta_1)] - \alpha_1 t$$
$$= 2\alpha_1 \int dt \left(\cos^2[\omega(t+\beta_1)] - \frac{1}{2}\right)$$

で与えられる．ここに，特性関数 W (8.28)の q-積分を $dq(t) = \sqrt{2\alpha_1/m} \cos[\omega(t+\beta_1)]\,dt$ により t-積分におき換えた．他方，Lagrangian (1.48)に解 $q(t)$ (8.32)を代入すると

$$L(q(t), \dot{q}(t)) = \alpha_1 \cos^2[\omega(t+\beta_1)] - \alpha_1 \sin^2[\omega(t+\beta_1)]$$
$$= 2\alpha_1 \left(\cos^2[\omega(t+\beta_1)] - \frac{1}{2}\right)$$

となり，(8.13)が成り立っていることがわかる．

問題2 (8.48)に $U(1/u) = -ku$ を代入して u-積分を実行し

$$\theta - \beta_\theta = -\int \frac{\alpha_\theta \, du}{\sqrt{2m(E+ku) - \alpha_\theta^2 u^2}} = \mp \int \frac{du}{\sqrt{\frac{m^2 k^2}{\alpha_\theta^4} + \frac{2mE}{\alpha_\theta^2} - \left(u - \frac{mk}{\alpha_\theta^2}\right)^2}}$$
$$= \mp \arcsin \frac{u - mk/\alpha_\theta^2}{\sqrt{m^2 k^2/\alpha_\theta^4 + 2mE/\alpha_\theta^2}}$$

を得る．ここに $\mp$ は $\alpha_\theta \gtreqless$ に対応し，最後に積分公式 (8.31) を用いた．符号因子 $\pm$ は定数 β_θ に吸収して，軌道の式

$$\frac{1}{r} = u = \frac{mk}{\alpha_\theta^2}\left[1 + \sqrt{1 + \frac{2E\alpha_\theta^2}{mk^2}}\sin(\theta - \beta_\theta)\right]$$

を得る．

問題 3 (7.32) の第 2 式と $P = E/\omega$ からの $\sin Q = \sqrt{m\omega^2/(2E)}\, q$ を用いることで $W(q, E) = F(q, Q) + PQ$ が示される．

問題 4 エネルギー保存

$$\frac{1}{2}m\ell^2\left(\frac{d\theta}{dt}\right)^2 + mg\ell(1 - \cos\theta) = \alpha_1$$

よりの

$$dt = \sqrt{\frac{m}{2}}\,\ell\,\frac{d\theta}{f(\theta, \alpha_1)}$$

の両辺を積分すればよい．

問題 5 まず，$\alpha_1 > 2mg\ell$ の場合は，$\theta = 2\phi$ とすることで (8.92) を楕円関数 (8.95) で表すことができる．次に，$\alpha_1 < 2mg\ell$ の場合は，

$$\sin\frac{\theta}{2} = \sqrt{\frac{\alpha_1}{2mg\ell}}\sin\phi = \sqrt{\gamma}\sin\phi, \qquad \left(-\frac{\pi}{2} \leq \phi \leq \frac{\pi}{2}\right)$$

とおき，

$$d\theta = \frac{2\sqrt{\gamma}\cos\phi}{\sqrt{1 - \gamma\sin^2\phi}}\,d\phi$$

を用いることで (8.97) を得る．

第 9 章

問題 1 線形性 (9.57) は，内部積の定義 (9.53) と p-form の線型性 (9.17) より明らか．(9.58) は，任意の p-form α に対して (9.53) よりの

$$(i(X)i(Y)\alpha)(X_1, \ldots, X_{p-2}) = (i(Y)\alpha)(X, X_1, \ldots, X_{p-2})$$

$$= \alpha(Y, X, X_1, \ldots, X_{p-2})$$

と α の反対称性 $\alpha(X, Y, X_1, \ldots, X_{p-2}) = -\alpha(Y, X, X_1, \ldots, X_{p-2})$ より得られる．最後の Leibniz 則 (9.59)は，

$$\bigl(i(Y)(\alpha \wedge \beta)\bigr)(X_1, \ldots, X_{|\alpha|+|\beta|-1}) = (\alpha \wedge \beta)(Y, X_1, \ldots, X_{|\alpha|+|\beta|-1})$$

に対して $\alpha \wedge \beta$ の定義 (9.18)を用い，Y が α の引数になる場合と β の引数になる場合を考えることで得られる．

問題 2 p-form α に対して，外微分の表現 (9.46)と (9.47)，すなわち，

$$d\alpha = \frac{1}{(p+1)!}\left(\partial_{i_1}\alpha_{i_2\cdots i_{p+1}} + \sum_{a=2}^{p+1}(-1)^{a-1}\partial_{i_a}\alpha_{i_1\cdots i_{a-1}i_{a+1}\cdots i_{p+1}}\right)$$
$$\times dx^{i_1} \wedge \cdots \wedge dx^{i_{p+1}}$$

および内部積の表現 (9.55)より

$$i(X)d\alpha = \frac{1}{p!}X^j\left(\partial_j\alpha_{i_1\cdots i_p} + \sum_{a=1}^{p}(-1)^a\partial_{i_a}\alpha_{ji_1\cdots i_{a-1}i_{a+1}\cdots i_p}\right)dx^{i_1}\wedge\cdots\wedge dx^{i_p}$$

を得る．次に，(9.55)に d を作用させ (9.47)より

$$di(X)\alpha = \frac{1}{p!}\sum_{a=1}^{p}(-1)^{a-1}\partial_{i_a}\bigl(X^j\alpha_{ji_1\cdots i_{a-1}i_{a+1}\cdots i_p}\bigr)dx^{i_1}\wedge\cdots\wedge dx^{i_p}$$

これらの和より

$$(\mathcal{L}_X\alpha)_{i_1\cdots i_p} = X^j\,\partial_j\alpha_{i_1\cdots i_p} + \sum_{a=1}^{p}(-1)^{a-1}\bigl(\partial_{i_a}X^j\bigr)\alpha_{ji_1\cdots i_{a-1}i_{a+1}\cdots i_p}$$
$$= X^j\,\partial_j\alpha_{i_1\cdots i_p} + \sum_{a=1}^{p}\bigl(\partial_{i_a}X^j\bigr)\alpha_{i_1\cdots \overset{a}{j}\cdots i_p}$$

を得る．

問題 3 p-form α に対して (9.66)を用いて

$$(\mathcal{L}_X\mathcal{L}_Y\alpha)_{i_1\cdots i_p} = \sum_{a=1}^{p}\bigl(\partial_{i_a}X^j\bigr)(\mathcal{L}_Y\alpha)_{i_1\cdots \overset{a}{j}\cdots i_p} + X^j\partial_j(\mathcal{L}_Y\alpha)_{i_1\cdots i_p}$$

$$
\begin{aligned}
&= \sum_{a=1}^{p} (\partial_{i_a} X^j) \Bigg[\sum_{\substack{b=1\\(b\neq a)}}^{p} (\partial_{i_b} Y^k)\, \alpha_{i_1\ldots\overset{a}{j}\ldots\overset{b}{k}\ldots i_p} + (\partial_j Y^k)\, \alpha_{i_1\ldots\overset{a}{k}\ldots i_p} \\
&\qquad + Y^k \partial_k \alpha_{i_1\ldots\overset{a}{j}\ldots i_p} \Bigg] + X^j \partial_j \Bigg[\sum_{a=1}^{p} (\partial_{i_a} Y^k)\, \alpha_{i_1\ldots\overset{a}{k}\ldots i_p} + Y^k \partial_k \alpha_{i_1\ldots i_p} \Bigg] \\
&= \sum_{\substack{a,b=1\\(a\neq b)}}^{p} (\partial_{i_a} X^j)(\partial_{i_b} Y^k)\alpha_{i_1\ldots\overset{a}{j}\ldots\overset{b}{k}\ldots i_p} + \sum_{a=1}^{p} \partial_{i_a}(X^j \partial_j Y^k)\, \alpha_{i_1\ldots\overset{a}{k}\ldots i_p} \\
&\quad + \sum_{a=1}^{p} \Big[(\partial_{i_a} X^j) Y^k + (\partial_{i_a} Y^j) X^k \Big] \partial_k \alpha_{i_1\ldots\overset{a}{j}\ldots i_p} + (X^j \partial_j Y^k)\partial_k \alpha_{i_1\ldots i_p} \\
&\quad + X^j Y^k\, \partial_j \partial_k \alpha_{i_1\ldots i_p}
\end{aligned}
$$

を得る.最後の表式の第1項,第3項,第5項は X と Y について対称であることに注意しよう.第2項と第4項より次式を得る:

$$
\begin{aligned}
([\mathcal{L}_X, \mathcal{L}_Y]\alpha)_{i_1\ldots i_p} &= \sum_{a=1}^{p} \partial_{i_a}(X^j \partial_j Y^k - Y^j \partial_j X^k)\, \alpha_{i_1\ldots\overset{a}{k}\ldots i_p} \\
&\quad + (X^j \partial_j Y^k - Y^j \partial_j X^k)\partial_k \alpha_{i_1\ldots i_p}
\end{aligned}
$$

これと (9.6),および (9.66) から (9.69) が成り立っていることがわかる.

問題4 問題に与えられた X_f と X_g の表式を用いて

$$
\begin{aligned}
[X_f, X_g] &= [\omega_{IJ}(\partial_I f)\partial_J, \omega_{KL}(\partial_K g)\partial_L] \\
&= \omega_{IJ}\omega_{KL}(\partial_I f)(\partial_J \partial_K g)\partial_L - \underbrace{\omega_{IJ}\omega_{KL}(\partial_L \partial_I f)(\partial_K g)\partial_J}_{\omega_{KL}\omega_{JI}(\partial_I \partial_K f)(\partial_J g)\partial_L} \\
&= \omega_{KL}\partial_K[\omega_{IJ}(\partial_I f)(\partial_J g)]\partial_L = X_{\{f,g\}}
\end{aligned}
$$

を得る.なお,第2行目の第2項では index に対する循環置換 $I \to K \to J \to L \to I$ を行ってその下の表式を得,また,第3行目に移る際に ω_{IJ} の反対称性 (6.74) を用いた.最後に ω_{IJ} を用いた Poisson bracket の表現 (6.71) を用いた.

第10章

問題1 (1) $x=0$ と $x=L$ の両方で固定端条件の場合の一般解は

$$\varphi(x,t) = \varphi_0 + \frac{\varphi_L - \varphi_0}{L}x + \sum_{n=1}^{\infty} \sin\left(\frac{n\pi}{L}x\right) f_n(t)$$

ここに, $f_n(t)$ は c_n, d_n を任意実定数として

$$f_n(t) = c_n \cos\left(\sqrt{\frac{\kappa}{\mu}}\frac{n\pi}{L}t\right) + d_n \sin\left(\sqrt{\frac{\kappa}{\mu}}\frac{n\pi}{L}t\right)$$

(2) $x = 0$ と $x = L$ の両方で自由端条件の場合の一般解は

$$\varphi(x,t) = c_0 + \sum_{n=1}^{\infty} \cos\left(\frac{n\pi}{L}x\right) f_n(t)$$

ここに, c_0 は任意実定数であり, $f_n(t)$ は (1) の場合と同じである.

(3) $x = 0$ で固定端条件, $x = L$ で自由端条件の場合の一般解は, (1) の $f_n(t)$ を用いて

$$\varphi(x,t) = \varphi_0 + \sum_{n=1}^{\infty} \sin\left[\frac{\pi}{L}\left(n - \frac{1}{2}\right)x\right] f_n(t)$$

問題 2 ベクトル積 (A.15) と rotation (A.27) の定義より

$$[\dot{\boldsymbol{y}} \times (\boldsymbol{\nabla} \times \boldsymbol{A})] \cdot \delta \boldsymbol{y} = \epsilon_{ijk}\dot{y}_j \underbrace{(\boldsymbol{\nabla} \times \boldsymbol{A})_k}_{\epsilon_{k\ell m}\frac{\partial A_m}{\partial y_\ell}} \delta y_i = \underbrace{\epsilon_{ijk}\epsilon_{k\ell m}}_{\delta_{i\ell}\delta_{jm} - \delta_{im}\delta_{j\ell}}\frac{\partial A_m}{\partial y_\ell}\dot{y}_j \delta y_i$$

$$= \left(\frac{\partial A_j}{\partial y_i} - \frac{\partial A_i}{\partial y_j}\right)\dot{y}_j \delta y_i$$

ここに $\epsilon_{ijk}\epsilon_{k\ell m}(=\epsilon_{kij}\epsilon_{k\ell m})$ に対して公式 (A.22) を用いた.

第 11 章

問題 1 まず, (11.24) よりの $\hat{a}\hat{a}^\dagger = \mathbf{1} + \hat{a}^\dagger \hat{a}$ を用いて $\hat{a}$ を $\hat{a}^\dagger$ の右に順次移動させていくことで

$$\hat{a}(\hat{a}^\dagger)^n = (\hat{a}^\dagger)^{n-1} + \hat{a}^\dagger \hat{a}(\hat{a}^\dagger)^{n-1} = \cdots = n(\hat{a}^\dagger)^{n-1} + (\hat{a}^\dagger)^n \hat{a}$$

が成り立つ. これと (11.29) を用いて

$$\|\boldsymbol{v}_n\|^2 = \boldsymbol{v}_n^\dagger \boldsymbol{v}_n = \boldsymbol{v}_0^\dagger \hat{a}^{n-1} \hat{a}(\hat{a}^\dagger)^n \boldsymbol{v}_0 = n\boldsymbol{v}_0^\dagger \hat{a}^{n-1}(\hat{a}^\dagger)^{n-1}\boldsymbol{v}_0 = n\|\boldsymbol{v}_{n-1}\|^2$$

を得ることができる. したがって, (11.35) が導かれる.

付録 B　章末問題略解

問題 2　(1)　(11.19) と (11.22) より

$$\widehat{a} = \sqrt{\frac{\hbar}{2m\omega}} \left(\frac{d}{dq} + \frac{m\omega}{\hbar} q \right), \quad \widehat{a}^\dagger = \sqrt{\frac{\hbar}{2m\omega}} \left(-\frac{d}{dq} + \frac{m\omega}{\hbar} q \right)$$

(2)
$$\left(\frac{d}{dq} + \frac{m\omega}{\hbar} q \right) f_0(q) = 0$$

より

$$f_0(q) = C \exp\left(-\frac{m\omega}{2\hbar} q^2 \right), \quad (C : 任意定数)$$

(3)
$$\widehat{H} = -\frac{\hbar^2}{2m} \frac{d^2}{dq^2} + \frac{m\omega^2}{2} q^2$$

であり

$$\widehat{H} f_0(q) = \frac{\hbar\omega}{2} f_0(q)$$

すなわち，$E_0 = (1/2)\hbar\omega$ である．

(4)
$$f_1(q) = \sqrt{\frac{\hbar}{2m\omega}} \left(-\frac{d}{dq} + \frac{m\omega}{\hbar} q \right) f_0(q) = C \sqrt{\frac{2m\omega}{\hbar}} q \exp\left(-\frac{m\omega}{2\hbar} q^2 \right)$$

索引

数字
1-form, 167

E
Einsteinの縮約ルール, 6
Euler-Lagrange方程式, 7

G
Galilei不変性, 30
Galilei変換, 29

H
Hamilton-Jacobi方程式, 144
Hamilton（ハミルトン）形式, 83
Hamiltonの運動方程式, 85
Hamiltonの主関数, 144
Hamiltonの特性関数, 147

J
Jacobian, 137
Jacobi identity, 99

L
Lagrange bracket, 125
Lagrange形式, 83
Lagrangeの未定乗数法, 55, 57
Lagrangian, 3
Legendre（ルジャンドル）変換, 89

Lie（リー）微分, 173
Liouville（リウヴィル）の定理, 137

M
Maxwell方程式, 34, 188, 190

N
Noetherの定理, 39

P
p-form, 167
Planck定数, 196
Poisson bracket, 97
Poissonの定理, 102

S
symplectic form, 178

T
Taylor展開, 211

あ行
鞍点, 15
位相空間, 93
位相空間軌跡, 93
一般化運動量, 46
一般化座標, 2
運動エネルギー, 2

235

索　引

運動量, 45
運動量保存則, 44
エネルギーの等分配則, 194
エネルギー保存則, 41
エルミート行列, 195

か行

外積, 168
外微分, 170
角運動量, 50
角運動量保存則, 48
角変数, 154
可積分条件, 112
換算 Planck 定数, 196
慣性系, 1
基準振動, 72
基本 Lagrange bracket, 125
基本 Poisson bracket, 98
空間回転, 26
空間並進, 23
群, 136
ゲージ不変, 35
ゲージ変換, 35
懸垂線, 18
交換子, 166, 196
交換変換, 108
拘束条件, 53
拘束力, 60
恒等変換, 108

さ行

最小作用の原理, 4
作用, 4
作用変数, 152
時間並進, 22

循環座標, 46
正準交換関係, 195, 196
正準変換, 107
正準変数, 107
正定値行列, 67

た行

点変換, 116

な行

内積, 214
内部積, 173

は行

場, 185
場の理論, 185
汎関数, 4
微小空間回転, 48
微小正準変換, 129
微小正準変換の母関数, 130
微分, 88
不確定性原理, 204
冪零性, 171
ベクトル積, 214
ベクトル場, 165
変数分離, 146
変分, 7
変分法, 7, 16
母関数, 109
保存量, 39
ポテンシャル・エネルギー, 2

や行

陽な時間依存性, 4

ら行

力学変数, 2
量子力学, 195
零点エネルギー, 204

零点振動, 204
レビ・チビタの記号, 214
連成振動子, 68

□監修者

益川 敏英
　　名古屋大学素粒子宇宙起源研究所名誉所長・特別教授，京都大学名誉教授，
　　京都産業大学名誉教授，2021年逝去

□編集者

植松 恒夫
　　京都大学大学院理学研究科物理学・宇宙物理学専攻教授（〜2012年3月）
　　京都大学国際高等教育院特定教授（2013年4月〜2018年3月）
　　京都大学名誉教授

青山 秀明
　　京都大学大学院理学研究科物理学・宇宙物理学専攻教授（〜2019年3月）
　　京都大学大学院総合生存学館（思修館）特任教授（〜2020年3月）
　　京都大学名誉教授，経済産業研究所ファカルティフェロー，理研iTHEMS
　　客員主管研究員

□著者

畑 浩之
　　京都大学大学院理学研究科物理学・宇宙物理学専攻教授（〜2021年3月）
　　京都大学名誉教授

基幹講座 物理学　解析力学　　　　　　　　　　　Printed in Japan

2014年 2月25日 第 1 刷発行　　　　　　　　　　©Hiroyuki Hata 2014
2025年10月25日 第11刷発行

監　修　益川　敏英
編　集　植松　恒夫，青山　秀明
著　者　畑　　浩之
発行所　東京図書株式会社
　　　　〒102-0072 東京都千代田区飯田橋3-11-19
　　　　振替 00140-4-13803 電話 03(3288)9461
　　　　https://www.tokyo-tosho.co.jp

ISBN 978-4-489-02168-8

基幹講座　物理学　力学

篠本　滋・坂口英継 著　A5判　定価 3300 円　ISBN 978-4-489-02163-3

基幹講座　物理学　解析力学

畑　浩之 著　A5判　定価 3300 円　ISBN 978-4-489-02168-8

基幹講座　物理学　電磁気学 I

大野木哲也・髙橋義朗 著　A5判　定価 2750 円　ISBN 978-4-489-02223-4

基幹講座　物理学　電磁気学 II

大野木哲也・田中耕一郎 著　A5判　定価 3520 円　ISBN 978-4-489-02245-6

基幹講座　物理学　熱力学

宮下精二 著　A5判　定価 3520 円　ISBN 978-4-489-02318-7

基幹講座　物理学　量子力学

国広悌二 著　A5判　定価 3850 円　ISBN 978-4-489-02294-4

基幹講座　物理学　統計力学

宮下精二 著　A5判　定価 3740 円　ISBN 978-4-489-02344-6

基幹講座　物理学　相対論

田中貴浩 著　A5判　定価 3520 円　ISBN 978-4-489-02364-4

東京図書

よくわかる初等力学
前野昌弘 著　A5 判　定価 2750 円　ISBN 978-4-489-02149-7

よくわかる解析力学
前野昌弘 著　A5 判　定価 3080 円　ISBN 978-4-489-02162-6

よくわかる電磁気学
前野昌弘 著　A5 判　定価 3080 円　ISBN 978-4-489-02071-1

よくわかる特殊相対論
前野昌弘 著　A5 判　定価 3520 円　ISBN 978-4-489-02432-0

よくわかる熱力学
前野昌弘 著　A5 判　定価 3080 円　ISBN 978-4-489-02341-5

よくわかる量子力学
前野昌弘 著　A5 判　定価 3520 円　ISBN 978-4-489-02096-4

ヴィジュアルガイド物理数学　1 変数の微積分と常微分方程式
前野昌弘 著　B5 判　定価 2640 円　ISBN 978-4-489-02240-1

ヴィジュアルガイド物理数学　多変数関数と偏微分
前野昌弘 著　A5 判　定価 2640 円　ISBN 978-4-489-02272-2

東京図書

弱点克服 大学生の微積分
江川博康 著　A5判　定価 3080 円　ISBN 978-4-489-00719-4

弱点克服 大学生の線形代数　改訂版
江川博康 著　A5判　定価 3080 円　ISBN 978-4-489-02241-8

弱点克服 大学生の微分方程式
江川博康 著　A5判　定価 2860 円　ISBN 978-4-489-02324-8

弱点克服 大学生の複素関数
江川博康・本田龍央 著　A5判　定価 2860 円　ISBN 978-4-489-02334-7

弱点克服 大学生のフーリエ解析
矢崎成俊 著　A5判　定価 3080 円　ISBN 978-4-489-02117-6

弱点克服 大学生の初等力学　改訂版
石川 裕 著　A5判　定価 2860 円　ISBN 978-4-489-02376-7

弱点克服 大学生の解析力学
畑 浩之 著　A5判　定価 3080 円　ISBN 978-4-489-02391-0

弱点克服 大学生の物理数学
金本理奈・石原秀至 著　A5判　定価 3080 円　ISBN 978-4-489-02304-0

弱点克服 大学生の熱力学
田中 宗ほか 著　A5判　定価 2860 円　ISBN 978-4-489-02371-2

弱点克服 大学生の量子力学
畑 浩之 著　A5判　定価 3300 円　ISBN 978-4-489-02411-5

東京図書

改訂版 大学1・2年生のためのすぐわかる数学
江川博康 著　A5判　定価3080円　ISBN 978-4-489-02229-6

大学1・2年生のためのすぐわかる微分積分
石綿夏委也 著　A5判　定価2860円　ISBN 978-4-489-02285-2

大学1・2年生のためのすぐわかる線形代数
石綿夏委也 著　A5判　定価2860円　ISBN 978-4-489-02286-9

大学1・2年生のためのすぐわかる微分方程式
石綿夏委也 著　A5判　定価2860円　ISBN 978-4-489-02333-0

大学1・2年生のためのすぐわかる統計学
藤田岳彦・吉田直広 著　A5判　定価2860円　ISBN 978-4-489-02343-9

大学1・2年生のためのすぐわかる力学
堀江克己 著　A5判　定価2860円　ISBN 978-4-489-02366-8

大学1・2年生のためのすぐわかる解析力学
吉田弘幸 著　A5判　定価2860円　ISBN 978-4-489-02413-9

大学1・2年生のためのすぐわかる電磁気学
田邉 久 著　A5判　定価2860円　ISBN 978-4-489-02381-1

大学1・2年生のためのすぐわかる物理
前田和貞 著　A5判　定価3080円　ISBN 978-4-489-00604-3

大学1・2年生のためのすぐわかる有機化学
石川正明 著　B5判　定価2640円　ISBN 978-4-489-02064-3

東京図書